농촌 컨설팅 지도

전성군 · 박상식 · 심국보 · 남동규 지음

모아북스
MOABOOKS

최근 농어촌지역 개발사업은 과거와는 달리 계획수립 단계부터 농어촌 주민들의 직접 참여와 실천을 바탕으로 이뤄지고 있습니다. 이런 상향식 개발을 위해서는 농어촌 주민 스스로 자신의 문제를 찾아내 그 해결책을 고민하며, 발전을 위한 요소를 찾아내고, 적극적으로 대처하는 자세가 필요합니다. 그리고 지역 개발과 지역 활성화의 주인은 농어촌 주민이 되어야 하는데 이를 위해서는 주민들의 역량을 최대로 발휘할 수 있도록 지도하는 우수한 컨설턴트의 역할이 무엇보다도 중요합니다.

그런 의미에서 농어촌지도컨설턴트는 농어촌에서 시행되는 각종 지역개발사업의 계획수립 및 농어촌 주민과 시·군 지자체 지역개발관련 컨설팅을 수행할 수 있는 실무 중심의 전문가여야 합니다.

이에 부응하기 위해서 우리 다기능농업연구소에서는 농어촌마을 리더와 주민, 현장강사 및 예비 귀농·귀어인에 대한 요구를 조사·분석하였습니다. 그리하여 기존 농어촌 컨설팅 프로그램의 분석, 전문가들과 화합 등을 통해 그 요구를 반영하여 농어촌지도컨설턴트에게 꼭 필요한 내용을 엮었습니다.

우리는 이 책을 통해 농촌자원 개발지도, 농업법인 지도, 귀농·귀어 지도, 현장 강사 지도, 스마트 농업 지도 등을 농어촌지도컨설턴트에게 가장 쉽고 유익하게 전달하고 싶었습니다. 이 글을 쓰며 '씨앗'이라는 의미를 잊지 않으려고 노력하였습니다. 여기에는 농어촌지역의 바람직한 모습을 잘 알고 있는 컨설턴트들이 한 알의 씨앗이 되어 농어촌지역 개발의 많은 성과를 창출해낼 수 있는 초석이 되었으면 하는 바람이 담겨져 있습니다.

국내·외 어려운 여건 속에서도 희망을 키워가며 농어촌마을 주민들의 핵심 역량의 함양을 위해 노력하고 있는 농어촌지도컨설턴트들에게 이 책이 유용한 자료로 활용될 수 있기를 기대합니다. 아무쪼록 이 책이 우리 농어촌지역이 발전해 나가기 위한 지침서로 활용되고, 농어촌지역의 현재와 미래를 가늠해보는 길잡이가 되기를 기대해봅니다. 특별히 출판을 허락해주신 모아북스에 감사를 드립니다.

저자 배상

차 례

제1부

농어촌 컨설팅 개요

1장

컨설팅 지도의 이해

1. 농어촌 컨설팅 지도의 필요성

■ 농어촌지역 주민의 삶의 질 향상과 더불어 도시와 농어촌 간의 균형적인 발전을 추구하기 위한 다양한 정책사업들이 추진되면서 농어촌지역의 당면한 문제를 진단하고 해결하기 위한 전문적인 활동이 필요하게 됨.

■ 기술적 차원에서 농업, 농촌, 농어민이 직면하는 현실적인 문제에 대한 논리적인 분석과 진단, 이에 대한 해결안을 도출하는 활동과 관련된 영역의 지식이 현장에서 요구되고 있음.

■ 경영적 차원에서 농어촌 지역개발 정책사업에 대한 활성화를 촉진하기 위한 세부적이고 전문화된 영역이 필요함.

■ 구체적으로 농어촌지역의 발전과 활성화를 지원하고 새로운 기회의 발견과 더불어 이를 수행할 주민역량을 강화하기 위한 학습을 촉진하고, 변화를 실현하는 전문적인 업무 영역으로 농어업 컨설팅 지도, 농업법인 지도, 농어촌 자원개발 지도, 귀농·귀어 지도, 현장강사 지도, 스마트농업 지도사업 등의 컨설팅 분야가 있음.

2. 농어촌 컨설팅 지도의 중요성

■ 농어촌 컨설팅 지도는 농어촌지역의 농가, 마을, 권역, 법인, 읍·면 단위 등을 대상으로 해당 조직이나 마을(권역)의 문제점을 진단하고 개선하기 위한 실천적인 사업들을 수행하여, 실제 주민들의 삶터이자 일터, 쉼터인 공간을 변화 및 발전시키는 것이 매우 중요함.

■ 국내·외 시장환경 및 정책의 변화가 두드러지는 상황에서 이러한 변화에 대처하고 농어촌지역의 발전을 선도할 수 있는 바람직한 비전과 방향성을 제시하며 책임감 있게 문제해결을 수행해야 함.

■ 이러한 컨설팅의 결과가 긍정적이면 소득 증대, 도농 교류 활성화, 주민공동체 복원, 주민화합, 농어촌 어메니티와 경관 유지, 주민 행복지수 향상 등이 결과되는 반면, 부정적이면 농어촌 공동체 붕괴, 주민갈등 발생, 새로운 기회에 대한 도전 실패, 삶의 질 저하 등의 현상이 나타나게 됨.

■ 따라서 농어촌 컨설팅 지도에 참여하는 사람들은 농어업에 대한 명확한 이해와 열정, 사명감, 그리고 투철한 직업관이 있어야 함.

3. 농어촌지도컨설턴트의 기본자세 및 역할

■ 농어촌지도컨설턴트는 일반적인 지역개발의 계획과 실행단계에서 농어촌 지역에 대한 전문성을 반영하여 컨설팅 업무를 수행할 수 있는 역량과 더불어 아래와 같은 기본자세가 요구됨.

• 업(業)에 대한 열정과 책임감이 특히 강해야 하며, 지역(마을)과 사람을 이해하고 사랑할 수 있는 뜨거운 가슴을 지니고 있어야 함. 이는 장기간의 업무 수행 시 컨설턴트가 사명감을 가지고 업무를 수행하는 데 중요한 원동력이 됨.

• 농어촌지역 이해관계자의 요구에 충실하게 대응하고 해결방안을 제시하기 위

한 전문성을 향상시키기 위해 끊임없는 배움의 자세가 요구됨.

• 해당 지역의 특정한 목적을 달성하기 위하여 이해관계자의 행위에 대한 조정, 훈련, 관리, 전반적인 경영을 지원하기 위한 뛰어난 커뮤니케이션과 대인관계 능력이 있어야 함.

• 다양한 이해관계자들의 의견을 경청하고 공감할 수 있는 긍정적인 마음가짐과 태도가 있어야 하며 의견이 다른 사람들까지 포용할 수 있는 자세가 필요함.

■ 농어촌지도컨설턴트는 농어촌지역의 문제를 진단하고 해결하기 위해 다음과 같은 다양한 역할이 요구되고 있으며 세부 분야에 대한 전문적인 역할도 중요하지만, 전체적인 분야를 다룰 수 있는 총괄 전문가적인 역할이 보다 중요함.

• 농어촌지도를 성공적으로 추진하기 위한 문제 진단과 해결방안, 비전 및 전략 수립, 사업계획 수립을 위한 계획가(Planner).

• 주민들을 사업에 참여시키고 학습을 통해 주민들의 의식을 변화시키며, 동기부여를 촉진케 하는 촉진자(Facilitator).

• 지역주민들의 다양한 의견을 수렴하고 설득하여 올바른 방향으로 사업이 추진될 수 있도록 갈등을 조정하고 관리하는 조정자(Coordinator).

• 사업추진 전 과정에 대한 일정·공정·인력 관리 등을 통해 사업가 원활하게 추진될 수 있도록 관리하는 관리자(Project Manager)

• 해당 사업이 실제 지역주민들이 잘 관리 운영할 수 있도록 역량 강화, 지도, 운영 관리, 코칭 등 실제적인 업무 역량을 향상시킬 수 있는 수행컨설턴트(Performance Consultant).

■ 이러한 역할 외에도 효과적인 의사소통 및 생각이 다른 지역 주민들을 이해시키는 역할(의사소통자), 변화를 유도하고 혁신하고 창조적 사고를 하는 역할(혁신자), 사업환경과 자원 발굴, 잠재적인 인재 발굴 등에 대한 관찰 역할(관찰자) 등이 있음.

■ 이와 같이 매우 폭넓고 다양한 분야의 역할을 수행하기 때문에 농어촌지도 컨설턴트는 단기간에 육성되는 것이 아니라 중장기적으로 부분적인 역할에 대한 역량을 강화하면서 차츰 다양한 역할을 수행할 수 있는 총괄적인 전문가로 발전하게 됨.

4. 농어촌지도컨설턴트에게 필요한 핵심 역량 : 커뮤니케이션 역량

■ 컨설턴트의 생각, 아이디어, 구상, 전략, 계획, 프로그램을 주민(행정)에게 명확하게 설명·전달하여 이해 및 설득시킬 수 있는 고차원적인 역량.

■ 이러한 역량을 강화하는 데 가장 많은 시간이 소요되고 다양한 분야의 해박한 지식과 현장활동 경험을 통해 축적되는 역량.

■ 이러한 역량이 부족할 경우 컨설턴트는 물론이고 주민(행정)을 설득하지 못해 다양한 문제점이 발생하게 되므로, 커뮤니케이션 역량이 출중한 사람일수록 사업의 성공 가능성이 높게 나타남.

■ 경청, 설득, 발표, 소통, 면접, 대화 등 등에 관련된 역량이 필요함.

5. 농어촌지도컨설턴트에게 필요한 핵심 역량 : 문제해결 역량

■ 컨설턴트는 발주처(고객)가 제기한 문제 및 요구사항에 대해 해결책을 제시하는 것이 주요 업무인데, 개인의 지식과 경험을 통해 해결책을 제시하는 것도 중요하지만 지역주민과 함께 생각하며 해결책을 찾아야 함.

■ 문제를 해결하기 위해서는 현상에 대한 정확한 진단이 필수적이며, 진단을 통해 문제해결의 방향성을 제시하기 위해서는 문제발생 원인에 대한 깊은 관찰력과 심도 있는 조사방법 능력이 필요함.

■ 끈기, 인내, 협상, 창조성, 융통성 등이 요구됨.

6. 농어촌지도컨설턴트에게 필요한 핵심 역량 : 사업 이해 역량

■ 수시로 변화하는 정부 정책의 변화와 발주처 등의 요구에 대응하기 위해 사업

지침에 대한 명확한 이해와 더불어 사업 추진 과정의 전반적인 통찰력, 사업 추진 효과 분석 등에 대한 명확한 논리와 대응 체계를 가지고 있어야 함.

  ■사업 추진 배경, 정책적 목적, 사업지침, 사업 등에 관한 지식이 요구됨.

7. 농어촌지도컨설턴트에게 필요한 핵심 역량 : 리더십 역량

  ■계획수립과 수행컨설팅사업 진행시 목표와 방향에 대한 명확한 비전을 제시하고 주민과 행정을 올바른 방향으로 유도할 수 있도록 리더십을 발휘하여 주도적으로 추진하는 역량임.
  ■사례 제시, 추진력, 비전제시, 권한위임, 긍정적 사고 등이 주요 역량임.

8. 농어촌지도컨설턴트에게 필요한 핵심 역량 : 문서작성 역량

  ■대부분 컨설팅에서 최종 성과와 회의진행시 결과물이 보고서의 형태로 제출되므로, 컨설턴트는 각종 보고자료, 회의자료, 제안서 등을 목적에 맞고 질 높게 작성해야 함.
  ■분석력과 함께 회의록, 보고서, 발표자료, 기획서 등의 작성 능력이 요구됨.

9. 농어촌지도컨설턴트에게 필요한 핵심 역량 : 사업 관리 역량

  ■사업관리자로서 전체 사업에 대한 시간, 인력, 비용, 갈등 및 공정 관리 등을 적절하게 통제하는 역량을 갖추어야 함.
  ■정해진 기간 동안 사업을 성공적으로 완료하기 위해 투입하는 인력, 비용, 시

간, 공정 등에 대한 통제는 고객, 발주처, 고객과의 소통과 신뢰성 유지를 위해 매우 중요함.

10. 농어촌지도컨설턴트에게 필요한 핵심 역량 : 퍼실리테이터 역량

■농어촌지역 개발사업은 주민참여형으로 진행되므로 주민들의 다양한 의견 수렴을 통해 의사결정을 촉진할 수 있는 중간자의 입장에서 조정과 중재의 역량이 요구됨.
■회의 진행, 의사소통, 주민참여 촉진, 의사결정 등의 능력이 요구됨.

11. 농어촌지도컨설턴트 역량 개발

■기능적 숙련도 향상: 자신이 활동하고 있는 분야에서 이루어지는 발전에 뒤처지지 않으면서 지식을 쌓고 역량을 길러나가야 향후의 발전을 위한 토대를 마련할 수 있음.
■새로운 분야 학습: 다양한 기능이 복잡하게 관련된 사업을 수행하기 위해서는 컨설턴트 자신의 주요 활동 분야를 보완해줄 수 있는 새로운 주제들을 지속적으로 학습해야 함.
■행동기술과 수행컨설팅 기술 향상: 효과적인 고객과의 관계 형성, 고객조직의 변화 속에서 컨설턴트의 역할, 다양한 상황에서 요구되는 프로세스 컨설팅 기술 등과 같이 사람과 관련된 일을 어떻게 다루어야 할지에 대한 훈련이 필요함.
■지식 공유를 위한 기술 향상: 정보를 다루는 작업, 관련된 정보의 탐색, 새로운 패턴과 트렌드의 확인과 인지, 공유와 전달이 용이한 형태로 지식을 구조화시키고 만들어내는 방법, 동료와의 정보, 경험, 지식의 공유, 지식을 결합하고 활용하는 방법에 대한 훈련.

■ 경력 개발을 위한 준비: 개인의 발전을 위한 다양한 경력을 개발하는 활동으로 보다 광범위한 분야에서 기술 역량을 개발하는 훈련.

12. 농어촌 컨설팅 프로세스 : 컨설턴트로서 기본 사항 이해

■ 일반농어촌개발사업의 기본 방향
• 지역 자율과 사업 역량에 기초한 개발을 지원하되, 상대적으로 소외된 낙후 · 취약 지역도 배려.
• 농촌 공간의 효율적 · 입체적 개발을 통해 농촌지역 어디서든 기초생활서비스를 보장함으로써 농촌지역 주민의 삶의 질 개선.
• 도시와 차별화되는 농촌의 공익적 가치를 복원하고, 농촌의 지속 가능성을 높이기 위한 창의적 사업 적극 발굴.
• 자체 중간지원조직 육성, 사회적 경제조직 활성화 등 자율적 지역개발을 뒷받침 하기 위한 정책 기반 강화.
■ 일반농어촌개발사업은 예비계획 수립 - 기본계획 수립 - 시행계획 수립 - 지역역량 강화 사업의 단계로 진행이 되고 있음.
• 예비계획 수립 단계: 사업대상지 선정을 위해 대상지의 개발 방향, 비전 제시, 전략과 목표, 사업아이템 등에 대한 계획을 수립하는 단계로 추진위원회 구성과 주민 교육과 참여가 중요한 역할을 하고 있음.
• 기본계획 수립 단계: 선정된 대상지의 구체적이고 실천 가능한 전략 및 계획 수립을 통해 지속가능한 사업을 발굴하고 추진하는 매우 중요한 단계로, 추진위원회의 역할과 지속가능한 관리운영의 관점 확립이 중요한 시기임.
• 시행계획 수립 단계: 기본계획 수립 이후 세부 설계를 하는 단계로 기본계획 단계에서 논의가 되었던 사업을 구체화하고 세부적으로 확정하는 단계임.
• 지역역량 강화사업 단계: 주민 교육과 학습을 통해 사업을 주도적으로 운영할

리더와 조직을 발굴하고 조직화하며, 지속 가능한 관리운영이 가능한 사람과 조직을 구성하는 것을 목표로 함

13. 농어촌 컨설팅 단계 : 착수 단계

■ 착수 단계에서는 사업의 성격과 목적을 명확하게 조사하여 발주처에서 의도하는 사업의 방향을 파악하고, 사업에 대한 예비진단을 통해 컨설턴트가 성공적으로 컨설팅 업무를 수행할 수 있는지, 외부 전문가의 도움이 필요한 부분이 있는지에 대해 검토함.

■ 사업 진행 중 위험요소나 장애 발생에 대해 예측하고, 수익성을 검토하며, 사업에 대한 이해를 통해 과업 목표와 과업성과품, 일정, 커뮤니케이션 방법, 공정보고 등에 대한 명확한 방침을 설정함.

■ 추진위원회 구성, 규약 만들기, 전문가 자문위원 확보, 사업설명회, 착수보고 등을 추진해야 함.

14. 농어촌 컨설팅 단계 : 진단 단계

■ 사업의 목적을 달성하기 위해 문제를 정확히 진단하고 해결 방안을 모색하기 위해, 전문가적인 관점에서 관찰, 면접, 설문조사, 각종 자료 분석 등을 수행하고, 주민 참여형의 연구방법들인 농촌현장포럼, 퍼실리테이션, 워크숍, 세미나, 콜로키움 등을 수행할 수 있음.

■ 사업수행 과정에서의 갈등, 이해관계자, 커뮤니케이션 네트워크, 시장환경, 자원, 주민 특성, 경쟁, SWOT 등의 분석을 수행함.

■ 잘못된 진단은 잘못된 처방을 결과하기 때문에 사업 수행에서 가장 중요한 과

정으로, 정확한 진단을 위해 다양한 진단기법을 숙련되어야 함.

■ 진단 단계에서 이해관계자 간에 갈등이 양상이 나타나거나 심각해지면 진단지를 작성하고 발주처, 전문가, 추진위원회 등과 논의하여 갈등을 사전에 방지할 수 있도록 조치해야 함.

■ 이 단계에서는 예비계획 사업 내용에 대한 재검토, 주민교육과 선진지 견학, 농촌현장 포럼, 현장조사, 현황조사, 지역주민 의견조사 등을 추진해야 함.

15. 농어촌 컨설팅 단계 : 계획 단계

■ 진단 단계에서 발견한 문제점을 해결하기 위한 대안(시사점)을 바탕으로 기본 방향과 비전, 전략, 목표 등을 설정하고, 세부 사업 내용을 결정하는 단계.

■ 관련 법과 상위계획 검토, 사업타당성 분석, 토지이용계획 확인, 관리 운영, 파급효과, 사업비 등에 대한 검토 등 면밀한 연구가 이루어져야 함.

■ 계획 단계에서 토지매입이 필요하다면 토지매매를 위한 동의서 확보가 매우 중요한데, 세부 설계 과정에서 토지 소유자의 변심으로 계획 내용이 변경되는 경우가 많아 이러한 상황이 발생하지 않도록 토지 소유자를 대상으로 한 충분한 이해와 당부, 그리고 협력이 필요함.

■ 건물 규모와 공간적인 기능 설정을 위해 도입 프로그램과 활용 목적, 사용자, 관리운영 방식, 관리비 등 세부적인 사항에 대한 검토를 수반해야 함.

■ 해당 지방자치단체에서 유사한 사업을 추진하고 있는지와 향후 추진 예정인 사업에 대한 검토를 통해 유사 사업 간의 중복을 방지하고 기능상의 충돌을 해결하기 위해 사전 검토를 해야 함.

■ 또한 수시로 변경되는 사업지침에 대한 명확한 인지와 습득을 통해 계획의 전문 성과 실천력을 배가시켜 나가야 함.

■ 만약, 소득사업을 추진한다면 상품성, 시장성, 수익성, 안정성 등 타당성 분석

에 의한 충분한 검증과정을 거친 후 판단할 수 있도록 객관적이고 과학적인 결과물을 산출해야 함.

16. 농어촌 컨설팅 단계 : 실행 단계

■ 사업의 효과적으로 관리운영될 수 있도록 관련 조직 구성, 홍보마케팅, 다양한 주체 간 네트워킹 등을 통해 지속 가능한 운영이 가능하도록 해야 함.

■ 사업 성공의 관건은 사업 운영주체의 확립과 지속가능한 운영이므로, 관리운영 조직 모델을 개발하여 이 모델이 작동하고 정착할 수 있도록 함.

■ 또한 지역역량강화사업을 통해 운영위원회를 구성하고, 사업운영 프로그램과 운영방안, 관리운영자, 관리운영비 조달 방안, 관리운영 규약 등의 선정 또는 마련 과정을 거침.

■ 성과를 창출할 수 있는 컨설팅을 통해 사업이 성공적으로 추진될 수 있도록 사업 방향성 제시와 조언, 프로그램 운영방법 제시 등을 적극적으로 해야 함.

■ 마을단위 공동사업 운영모델로 사무국을 중심으로 마을의 다양한 사업 추진과정과 마을에서 결정된 일처리 방향 및 자금의 흐름이 중요함.

■ 특히 고령화된 마을에서 공동체사업을 운영할 인력이 부족하여 역량이 있는 개인이나 법인에게 사업을 위탁하고 일정의 수수료를 받는 형태로 운영되는 모델이 제시되어 있는데, 이와 같이 마을, 법인, 단체 등의 상황에 맞는 사업운영 모델을 만들어 정착할 수 있는 지속가능성이 매우 중요함.

17. 농어촌 컨설팅 단계 : 종료 단계

■ 사업추진에 대한 최종결과물 작성, 최종보고, 공청회, 사업성과에 대한 평가,

피드백, 개선방안 도출 등이 이루어지는 단계.

■ 종료 단계에서 중요한 것은 행정과 전문가 지원이 없더라도 자생적으로 사업이 운영될 수 있는 시스템을 마련해 주어야 하며 이에 대한 후속 컨설팅이 필요할 수도 있음.

■ 조직이나 마을(권역)이 가지고 있는 문제를 해결하고, 향후 발전적으로 사업을 추진하여 자립하기 위해 어떠한 방향성을 가지고 준비해야 하는가에 대한 후속지원이 필요함.

■ 농어촌지역개발사업의 경우 종료 단계에서 실과 협의, 상위기관 협의, 주민공청회, 최종보고회 등을 추진해야 함.

18. 농어촌 컨설팅 단계 : 사후관리 단계

■ 과업 종료 후 사업이 어떻게 운영되고 있는지를 모니터링하여 지속 가능한 운영이 가능하도록 지원하는 단계.

■ 이 단계에서는 개별적인 사업운영에서 벗어나 지역내의 다양한 협력기관 및 단체 등과 상승 효과를 창출할 수 있는 협력적인 네트워크를 구성하여 사업의 성과를 극대화하는 것이 중요함.

■ 또한 컨설팅기관 또는 컨설턴트가 보유한 특별한 기술을 지원하거나 정기적인 방문과 전화, 자문 등을 통해 사업 운영 상황을 점검하고 한편으로는 독려하는 방법이 요구됨.

2장
농어촌 컨설팅 방법

19. 농어촌 컨설팅 방법 : 컨설팅 수행 방법의 개요

■ 일반적인 컨설팅 영역에서는 컨설턴트가 주도적으로 문제점을 진단하고 해결책을 제시하는 결과 중심의 과정을 수행하는 반면, 농어촌지역 개발 분야는 주민참여를 조건으로 하는 과정 중심의 컨설팅을 수행해야 함.

■ 컨설팅의 전 과정이 주민참여형으로 운영되어 과정이 중요하기 때문에 컨설팅의 전 과정을 이해하고 주도할 수 있는 수준 높은 전문적인 기법이 요구됨.

■ 면접조사, 설문조사, 회의, 보고, 워크숍, 세미나, 콜로키움, 브레인스토밍, 퍼실리테이션, 마을진단지도 만들기(타운와칭), 비즈니스모델 개발 등의 수행 기법들이 주로 활용되고 있음.

■ 이중 농어촌지역개발사업에서 많이 활용되는 자료조사와 컨설팅조사 기법 등에 대해 알아보고자 함.

20. 농어촌 컨설팅 자료조사 방법 : 문헌조사

■조사 대상지의 현황 파악과 당면한 문제를 규명하기 위한 가장 경제적이고 신속한 방법으로, 통계자료집, 지자체 내부자료, 학술연구지 등 2차 자료를 활용함.

■특히, 상위 및 관련 계획을 조사하여 계획의 방향성과 유사한 사업, 현재 추진 중 및 향후 추진 예정인 사업 등에 대해 검토함.

21. 농어촌 컨설팅 자료조사 방법 : 전문가 의견 조사

■해당 사업에 대한 전문적인 견해와 경험을 가지고 있는 전문가들로부터 정보를 얻어내는 방법으로, 주로 현장조사나 문헌조사에 대한 보완적인 수단으로 이용.

■전문가들로부터 일치된 견해나 문제의 해결책을 찾기 보다는 문제의 성격에 대한 보다 명확한 이해와 방향성을 설정하고, 아이디어를 찾고 문제해결 과정에서 조언을 구하기 위해 실시.

■농어촌지역 개발 분야에서는 총괄계획가를 활용하거나 건축, 조경, 농산업, 사업타당성 분야 등 세부적인 분야에 대한 전문가 의견조사 방법을 주로 시행.

■전문가를 현장에 초청하여 문제 진단과 해결 방안을 조사하는 방법과 당면한 문제나 해결을 요하는 사항을 문서로 작성하여 전문가의 의견을 수렴하는 방법이 주로 많이 사용.

22. 농어촌 컨설팅 자료조사 방법 : 사례조사

■현재 직면하고 있는 문제를 해결하거나 먼저 사업을 수행한 유사한 사례를 찾아 내어 깊이 분석함으로써, 주어진 문제에 대한 간접적인 경험과 사전지식을 갖도

록 하고, 현 상황에 대한 논리적인 유추에 도움을 주는 방법임.

　■ 문제의 규명과 관련된 변수 간의 관계를 명확히 규명하는 데 매우 효과적이지만, 사후적인 조사 방법이므로 그 결과가 의사결정에 결정적인 것은 아니며, 단지 시사적인 의미를 지니고 있음.

　■ 농어촌지역 개발 분야는 먼저 시행한 사업 대상지의 경험과 운영 노하우, 시설물 도입 및 운영 방법 등에 대한 사례를 주로 활용.

　■ 사례조사시 지역 주민들과 함께 현장을 방문하여 사업추진 과정에서 발생했던 애로 사항이나 문제점 해결 방안, 성공적인 추진 과정, 주민참여 활성화 방안 등을 확인한다면 주민참여형 사업에 대한 이해를 증진하고 참여동기를 한층 더 유발할 수 있음.

23. 농어촌 컨설팅 자료조사 방법 : 표적집단면접법(FGI: Focus Group Interview)

　■ 전문적인 지식을 보유한 조사자가 소수의 응답자 집단을 대상으로 특정한 주제를 가지고 자유로운 토론을 벌여 필요한 정보를 획득하는 방법이며, 조사자가 흥미를 가지고 있는 주제에 관하여 목표집단과의 자유로운 토론을 통하여 통찰력을 얻어 내는 것이 주요 목적임.

　■ 조사집단은 일반적으로 8~12명으로 구성되고 인구통계적 또는 사회경제적으로 동질적인 집단으로 구성함.

　■ 진행자의 역할이 중요한데, 집단구성원 간의 친근감을 형성하고 자유로운 참여를 유도해야 하며, 조사 결과의 분석과 해석시에 중심적인 역할을 수행함.

　■ 장점 : 집단구성원을 개별적으로 면접하는 것보다 더 많은 유용한 정보의 획득이 가능하고 참가자들은 응답을 강요당하지 않기 때문에 솔직하고 정확히 자신의 의견을 표현할 수 있음.

■단점 : 진행자의 능력과 자질에 의해 조사 결과가 많은 영향을 받게 되어, 편견이 발생할 가능성이 크고, 조사결과는 특정집단의 의견에 불과하며 일반화가 어려움.

24. 농어촌 컨설팅 자료조사 방법 : 개인면접 조사(Personal Interview)

■응답자를 직접 만나서 필요한 정보를 얻는 방식으로, 조사자는 토론할 주제나 문제에 대해 설명을 하고 토론 및 면접의 형식을 통하여 주제에 대한 질문이나 토론을 이끌어가며 응답자의 반응을 기록.

■장점 : 조사자가 필요에 따라 질문을 수정할 수도 있고, 모호한 응답을 캐물어 명료화할 수도 있으며, 질문을 반복하거나 변경함으로써 응답자의 반응을 적절히 이해할 수 있고, 또한 상세하고 다양한 내용을 질문할 수 있으며 연구에 필요한 기타 관련된 정보도 취득할 수 있음.

■단점 : 비용과 시간이 많이 들며, 조사자와 응답자의 상호 이해 부족이나 조사 외부요인으로 오류가 개입될 가능성이 있고 응답자들의 익명성 보장에 대한 염려가 있음.

25. 농어촌 컨설팅 자료조사 방법 : 전화면접 조사

■직접 응답자를 만나는 대신 전화를 이용하여 면접을 하는 방식으로 비용과 시간이 비교적 적게 들고, 얻고자 하는 정보를 정확하게 얻을 수 있음.

■장점 : 전화번호부를 이용하여 비교적 쉽고 정확하게 모집단에서 표본을 추출할 수 있고 간단히 응답자와 대화를 할 수 있으며, 조사자와 면접자 사이의 개인적인 교류가 없으므로 면접 도중에 발생할 수 있는 오류를 줄일 수 있음.

■단점 : 조사할 수 있는 양이 제한되어 있고 응답자를 통제할 수 있는 방법이 한

정되어 있으므로 대인면접에서와 같이 많은 정보를 얻기는 어려우며, 또한 응답자들의 일방적인 조치에 의해 면접이 중단될 수 있고, 특정층을 대상으로 조사할 경우 응답자와의 전화 통화가 쉽지 않아 정보를 얻기 힘든 경우가 있음.

■ 전화면접의 경우 피면접자에게 사전에 조사에의 참가를 권유하는 연락을 하여 면접시간이 어느 정도 소요될 것이라는 설명을 하고, 상호 편리한 시간에 면접시간을 약속한 다음 면접을 실행하는 것이 좋음.

26. 농어촌 컨설팅 자료조사 방법 : 현장조사

■ 컨설턴트가 농어촌개발사업 대상지의 문제점을 현장에서 직접 발견하고 진단하여 개선 방안을 도출할 수 있는 가장 기초적인 조사방법 중 하나임.

■ 현장조사시 담당 공무원이나 지역주민(추진위원회)과 동행하여 안내를 받고 현장에서 대상지의 문제점을 듣고 공감하는 것이 가장 좋은 방법임.

■ 현장조사시에는 동영상 촬영, 사진 촬영, 체크리스트, 대상지 지도(도면) 등을 미리 준비하여 조사에 만전을 기하고, 최근에는 위성사진을 보완하기 위해 드론을 활용하기도 함.

■ 현장조사의 장점 : 컨설턴트가 지역의 문제점을 직접적으로 조사하여 해결 방안을 제시할 수 있고, 가장 빠른 방법으로 개선 방안을 도출할 수 있음.

27. 농어촌 컨설팅 자료조사 방법 : 관찰조사

■ 사람이나 사물, 사건 등의 행동 중 조사 목적에 필요한 것을 관찰하고 기록하여 분석하는 방법으로, 관찰자가 어느 정도 관찰대상인 집단에 참여하는가에 따라 참여적 관찰조사와 비참여적 관찰조사로 구분할 수 있음.

- 참여적 관찰조사: 관찰자가 자신의 신분을 밝히지 않고 자연스럽게 발생하는 현실적 상황에 완전히 참가하여 관찰을 하는 경우에 사용.

- 비참여적 관찰조사: 관찰대상의 현실적 상황에 대한 관찰자의 참여는 어떤 형태로든 이루어지지 않은 채, 순수한 관찰자의 역할만 수행하여 자료를 수집하는 경우에 사용.

■ 관찰 방법에 따라 인적 관찰조사, 기계적 관찰조사, 내용분석, 자취분석 유형 등으로 구분.

- 인적 관찰조사: 현장에서 실제로 일어나고 있는 관찰대상자의 실제 행동이나 현상을 면밀히 관찰하는 것으로 농촌체험마을에 방문객의 수를 계수하든지, 방문객들의 이동 흐름을 관찰하는 경우가 해당.

- 기계적 관찰조사: 관찰대상자의 행동을 기계적 수단을 이용하여 관찰·기록하는 방법으로, 매장의 경우 현장에 카메라를 설치하여 포장, 디자인, 계산대의 공간, 매장 디스플레이, 고객의 이동 흐름 등을 평가하는데 활용.

- 내용분석: 관찰되어야 할 현상이 관찰대상자의 행동이나 실제의 관찰대상 사건이 아니라 대화 내용일 경우에 적합한 방법으로, 명시적으로 나타나는 대화의 내용을 객관적이고도 체계적이며 계량적으로 기술하고 분석하게 되며, 분석 단위로는 단어, 성격, 전제, 길이나 시간, 주제 등임.

- 자취분석: 물적 흔적이나 증거 또는 과거 행동으로부터 자료를 수집하는 방법으로 잘 활용된다면 창의적이면서도 대단히 저렴한 비용으로 조사할 수 있는데, 예를 들면, 공공시설물 활용도를 분석하기 위해 박물관 바닥타일의 교체비율을 조사해보면 전시작품의 상대적인 인기도를 알 수 있음.

■ 관찰조사의 장점
- 조사자의 심리 상태에 조사결과가 좌우되지 않고 응답자가 자신의 느낌이나 태도를 정확히 모르는 경우에도 조사가 가능하며, 행동으로 나타나므로 응답과정에서 생길 수 있는 오류가 감소.

• 자료를 얻을 수 있고, 조사자의 편차가 거의 나타나지 않으며, 인터뷰 과정에서의 편차도 제거되거나 감소됨.

• 의도적이거나 선호하는 행동에 관한 자료가 아니라 실제의 행동을 측정하기 때문에 그 사실의 발생을 정밀하게 관찰할 수 있음.

■ **관찰조사의 단점**

• 응답자들의 사적인 행동이나 사회적으로 밝히기를 꺼려하고 타인으로부터 관찰되기를 원치 않는 행동은 관찰이 불가능하며, 관찰된 행동의 이유, 배경과 동기, 신념, 태도나 선호도 등을 확인할 수 없음.

• 태도나 신념에 비하여 행동양식은 쉽게 변할 수 있어 조사 결과가 일시적인 것이 될 수 있으며, 이를 정확히 기록, 분석하는 것도 쉬운 일이 아니고 비윤리적인 문제가 발생할 소지가 있음.

28. 농어촌 컨설팅 자료조사 방법 : 설문조사

■ 조사자가 필요로 하는 조사의 내용과 변수의 측정 방법을 정확하게 알고 있을 때 효율적으로 이용되는 자료수집 방법.

■ 조사자가 배포하는 설문지에 응답자가 기입하는 개별자기입법과 우편으로 설문지를 보내고 회수하는 우편 설문지법, 온라인상에서 응답자가 직접 응답하는 방법이 많이 활용되고 있음.

■ 설문조사의 장점: 조사자가 필요로 하는 조사 내용을 모두 포함하여 빠른 시간 내에 해결할 수 있으며, 조사자가 조사 주제를 소개할 기회를 갖게 됨으로써 응답자에게 솔직한 응답을 유도할 수 있음.

■ 다수의 응답자들에게 동시에 조사를 진행하여 면접법에 비해 비용과 시간, 노력이 적게 들고 자료를 수집할 수 있음.

■ 설문지는 많은 정보를 체계적으로 정리할 수 있게 해주며, 정보 획득 과정에서 연구자의 의도를 최대한 반영하는 방향으로 작성되어야 유용한 설문지가 될 수 있고 설문지 설계시 분석할 수 있는 기법이 함께 고려되어야 함.

29. 컨설팅 조사기법 : 퍼실리테이션

■ 퍼실리테이션(Facilitation)의 개념

• 사전적으로는 '일을 쉽게 하다' , '촉진시키다' 라는 의미로서, 일반적으로 사람들 사이의 집단적인 의사소통을 돕고, 공통의 목적으로 모인 사람들이 함께 참여하여 시너지를 내고, 목표했던 결과를 쉽게 만들어낼 수 있도록 돕는 것을 의미.

중요한 의사결정을 위한 회의, 새로운 지식을 공유하기 위한 강의와 세미나, 구체적인 액션플랜을 도출하기 위한 워크숍 등에 참석자들을 적극적으로 참여하게 하여, 효과적으로 목표한 결과를 도출해낼 수 있도록 지원.

• 그룹의 협력을 이끌어나가는 다양한 종류의 워크숍과 회의에서 전체적인 프로세스 설계와 실행을 총괄하는 중립적인 활동으로 효과적인 커뮤니케이션, 지식관리, 그룹 에너지의 유지를 통하여 팀, 커뮤니티, 조직이 견고하게 형성되도록 돕는 활동.

■ 퍼실리테이터(facilitator: 촉진자)의 의미, 역할, 요건

• 개념: 테마와 참석자 선정, 회의진행, 그룹활동과 토론의 총괄 등을 중립적으로 진행하는 촉진활동자로서, 관련 기술을 잘 이해하고 실제 사업이나 회합 등을 성공적으로 이끄는 사람.

• 역할: 팀의 목적, 기대수준, 원하는 것을 명확하게 해 주고 원활한 토론을 지도하며, 구성원 간의 의사소통과 갈등, 문제해결, 의사결정을 조정해주고 구성원들에게 권한 위임과 책임이 공유되도록 도움 제공.

• 구비 요건: 사업에 대한 명확한 이해와 사업지침의 숙지, 사업타당성 검토 능력, 법적인 검토 및 사업운영 조직 역량, 사업운영 경험 등.

30. 컨설팅 조사기법 : 마을진단지도 만들기

■ 마을 주민들과 전문가가 함께 마을을 조사하면서 진단하는 방법으로 농어촌마을을 단위로 하는 현장조사에서 매우 유용하게 활용할 수 있는 기법임.

■ 마을지도와 필기도구(색연필, 매직 등), 포스트잇, 카메라 등을 지참하고, 큰 지도에 색연필로 칠하거나 한눈에 이해하기 쉬운 그림문자나 일러스트를 활용하여 알기 쉽게 표시하면서 진행.

■ 조사 대상지 범위가 큰 경우에는 팀을 나누어 조사를 수행하면 더 효과적이고 권역단위 사업 등의 경우에 마을별로 조시.

■ 현장조사를 통해 발견된 결과를 발표하고 토론하는 과정을 거치에 되어 주로 2단계로 운영이 가능.

• 현장조사: 마을 구석구석을 둘러보며 주민들이 직접 사진을 촬영하고 마을의 자원, 문제점 및 특성을 발굴하고, 이때 대상지를 개선하기 위한 의견을 교환하고 공유하면서 다양한 방식의 소통이 가능.

• 실내작업: 마을회관에서 마을진단지도에 사진을 붙여가면서 마을의 문제, 잠재자원, 특성, 강점 찾기 등을 수행하고, 필요한 사업과제를 발굴하는 과정이며, 주민들이 참여하고 공감하는 이러한 과정을 거쳐 사업의 우선순위를 결정.

■ 현장을 직접 조사하고 그 결과를 토대로 사업의 방향과 사업과제를 도출하는 방식으로 진행되어 주민참여와 이해를 높이고, 사업 추진에 대한 의사결정이 빠른 장점이 있으나, 많은 사업이 제시될 경우 우선순위를 선정하는 데 어려움이 따를 수 있음.

31. 컨설팅 조사기법 : 브레인스토밍(Brainstorming)

■ 여러 사람이 자유롭게 주제와 관련된 모든 생각을 교환함으로써 많은 아이디어를 도출하고 그 아이디어를 통해 새로운 전략과 문제해결책을 모색.

■ 아이디어의 양이 질보다 훨씬 중요하여, 모든 멤버들이 제안된 어떠한 아이디어라도 비판해서는 안된다는 동의하에 가능한 많은 수의 해결안을 도출하는 방법.

■ 이 기법의 목적은 사람들을 자유분방한 사고의 분위기로 인도한 다음, 다른 사람들의 아이디어를 듣는 과정을 통해 자극을 받도록 하는 것임.

■ 여러 사람이 모여 어느 한 문제에 대하여 아이디어를 공동으로 내어놓는 집단사고를 위한 대표적인 회의진행 방법으로 가장 많이 사용되고 있음.

■ 브레인스토밍이 아이디어를 다량으로 낼 수 있는 이유는 아래와 같음.

• 한 사람이 한 아이디어를 낼 때 거의 자동적으로 다른 아이디어를 상상하게 되고, 동시에 그 아이디어는 다른 사람의 연상력을 자극.

• 다른 사람보다 하나라도 더 아이디어를 내려고 하는 경쟁의 자극적인 효과.

• 어떤 내용이라도 질보다 양을 중시하는 자유분방한 분위기.

32. 컨설팅 조사기법 : 비즈니스모델 만들기

■ 수익사업을 추진하고자 하는 마을이나 조직에서 새로운 사업을 위한 아이디어 등을 모색하는데 주로 활용되는 기법.

■ 비즈니스모델은 조직의 구조, 프로세스, 시스템을 통해 실현시킬 수 있는 전략적 청사진으로 다음을 명확하게 설명.

• 조직(마을)이 가지고 있는 핵심 자원, 활동, 가치가 무엇이고 핵심 파트너는 누구인가?

- 차별화된 고객서비스와 홍보는 어떻게 할 것인가?

- 고객은 누구이고 고객 세분화의 방법은?
- 사업을 운영하기 위해 발생하는 비용 구조는 어떠하며 수익 구조는 어떻게 되는지?

■ 수익사업의 수행조직은 수익모델에 대한 이해와 방법론적인 세부적인 프로세스 진행을 통해 수익화 모델이 현실적으로 가능한지를 파악해볼 수 있음.

■ 사업주체가 가지고 있는 경쟁력 있는 부문과 가치를 발견하여 시장을 창출하고 이를 통해 지속가능한 비즈니스모델이 만들어진다면 효과적인 컨설팅과 더불어 성과를 창출할 수 있는 기반이 됨.

33. 농어촌개발사업에서의 주민참여 : 주민참여 유형

■ 농어촌개발사업에서 주민참여는 구성원 간의 의사소통과 합의를 이끌어내는 일이 중요.

■ 주민참여가 활발하게 이루어지고 역량이 강화되어 가는 시점이 되면 참여의 전 과정을 체계화할 필요가 있는데 참여 유형은 다음과 같음.

• 제도적 참여: 정책결정 과정에서 주민대표기구인 자치회나 위원회의 일원으로서 활동하거나 문서 열람, 공청회 등에 참여.

• 목적적 참여: 지역개발정책 또는 주민기피 시설의 유치 등을 둘러싼 이해관계를 바탕으로 참여하거나, 이를 계기로 점차 지역문제 전반에 관심을 가지면서 발전적인 형태로 변모하여 참여.

• 가치적 참여: 지역을 풍요롭고 쾌적하게 만들기 위한 제도적 장치와 실천적인 전략을 바탕으로 참여하는 유형으로, 관점이 종합적이고 장기적이며, 참여주체가 어린이, 노인, 여성, 이익집단 등으로 다양하며 해결해야 할 과제도 그만큼 많음.

34. 농어촌개발사업에서의 주민참여 : 주민참여 방법

■ 농어촌개발사업에서 주민참여는 사업의 성패를 좌우할 만큼 매우 중요한 의미를 지니고 있어, 참여를 증진시킬 수 있는 방법을 적극 활용해야 함.

■ 농어촌개발사업에서의 주민참여 방법은 계획과정 참여와 운영과정 참여로 구분.

• 계획과정의 참여: 추진위원회를 조직하여 중요한 의사결정, 현장 및 자원조사, 설문조사, 선진지 견학, 공청회, 농촌현장포럼이나 워크숍 등의 참여를 통해 지역의 문제해결과 사업 추진을 요구하여 적극적인 해결책 모색.

• 운영과정의 참여: 공동체법인(영농조합법인, 마을기업, 농어촌공동체회사, 사회적 기업 등)을 구성하여 사업 운영에 직접 참여하여 성과를 창출하거나 시설물 관리 운영에 참여.

35. 농어촌개발사업에서의 주민참여 : 추진위원회 구성 시기

■ 마을(지역)에서 경험과 지식이 부족한 다른 주민들도 사업에 참여시키고 이끌어가야 하는 주민 자치조직으로, 독자적 특성이 강한 농어촌지역에서 신속한 의사결정을 통해 사업을 원활하게 시행하기 위해 필요.

■ 마을(지역) 발전을 위해 리더와 주민, 주민과 지자체 사업담당자가 함께 머리를 맞대고 사업을 구상하기 위하여 사업을 준비할 핵심 조직이 필요.

■ 사업 목적 달성은 물론 주민 스스로 공정하고 투명한 사업이 진행될 수 있도록 추진위원회를 구성.

■ 추진위원회는 사업추진을 위한 예비단계 즉, 신규사업 사업성검토신청서를 작성하기 이전에 조직해야 함.

36. 농어촌개발사업에서의 주민참여 : 추진위원회의 역할

■ 마을(지역)을 대표하여 주민들의 의견을 수렴하고, 마을(지역)의 문제점을 진단·해결하기 위한 사업을 제시하며, 사업계획 수립, 설계, 시공, 운영, 관리에 참여

■ 주요한 의사결정을 하는 조직이지만, 임의적으로 의사결정을 하거나 압력단체로 작용한다면 사업 추진에 문제가 발생하여 사업 실패의 원인이 될 수 있으므로 반대하는 주민들의 목소리도 경청하고 설득해야 하며 주민화합과 참여를 유도해야 함.

37. 농어촌개발사업에서의 주민참여 : 추진위원회의 운영

■ 농어촌지역개발사업에서는 추진위원회의 구성과 운영이 사업의 승패를 좌우할 정도로 매우 중요하고 위원들의 적극직인 참여와 의지, 노력, 협력을 잘 이끌어 내어야 함.

■ 사업 단계별로 추진위원회 운영시 요점은 아래와 같음.

• 예비계획 단계: 추진위원회 구성, 규약 만들기, 역할 부여, 회의, 사업에 대한 이해와 교육, 마을(지역) 진단, 사업의 방향성 설정, 사업 발굴, 사업신청서 작성.

• 기본계획 단계: 추진위원회 운영이 매우 중요하며, 정기적인 회의를 통한 사업계획 확정, 사업부지 선정, 우선순위에 따른 사업비 배분, 주민의견 수렴과 공청회를 운영하고, 사무장을 채용하여 추진위원회 운영 전반을 보조하도록 함.

■ 사업시행 단계: 운영위원회로 조직을 변경하여 전문화되고 세부적인 관리 운영을 담당하고, 지역역량강화사업에 참여하여 교육, 컨설팅, 홍보마케팅 등의 사업을 추진하며 마을(지역) 활성화의 기반을 구축.

38. 농어촌개발사업에서의 주민참여 : 추진위원회 규약

■ 원활한 의사소통과 사업 추진을 위한 합리적인 의사결정을 위해 위원회 운영 규칙을 만드는데, 명칭, 적용 범위, 목적, 구성, 역할, 임원의 구성 · 선출 · 임기 · 직무, 회의 운영과 의결사항, 기타 내용 등을 규정.

■ 사업의 원활한 추진을 위해 추진위원회 규약을 토대로 하여 사업 추진이나 의사결정 과정에서 문제나 갈등이 생길 시 해결 방안을 미리 마련.

■ 규약은 예비계획 단계에서 만들어두면 좋지만 그렇지 못한 경우, 사업선정 후 기본계획 수립 단계에서 본격적으로 적용되므로 사전에 합리적인 규약을 제정하고 그 규약에 근거하여 회의진행, 의사결정 등이 이루어져야 함.

제2부

농어촌자원 개발 지도

3장
농촌어메니티 자원의 개발

1. 농촌어메니티(Amenity)의 정의 및 분류

농촌어메니티 자원은 '농촌에 존재하는 특정적인 환경과 공동체적 요소를 총칭' 하는 것으로서 농촌지역의 정체성을 반영하고 있는 요소이면서도 각 구성원에게 휴양적, 심미적, 더 나아가 경제적 가치를 제공하는 중요한 자원이다.

또한 야생, 경작과 관련된 경관, 역사적 기념물, 문화적 전통 등을 포함하는 농촌지역의 자연적이거나 인공적인 모든 것으로 사회적, 경제적 가치를 지니고 있으며 이들 가치로부터 개인, 지역사회, 그리고 사회 전체가 효용을 창출하여 농촌지역사회 발전에 중요한 자원으로 정의할 수 있다. 농촌어메니티는 크게 자연자원, 문화자원, 사회자원으로 분류하고, 이는 다시 환경자원, 생태자원, 역사자원, 경관자원, 시설자원, 경제활동자원, 공동체활동자원으로 분류할 수 있다.

OECD(경제협력개발기구)에서는 보다 구체적으로 농촌에 산재하는 정주 패턴, 생물종다양성, 역사적 건축물, 농촌공동체 등의 자원을 농촌 어메니티 자원으로 분류하고 있다. 그러나 어메니티가 지닌 강한 속지성 때문에 국가, 또는 지역마다 자원의 내용은 상이할 수 밖에 없다.

2. 농촌어메니티의 특징 및 가치

농촌어메니티는 지역고유재, 공공재, 사회자본, 다목적 가치 등의 특징을 갖는다. 농촌 어메니티는 지역고유의 소재와 지혜, 역사를 활성화한 생활문화로서 그 가치가 있으며, 지역경제 활성화 효과, 환경·자원보존 효과, 문화 창출 효과 등 '삶의 질'과 밀접한 관계를 갖고 있다.

농산어촌어메니티는 자원 자체가 지니는 특징으로 인해, 이용 가치, 선택 가치, 존재 가치, 유산 가치 등 다원적 가치적 속성을 보유하고 있고, 그 자원이 갖는 속성에 의해 환경·생태적 가치, 경제적 가치, 문화·심미적 가치를 지닌다.

어메니티 자원의 보존 및 개발에 대한 사회적 합의를 구축하기 위해서는 과학적이고 설득력 있는 어메니티 보존 및 개발에 의한 편익과 비용 측정이 필요하다. 이를 위해서는 농산어촌어메니티 자원을 지역별, 유형별로 발굴·분류하고, 각종 과학적 기술을 이용하여 국도어메니디 자원 데이터베이스를 구축, 이를 토대로 보전되어야 할 어메니티 자원과 개발할 어메니티 자원에 대한 우선순위를 선정하고, 이러한 정보가 지역계획이나 개발에 반영되어 지역의 부가가치 창출 및 제공에 기여토록 해야 한다.

3. 농촌어메니티 자원 개발의 창출 전략 - ❶ 농촌어메니티 자원 개발의 필요성

농촌의 어메니티 자원 개발의 필요성은 2000년 들어서부터 진행되고 있는 DDA(도하 개발 어젠다) 대응 차원의 농촌경제 활성화와 농민의 삶의 질 개선 차원에서 이루어지는 어메니티 자원 개발과 활성화 전략에서 찾을 수 있다.

1990년대 일반화된 국제 농업시장 개방에 대응하는 다원적 기능 제고 정책과는 달리 농촌어메니티 활용 정책은 인간과 환경의 공존 시각을 유지하면서 농촌 내부의 신성장 동력원의 개발과 계속적인 파생가치의 유도를 통해 내생적 지역개발을 쾌 하고자 하는 논리와 맥을 같이 하고 있다. 기존 농촌에서 생산되는 상품에 그 지역의 어메니티 자원을 보전하고 경제재원화하여 지역성을 브랜드화함으로써, 그 상품의 파생적인 가치를 높이고 농촌 내부의 신성장 동력원을 개발하는 논리라고 할 수 있다.

〈농촌어메니티 자원 개발의 필요성〉

구분	다원적 기능	어메니티
개념 태동	• 1980년대 후반 1990년대 일반화 • 국제 농업시장 개방에 대응, 농산품의 비교역기능(NTC)에서 출발	• 2000년대 이후 농촌에 개념 도입 • 산업혁명 이후 도시 공중위생 및 보건 환경의 질을 개선에서 출발
경제적 측면	• 외부 경제로서 비시장가치재로 존재 • 기존 농촌산업의 존치 논리 • 직접지불제의 배경 논리	• 비시장가치재와 시장가치재 • 산업, 상품, 시장 논리 접근 가능 • 농촌 내부의 신성장 동력원 개발의 논리 • 계속적인 파생가치 유도 • 내생적 지역개발 논리
대상	• 환경 중심적 시각	• 인간과 환경의 공존 시각 유지

〈어메니티와 결합된 상품의 파생가치 개념도〉

4. 농촌어메니티 자원 개발의 창출 전략 - ❷ 어메니티 자원발굴 및 정책 수요

농촌어메니티 개발을 위한 정책 수요를 조사한 결과 다음〈표〉와 같이 다양한 의견이 나왔고, 이들 중 대표적인 전략을 정리하면 다음과 같다.

〈어메니티 자원 발굴 및 활성화를 위한 정책 수요〉

구분	어메니티 자원 발굴 및 활성화에 대한 정책 수요
정부 주도하의 체계적인 개발 및 재정적 지원	• 전국적인 틀에서 특성화된 자원, 예산지원에 대한 연구 필요 • 정부의 강력한 정책하의 자치단체별 어메니티 사업의 의무화 및 매년 평가를 통한 인센티브 차등 제공 • 중앙정부의 재정적 지원으로 지방의 자원 발굴을 활성화 • 어메니티 가치 증진을 위한 재정적 인센티브(직접지불보조금제) • 지방정부에 대한 정책적 배려와 재정적 지원이 필요
주민 의견이 반영된 공동체 의식을 함양할 수 있는 어메니티 계획	• 국가에서 정책적 과제로 선정하여 주민 의견이 반영된 개발 이루어지도록 함 • 공동체 알기로 발전할 수 있도록 함 • 주민이 실제로 느끼는 지역계획이 될 수 있도록 추진 • 지역공동체문화 형성하면서 농촌어메니티 자원 활용을 통한 새로운 경제적 부가가치 개발
적극적인 지역자원 발굴 모델 개발 및 지역 브랜드화	• 주민 삶의 질 향상을 도모할 수 있는 어메니티 자원 발굴 • 삶의 질과 관련한 도시환경, 생활환경에 대한 적극적인 관심 • 어메니티 자원을 활용한 상업적 가치 향상(관련 상품 개발지원) • 해양 부문 어메니티 자원 발굴의 필요성 • 지자체별 어메니티 자원 발굴 통한 균형발전 도모 • 체계적인 국토 어메니티 자원 발굴 필요 • 지역성 갖춘 지역 브랜드로 활용 • 어메니티 자원 발굴 모델을 개발하여 지자체에 보급, 어메니티 자원의 보존
어메니티 자원의 보존 개발 측면에서의 접근	• 생태환경 보전 위한 예산 확대의 필요성 • 생태환경을 보전하면서 지역경제 활성화 위한 전략 필요 • 장기적인 안목에서의 인간과 자연이 조화되는 개발 필요 • 환경문제 해결 위한 국토 어메니티 발굴 필요함 • 자연환경 어메니티 자원 발굴에 중점을 두어 관광 인프라 구축

기타	• 농촌 인구 고령화를 감안한 지역사무장제도 적극적 도입 • 농촌고령화를 감안한 소득 창출 방안 마련 • 도시민의 쉼터가 되면서 농가의 소득이 될 수 있는 방안 마련 • 정적인 관광계획에서 동적인 관광계획으로의 전환 필요 • 친환경 공간 창조 • 주민의식 개혁 제고

5. 농촌어메니티 자원 개발의 창출 전략 - ❸ 농촌 계획 및 지역개발제도의 개혁

〈어메니티 수요를 담을 농촌 계획 및 지역개발제도의 개혁〉

국민들의 사회의식이 크게 변화되고 있다. 주5일제 시행으로 여가와 웰빙에 대한 관심이 높아지면서, 농촌의 아름다운 자연, 긴 역사와 전통, 우수한 문화와 예술 등에 관심이 높아지고 있다. 이러한 현상은 앞으로 더욱 증가하는 경향으로 나타날 것이다. 농촌 관광객은 2001년 3,000만 명에서 2011년 1억5,000명으로 증대될 것으로 예측된다.

이처럼 사회경제 변화에 적절히 대응하기 위해서는 농촌 계획 및 지역종합개발계획의 전반적인 패러다임의 전환과 개혁이 요구되고 있다. 지역의 특성에 따라 자립적 발전 등을 기반으로 하는 지역 형성이 요구되고 있고, 개발 기조하에 양적 확대에 초점을 맞추고 있는 기존의 계획 기조를 농촌의 질적 향상, 즉 어메니티 도모를 중심으로 하는 새로운 계획 기조로 전환해야 한다.

새로운 개발과 SOC시설 확충보다는 시설의 유효 이용과 적절한 유지관리 보전, 환경보전 및 양호한 경관 조성으로 전환해야 한다. 이미 이러한 정책 전환은 국토종합계획 및 정책 차원에서 부분적으로 이루어지고 있지만, 아직 농촌 계획분야에서 종합적으로 체계화되고 있지 않다. 농업·농촌살리기를 위한 각종 농업투·융자가 이루어지고 있고, 테마 관광사업이 이루어지고 있지만 대부분 시설확충중심, 토목사업위주의 하드웨어적·기능적 대책에 치중해왔다. 농촌대책 따로, 도시대책 따로, 지역 및 국토관리대책 따로 추진하면서 도시와 농촌의 격차는 커지고, 도시는 도시대로, 농촌은 농촌대로 어메니티를 상실해왔다.

국민소득 3만~5만달러 시대에 대비하면서 '인구 감소·고령화', '국경을 초월하는 지역 간 경쟁', '환경문제의 현재화', '재정 제약', '중앙 의존의 한계'라고 하는 국토전반에 걸친 새로운 시대변화와 국민의 요구에 부응할 수 있도록 농촌 계획 및 지역개발 패러다임을 전반적으로 새롭게 할 필요가 있다. 또한 도시·지역계획과 농촌계획이 유기적으로 계획되고 관리될 수 있도록 지속가능한 발전전략도 모색해야 할 것이다.

6. 농촌어메니티 자원 개발의 창출전략 - ❹ 지역의 재발견으로부터 어메니티 계획 입안

살기 좋은 지역 만들기의 핵심은 '개성 있는 지역 만들기'에서 출발한다. 이는 자신들이 살고 있는 지역의 개성이 무엇인가에 대해 의견을 모으는 일에서부터 시작해야 한다. 이는 대단히 어려운 작업이다. 지역고유재가 발견되어도 그것이 문자 그대로 지역고유한 귀중한 어메니티 자원이 되는 것을 공통의식으로 승화시키는 것은 더욱 어려운 일이다.

이를 위해 지역 재발견을 주도하는 프로그램이 필요하다. 계획 입안 단계부터 다양한 지역주민이 자발적으로 참여하여 지역의 어메니티 전체상을 정하고, 지역고유자원, 어메니티 자원을 발굴해야 한다.

어메니티 자원은 신규 개발보다는 기존의 시설과 자원을 재발굴하고 복원·창조·융합하는 것을 대상으로 하여야 한다. 환경·문화를 중시하는 '인간 중심의 지역, 마을 되살리기 전략'도 어메니티 자원이다.

생활 및 어메니티 상태를 크게 변화시키는 것은 토목사업 중심의 대규모 산업 및 지역개발사업이다. 근시안적으로 경제성 중심의 무분별한 개발사업 추진은 사회적 비용을 증대시키고, 생활과 어메니티를 위협한다. 생활과 어메니티를 위협하는 과정은 동시에 커뮤니티의 해체과정과 일치한다. 생활과 어메니티를 위협하는 원인을 억제하고 인간과 자연이 조화하는 관계를 회복하는 과정은 가족과 지역의 커뮤니티를 재건해가는 과정이다. 어메니티 자원의 가치가 주민의 공동자산으로 상호 인식되면 지역계획의 내용은 양적 개발보다 질적 향상 쪽으로 더욱 확장될 수 있을 것이다. 이는 성숙형 사회, 지속 가능한 지역사회의 조성을 촉진하게 될 것이다.

7. 농촌어메니티 자원 개발의 창출 전략-❺어메니티 요소 개발과 창출모델 개발

어메니티 발굴과 창출에 대한 관심이 높아지면서, 도시와 농촌지역의 어메니티 요소 개발이 중앙정부 차원에서 시민단체 차원에서 다양하게 전개되고 있다. 정부차원의 요소 개발과 창출모델 사업은 행정시책상 예산과 조직, 제도 측면에서 한계가 있고, 획일화될 우려가 있다. 사업목적에 부합되는 범위 내에서만 제한적으로 추진되고, 통일 규격에 의한 효율성과 공정성을 추구하는 과정에서 한계를 보일 수 있다.

따라서 어메니티 개발은 '어메니티 자원의 발굴', '공간의 결합', '문화와 브랜드 창조' 등을 핵심으로 도시, 농산촌, 어촌, 주요관광지 및 SOC 시설 주변 등 지역별·시설별로 다양한 주체에 의해 개성 있게 창출되어야 한다. 지역의 건축물, 간판, 자

전거 보관대, 쓰레기통에 이르기까지 공공디자인도 어메니티 개념에서 정비되어야 한다. 고추장으로 특화된 순창의 경우, 공공유원지 및 공간에 고추장 단지를 공공디자인화하여 지역브랜드를 확실히 하고, 주변 환경도 일체감 있게 정리하는 것은 좋은 모범 사례가 되고 있다.

어메니티 요소의 개발은 지역의 사회문화기반과 환경보전 등을 토대로 지역의 정체성과 경제적 효과를 높일 수 있는 유·무형의 고유재일수록 효과적이다. 이처럼 공간의 질은 자연적 환경의 질과 인공적 환경의 질이 결합된 주요 어메니티 자원이다. 도시에서는 야산과 숲, 하천과 공원, 호흡하기 좋은 쾌적하고 정온한 생활환경, 정체성을 갖는 간판과 건축물, 걷기 좋은 거리, 버려진 철로변에 조성한 쌈지공원, 담장 없고 개성 있는 문화공동체 동네 등이 어메니티의 요소가 된다. 농촌에서는 풍수지리를 고려한 마을전경, 잘 보전된 종택과 고목, 돌담길, 마을 초입의 정자목, 야산과 마을숲, 논과 밭이 어우러진 마음 넉넉한 들녘, 물맛 좋은 우물과 그 주변, 저수지 주변의 친수공간 등이 어메니티 자원이다. 이는 정형화된 모델과 통일 규격이 있는 것이 아니고, 지역특성에 따라 주민과 함께 가슴과 지혜로 발굴하는 지역혁신 자원이다.

지역별로 마을별로 다양한 어메니티 자원을 발굴하고 이를 증진·융합시킨 사례 등을 축적해가는 것이 '매력 있고 품격 있는 살기 좋은 국토 만들기', '살고 싶은 지역 만들기'의 초석이 될 것이다.

8. 농촌어메니티 자원 개발의 창출 전략 - ❻ 농촌어메니티 요소 및 창출모델 유형 예시

〈농촌어메니티 요소 및 창출모델 유형 예시〉

자원의 역할 / 자원존재 형태	상품자원 어메니티 기반 상품 개발	정체성자원 고장에 대한 정체성 형성
자연자원	자연탐방 및 자연체험 프로그램, 마을 관리 자연휴양지(계곡, 하천, 산 등)	마을의 자연풍수, 자연 및 생태 자원에 얽힌 이야기, 깨끗한 공기와 맑은 물, 자연의 소리, 자연풍경, 생태자원
문화자원	농촌의 전통문화 및 역사 체험프로그램, 마을의 문화유산(유서 깊은 사찰 등), 문화재로 지정된 민속마을, 문화축제	역사적인 인물, 마을의 전통문화, 예술, 신앙, 옛이야기, 농촌다운 마을 경관 (옛 가옥, 돌담길 등)
사회자원	농특산물, 각종 농사체험 프로그램, 농특산물 관련 축제, 농가 민박, 마을 고유 음식 체험, 농촌생활 체험 등	차별화된 농특산물의 본고장임을 나타내는 농업경관, 전통적인 농법이나 특유의 생산기술, 공동생산활동이나 조직, 공동체 활동 관련 요소

주: 표에서 제시하고 있는 사례들은 유형별로 대표적인 자원을 예시한 것으로서, 지역 특성에 따라 각 유형에 포함되는 자원은 달라질 수 있음.

9. 농촌어메니티 자원 개발의 창출 전략 - ❼ 시장 촉진책 및 지원책 마련

다시 강조하지만, 어메니티 자원을 보전하고 수요를 창출하기 위해서는 고도의 정책과 전략 개발이 요구된다. 우선, 어메니티 시장을 촉진하는 정책이 필요하고, 어메니티 자원을 공급·유지시키기 위한 자원의 보전과 인센티브 정책 등을 모색해야 한다. 우선 어메니티의 상업적 가치를 향상시키기 위한 지원책을 통해 어메니티 공급자와 수혜자 간 조정을 촉진하는 전략 마련이 필요하다. 어메니티 관련 상품 시장을 조성하고 소유권의 상품화, 기업지원 등이 모색되어야 한다. 또한 어메니티 유지와 가치 현실화를 위해 공급자와 수례자 간 자발적 규제와 협약체계, 네트워킹 등도 요구된다.

10. 농촌어메니티 자원 개발의 창출 전략 – ❽ 어메니티 활성화 정책 유형 및 사례(Ⅰ)

〈표〉 OECD국가의 어메니티 활성화 정책 유형 및 사례(Ⅰ)

<table>
<tr><th colspan="3">구분</th><th>국가별 주요 사례</th></tr>
<tr><td rowspan="6">Ⅰ
유
형</td><td rowspan="3">상업적 가치 향상 지원
(Support for enhancing an amenity's commercial value)</td><td>어메니티 이용권 시장</td><td>캐나다: 국립공원과 역사유적지 입장료 지불
※ 칠쿱 답사코스 접근 요금: 35$/인</td></tr>
<tr><td>어메니티 관련상품 시장</td><td>프랑스: 지역자연공원(RNP) 라벨
※ 브리에르 공원 보트업체, 레스토랑, 숙박업소, 농산물, 수공예품, 관광상품 등
EU: 지리적 기원의 표시
※ EU Regulation 2081/92</td></tr>
<tr><td>소유권의 상품화</td><td>영국: 어메니티 소유권과 권리 양도
※ 내셔널트러스트, 자연보호위원회
미국: 비영리단체에 보조금 지급
※ 캘리포니아주관리위원회가 바닷가 복구 및 접근 기회 제공하는 NGO에게 4천만 달러 지급</td></tr>
<tr><td rowspan="4">집단행동에 의한 지원
(Support for collection action)</td><td>어메니티 관련기업 지원</td><td>그리스: 어메니티에 기반한 기업 지원
※ 해안 도자기 생산지 마가리트(Margarites) 마을
핀란드: 자연에 기반한 소규모 기업 지원
※ 노동부, 통상부, 농림부 원스톱 서비스</td></tr>
<tr><td>자발적 규제</td><td>자발적 규제행동에 대한 공동규칙 설정</td></tr>
<tr><td>협약체계</td><td>오스트레일리아: 지역삼림 협약
※ 깁스란트 동부지역, 빅토리아 중앙공원, 태즈메이니아 중앙공원 지역 삼림협약 체결</td></tr>
<tr><td>네트워킹</td><td>일본: 다락논 보존 소유자 시스템
※ 도시거주자 다락논 소유자 간 교류(20개 도시)
미국: 자원증진보호프로그램
※ 아이오와주 경지, 습지 보호 등
프랑스: 지속 가능한 농업망</td></tr>
</table>

11. 농촌어메니티 자원 개발의 창출 전략 - ❾어메니티 활성화 정책 유형 및 사례(Ⅱ)

두 번째는 어메니티 자원을 보전 유지하기 위한 규제정책과 인센티브의 마련이 요구된다. 어메니티를 어떻게 확인하고, 구별해내며, 분류할 것인가 하는 문제는 어메니티 자원의 소유권이나 경제활동을 규정하고 제한하는 규제정책과 긴밀히 연계된다. 규제정책을 도입하기 위해서는 국립공원, 군립공원 등 보호지역과 관련된 공간적 분류와 건축물, 정원, 항구, 오래된 촌락, 농업경관 등 비공간적 분류로 구분하여, 토지이용 규제, 토지이용 유보 등의 정책을 마련할 필요가 있다. 이를 위해 일본 등지에서는 조례제정을 통한 자발적 규제 등이 이루어지고 있다. 이와 함께 재정적 유인정책도 마련하여야 하는데, 여기에는 어메니티 품질 관련 투자 및 관련활동 지원 등이 있다. 〈표〉는 OECD국가에서 도입하고 있는 주요 규제정책과 인센티브 정책 등의 사례를 제시하고 있다.

〈표〉 OECD국가의 어메니티 활성화 정책 유형 및 사례(Ⅱ)

구분			국가별 주요 사례
Ⅱ 유 형	규제정책 (Regulations)	토지이용 규제	일본: 토지이용 규제 ※ 아스카 무라: 유형 1, 2지역, 세금 감면 요구 스위스: 농업용지 엄격한 이용규제, 경관보호
		특정 어메니티 규제	영국: 우수영농실천규범
		토지 유보	덴마크: 토지유보프로그램
		보상수단	오스트레일리아: 임업구조조정 패키지 프로그램
	재정적 유인정책 (Financial incentives)	직접지불: 보조금	스위스: 생태적 서비스에 대한 기여 일본: 농촌경관보존정책 노르웨이: 토지 및 문화경관계획
		어메니티 품질관련 투자	웨일즈: 농업환경계획(티르 사이멘)
		관련활동 지원	오스트리아: 산간지역 농민을 위한 특별프로그램

12. 농촌어메니티 자원 개발의 창출 전략 - ⑩ 어메니티 혁신을 위한 인식 제고 및 주민참여

인류 역사와 자연환경과의 관계를 성찰해보면 지금 세계는 1차원의 안전성과 보건성을 달성하는 '생존차원 단계'과 2차원의 편리성과 기능성을 달성하는 '생활 차원 단계'를 넘어 3차원의 쾌적·풍요로운 환경을 확보하는 '어메니티 충족차원 단계'로 접어들었다. 오늘날 지역개발의 과제들은 3의 차원인 '어메니티 환경 확보' 차원에 있다고 해도 과언은 아니다.

각 자치단체들은 어떻게 지역의 매력과 품격을 높이고 지역경쟁력과 지역경제를 활성화시킬 것인가 하는 과제를 놓고 창의적 묘안과 지혜를 짜내는 노력을 진행하고 있다. 이런 노력이야말로 지역혁신이며, 지속가능한 발전(Sustainable Development) 과정이다. 향후 이러한 노력이 지역 간 새로운 격차를 만들 것이다.

어메니티 자원을 발굴하고 이를 지역개발에 접목하는 일은 결코 쉬운 일이 아니다. 지역정체성과 개성을 발견하고 창조하는 노력, 어메니티 자원의 가치를 공유하는 노력, 어메니티 자원을 공간화, 문화화하는 노력, 어메니티 자원을 미래세대에 전수하기 위한 노력 등이 요구된다. 이를 위해서는 지역에 대한 열정과 경험을 갖고 있는 핵심인재 확보가 중요하다.

어메니티에 관심을 갖는 주민과 공무원의 역량을 강화할 수 있도록 배우고 익히는 교육훈련이 체계적으로 이루어질 수 있도록, 재정적, 제도적 토대가 마련되어야 한다. 이들 핵심인재들이 서로 연계되어 네트워크를 형성하고 경험과 정보를 공유하고 협업하게 되면 창조적이고 품격 높은 모범사례를 축적해 갈 수 있을 것이다. 중앙정부와 지방정부, 시민단체, 지역주민, 전문가들이 결합한 (가칭)농촌어메니티추진협의회 등을 통해 정보를 공유하고 네트워크와 연대를 도모하면 효율적일 것이다.

또한 지역 단위로 마을 주민들이 어메니티의 가치와 효과를 함께 체험하고 함께 실천할 수 있는 '어메니티연구회', '평생학습프로그램' 등도 다양하게 마련되고, 지원되어야 할 것이다. 환경적 요소가 문명의 유지와 발전에 있어서 대단히 중요하고, 자원과 환경을 관리하는 능력이 문명의 성쇠에 영향을 주기 때문이다. 따라서 숭고한 어메니티 문화를 지키고 향유하기 위해서는 국민 한 사람 한 사람이 환경과 자원에 대해 관심을 갖고 공부하고 함께 실천하고 협력해야 할 것이다.

13. 농촌어메니티 자원 개발의 창출 전략 - ⓫ 지역 자긍심과 마을공동체 문화만들기

호남명촌 구림마을 사람들은 십시일반으로 기금과 마음을 모아 마을공동체 이야기를 집필하여 세상을 놀라게 한 바 있다. 이처럼 전국에 분포하는 4만6,000개 자연마을에 대해 자긍심과 애정을 갖는 고유한 공동체 이야기를 발간하도록 하는 프로그램도 적은 돈으로 마을단위로 공동체 의식을 고양할 수 있는 좋은 방안이 될 수 있다.

아는 만큼 사랑하고, 사랑하는 만큼 공부하고 행동하는 법이 대도시 시민에게 있어 우리 동네, 우리 마을은 그저 잠자는 베드타운 이상, 그 이하도 아닌 것 같다. 지역을 안다는 것은 지역의 문제점과 한계를 안다는 것이다. 마을 사람들이 마을을 알고, 사랑하고, 공부하고 행동할 수 있도록 프로그램을 개발할 필요가 있다.

'근자열(近者說), 원자래(遠者來)' 라고 했다. 가까이 있는 사람들이 긍지를 갖고 즐겁게 살아가면, 멀리 있는 사람들도 그 모습이 부러워 저절로 찾아오게 된다. 공자의 《논어》자로16편에 나오는 말이다. 지역주민이 지역에 매력을 느끼고, 지역에서 행복하게 살아가는 모습 그자체가 지역의 매력이고, 경쟁력이다. 따라서 지역에 살고 있는 사람들이 '언제까지나 계속하여 살고 싶다' 고 스스로 느끼도록 하는 것이 중요하다(논어의 자치학, 강형기, 2006).

이를 위해 마을에 살고 있는 사람들이 매력 있고 행복한 마을을 만들기 위해 어떤 마을로 만들고 싶은지 명확하고 구체적인 마을 만들기 비전과 전략을 공유하는 것이 중요하다. 그 비전의 실현에 적극적, 주체적으로 참여하는 시민의 에너지를 계속 분출시키기 위한 방침을 행정과 시민의 협동으로 지혜를 짜내야 한다.

4장

농촌어메니티 개발 향상 방안

14. 한국 농촌어메니티 개발 모형 및 사례 - ❶ 도농 교류의 유형화

농촌어메니티 자원을 활용한 농촌지역 개발의 중요성이 어느 때보다 강조되고 있는 현실에서 도농교류에 대한 이론과 모델의 시사점을 종합 분석한 결과 먼저, 문제 극복을 위한 현장사례의 선정이 중요하다는 것을 발견하였다. 이에 대한 요약을 그림으로 나타내면 다음과 같다.

이를 토대로 다음과 같은 도농교류사업 모형은 다음과 같이 성립된다. 즉 농촌어메니티 향상을 위한 수요 창출과 농촌어메니티 환경 조성을 통해 농촌개발사업이 활성화되고 농업인 사업 역량을 향상하는 기회를 제공, 이를 통해 농촌경제가 활성화되고 다시 농촌에 재투자가 가능해지는 선순환적 농촌 발전 조건을 조성하는 데 있다.

문제극복을 위한 현장사례 선정

- 도농 교류 및

농촌관광 활성화

어메니티 보전

소득 창출

공동사업경영

사업 효과의 파급

수요 창출

- 도시자본 및

도시인 유치

어메니티 보전

농촌경제 활성화

농촌의 투자 및

정주 환경

농촌어메니티 보전

농민 및 지도자 교육

지자체 공무원의 역할과 활동

제휴 및 협력단체의 역할

마을 사업과 개인 사업의 조화

마을 사무장의 고용

지역 단위 농촌관광사업

개인 단위 농촌관광사업

농업, 농촌에 대한 홍보

도시와 농촌의 자매결연

환경농업단체의 도농 교류

농산물 가공사업

인구 유입 인적자원 유치

친환경 주거단지 조성

주민참여형 복지사업

15. 한국 농촌어메니티 개발 모형 및 사례 - ❷ 도농교류사업 모형

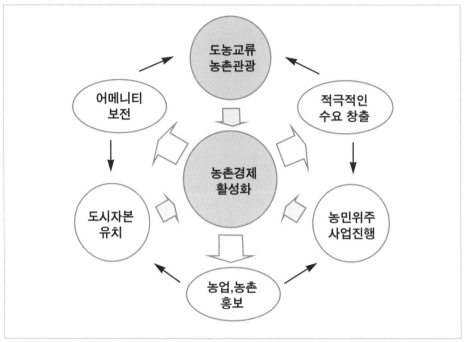

• 수요창출과 여건조성을 통해 농촌개발 사업이 활성화되고 농민 사업 역량을 향상하는 기회 제공
• 이를 통해 농촌경제가 활성화되고 다시 농촌에 재투자가 가능해지는 선순환적 농촌발전 조건 조성

16. 한국 농촌어메니티 개발 모형 및 사례 - ❸ 농촌어메니티 유형별 모형

농촌어메니티 유형별 사례 모형을 살펴보면 ①체험농장(경기 이천 부래미 마을) ②주말농장(경기 고양 돌풍주말농장) ③체험학습(경북 의성 교촌농촌체험학교) ④ 관광농원(충남 당진축협 관광농원) ⑤농촌민박(경기 포천 교동마을) ⑥은퇴농장(충남 홍성 은퇴농장) ⑦지역축제(강원 평창 메밀꽃축제, 함평 나비축제) ⑧자연생태마

을(강원 삼척 도계너와마을) ⑨전통테마마을(충남 아산 외암민속마을) 등이 있다.

17. 한국 농촌어메니티 개발 모형 및 사례 - ❹ 농촌마을 조직 활성화 방안

PBL모형 및 마을조직진단 프로그램에 의한 농촌마을 조직 활성화 방안을 모색한 결과 첫째, 농촌정비사업과 관련된 사업지침, 법률, 조례의 검토와 보완이 필요하다. 또한 마을주민 참여에 의한 지역자치제도가 빠른 시일 내에 정착되기 위해서는 마을주민에 대한 의식교육(사전 진단이 필요)은 물론 도시민을 만족시킬 수 있는 8 거리 개발이 활성화되어야 한다.

하지만 오랜 시간을 통하여 형성된 농촌마을의 자연경관과 관광환경의 이미지는 물론, 마을 주민의 의식변화 및 8거리 개발도 하루아침에 쉽게 형성되고 만들어지는 것은 아니다. 경제적인 논리만을 앞세워서 인위적이고 무조건적인 개발만으로는 확립될 수 없다.

농촌어메니티 개발의 효과적의 운영과 활발한 전개를 모색해나가기 위해서는 먼저 지역단위 종합계획 및 마을단위 세부계획을 수립하여, 전략적이고 구체적이면서 단계적으로 추진해야 한다.
둘째, 단기적인 효과보다는 지역적 참여와 협력을 기반으로 장기적인 안목으로 추진되어야 한다.
셋째, 농촌어메니티 향상을 위한 8거리 개발과 실천프로그램의 접목을 통해 보다 구체적이고 계획적이며 효과적인 실천성과 효율성을 높여야 한다. 농촌어메니티는 최근 농촌지역의 활성화 정책의 대안으로서 각광받고 있다. 그 실효성을 높이기 위해서는 앞으로 농촌정비사업의 보완을 통해 8거리 개발이 향상된 스타 어메니티 사례가 많이 나와야 한다.

18. 한국 농촌어메니티 개발 모형 및 사례 - ❺ 산학협력형 어메니티 향상 모형

농촌어메니티 향상 사업이 성공하기 위해서는 프로그램의 작성, 전개 방법, 유형화, 실시계획, 기획, 관광상품화, 운영할 인재 육성계획, 운영, 경제성 등 다각적인 면에서 면밀한 검토가 필요하다. 앞에서 전술한 농촌어메니티 관련 이론이 우리의 현실에 그대로 적용되기에는 무리가 있겠지만 상황에 알맞게 변형한다면 상당 부문 참조가 가능하리라 생각된다.

다만 외국의 선진모델을 그대로 답습하기보다는 기존의 우리나라에서 하고 있는 농촌어메니티 관련 장단점에 대한 면밀한 검토 후에 단점을 보완하는 쪽으로 추진하는 것이 좋을 것이다. 따라서 마을 계획을 직접적으로 뒷받침할 수 있는 다음과 같은 산학협력형 모형 개발이 시급한 과제다.

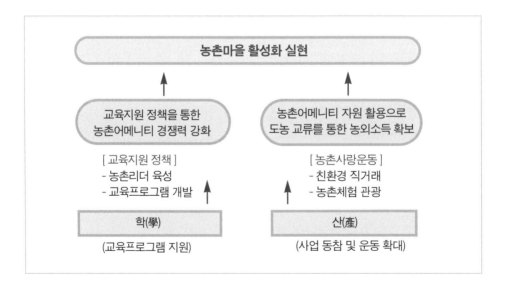

19. 한국 농촌어메니티 개발 모형 및 사례 - ❻ 생태마을 관련정책의 세 영역

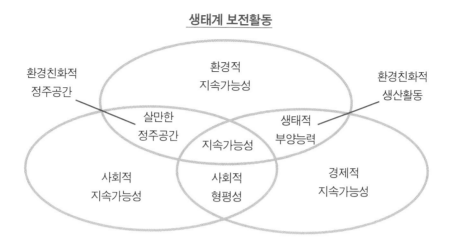

20. 한국 농촌어메니티 개발모형 및 사례 - ❼ 생태적 농촌어메니티 모형의 기본 방향

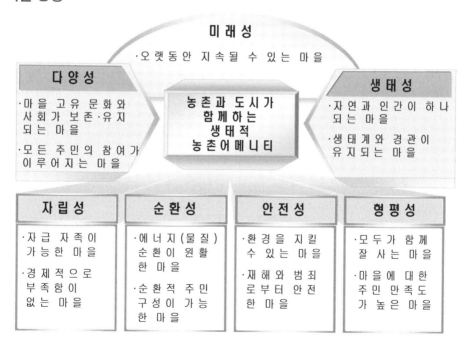

21. 한국 농촌어메니티 개발 모형 및 사례 - ❽ 핵심 추진과제(유형에 따른 모형 개발)

	사업 목표	사업 내용
1 단 계	농촌마을 유형 분류 및 GIS DB화	농촌 위기 극복과 농촌어메니티의 관계 설정 국내외 생태마을 사례 조사분석(농촌어메니티 향상을 중심으로) 생태마을의 정의 및 단위 구분 생태마을 조성에 있어 적정 크기 산정 관련 프로그램 및 정책 검토 마을 특성 파악 특성별 마을 유형 분류 마을 특성 구분 및 조사와 GIS DB화(지리정보시스템 자료화) 마을의 분석 및 평가 생태적 농촌어메니티 향상을 위한 생태마을 조성 방향 제시
2 단 계	자원순환 시스템, 생태경제 시스템	자원순환시스템, 생태경제시스템 사례 연구 및 유형화 대상지 자원순환시스템, 생태경제시스템 분석 및 유형화 자원순환시스템, 생태경제시스템 모형 개발 〈자원순환시스템 구상(안)〉 - 1차 여과된 세척 폐수를 토양에 투입하여 온실 내 　식물이 영양분과 수분을 모두 흡수하게 만드는 시스템 - 인공습지 조성을 통한 폐수정화 시스템 - 빗물의 효율적 관리 시스템 - 자연적 순환과정 완성 모형 - 재난 대비(홍수 처리 등)를 위한 생태마을 설계(홍수와 습지) - 자원의 평등하고 효율적인 이용 모형 〈생태경제시스템 구상(안)〉 - 마을 유형별 Permaculture와 유기농업 모형 - 지속가능한 주택 및 Permaculture 입지 선정 : 공기와 생수 및 토양 품질 유지개선 모형 - 유기농업 모형 개발 : 정부 지원 형태, 농민 주도 형태 - 농산물의 생태적 유통모형 개발

	사업 목표	사업 내용

3 단 계	생태공간 시스템 생태공동체 시스템	생태공간시스템 사례 연구 및 유형화
		대상지 생태공간시스템 분석 및 유형화
		생태공간시스템 모형 개발
		수순환, 바람길, 환경용량 등의 환경계획 지침 개발
		
		〈자연환경복원 계획 수립〉
		• 대상지역의 여건 분석
		- 주변지역과 대상지역에 관한 기존 계획의 파악
		- 대상지역의 자연, 문화적 특성은 광역적 자연성 맥락의 연계성 파악
		- 복원을 위한 필요 정책 요건의 도출
		• 부지 현황 조사, 평가 및 유형화
		- 생태계 구조와 기능의 파악 : 주변지역 생태계 유형, 인접지역의 서식처,
		  대상지 물리적 조건, 서식처 형태·특성·조건
		- 인간의 접근 영향
		- 생태계의 중요성 평가 : 생태적 연령, 자생종, 서식처의 크기, 연속성,
		  빈도, 다양성 등
		- 부지 현황 조사 및 평가를 통한 유형화
		• 유형별 복원 목적의 설정
		- 일반적 고려사항
		- 현재 조건의 시사성
		- 복원 여건과 장점의 수립
		- 현실성 있는 복원 목적의 수립
		• 세부 복원계획의 작성
		- 복원지역의 물리적 배치
		- 중요 서식처 보호
		- 훼손된 서식처의 복원을 위한 세부 복원계획의 작성
		• 시행, 관리, 모니터링의 실시
		- 복원계획의 수행 : 시공
		- 관리계획수립 : 단기, 장기
		- 모니터링
		생태공동체시스템 사례연구 및 유형화
		대상지 생태공동체시스템 분석 및 유형화
		생태공동체시스템 모형 개발
		유형별 주민참여 방안 제시

4 단 계	생태에너지 시스템 생태주거 시스템	생태건축, 에너지시스템 사례 연구 및 유형화 대상지 생태건축, 에너지시스템 분석 및 유형화 생태건축, 에너지시스템 모형 개발 유형별 생태건축 가이드라인 제시 및 적용성 검토 마을 유형별 적용 가능한 대체에너지 계획

22. 한국 농촌어메니티 개발 모형 및 사례 - ❾ 생태복원 기법 종류

- 서식처 유형별 복원 기법
- 생울타리 조성 기법
- 동물 서식처 복원 기법
- 곤충류 유인 및 서식처 복원 기법
- 어류 서식처 조성 기법
- 양서류 서식처 조성 기법
- 조류의 유인 및 서식처 조성 기법
- 생태계 보전 기법
- 대체습지 조성기법
- 벽면 생물서식공간화의 주요 기법
- 옥상 생물서식공간 조성 기법

23. 바람직한 농촌어메니티 개발 향상 방안 - ❶ 마을조직진단 프로그램 및 농촌 조직 활성화 방안

농촌경관을 보호하면서 농촌마을을 살리기 위해서는 주민들의 농촌경관의 중요성인식을 바탕을 전제로 하되, 마을경관 원칙을 설정하여 전체적인 차원에서의 기본 방향으로 삼아야 한다. 우선 농촌내 산재하는 자연경관자원과 문화경관자원의 가치와 특성에 따른 차별성을 확보하여야 한다.

따라서 바람직한 농촌어메니티 개발 향상 방안으로 첫째, PBL기법에 의한 마을조직 집단프로그램과 농촌조직을 활성화하고 둘째, 농촌어메니티의 가치 창출을 위한 산학협력형 모형 개발 추진, 셋째, 마을의 자연환경, 주민, 생활 및 생산공간, 마을조직과 공동체 등의 마을구성요소와 더불어 생태적인 농촌어메니티 모형 개발

조성 추진 등으로 제시하고자 한다.

〈PBL기법에 의한 마을조직진단 프로그램 및 농촌 조직 활성화 방안〉

PBL모형은 지역 활성화를 추구하는 농촌지역이 지니고 있는 조건에 따라서 다양한 모형으로 변형시킬 수 있다. 지역별 당면 현안에 따라서 주민의식과 가치관도 다양하게 반영할 수 있다. 따라서 활성화의 추진방향 검토 및 결정은 농촌지역 스스로의 선택에 따른 자주성과 창의·노력을 발휘하도록 돕는 모형이다.

PBL모형의 효과적 운영과 활발한 전개를 모색해나가기 위해서는 다음과 같은 전제가 요구된다.

첫째, 지역단위 종합계획 및 마을단위 세부계획을 수립하여, 전략적이고 구체적이면서 단계적으로 추진해야 한다.

둘째, 단기적인 효과보다는 지역적 참여와 협력을 기반으로 장기적인 안목으로 추진되어야 한다.

셋째, 농촌어메니티 향상을 위한 8거리 개발과 실천프로그램의 접목을 통해 보다 구체적이고 계획적이며 효과적인 실천성과 효율성을 높여야 한다.

이 모형은 농촌활성화를 위해 경관보전, 농촌수요창출, 홍보가 삼위일체가 되어 도시자본을 유치하고 그린투어를 실시하고 농민이 주도적으로 사업을 추진해야 한다는 모형이다. 이 방법론으로 경관자원인 8거리를 활용해야 한다는 논리다.

24. 바람직한 농촌어메니티 개발 향상 방안 - ❷ 산학협력형 어메니티 향상 모형개발

산학협력형 어메니티 향상 모형 사례를 통하여 농촌의 중요성을 농업인 스스로가 깨닫고 농업과 농촌의 가치를 높이기 위한 전략 수단이 될 뿐 아니라, 젊은 농촌인력양성과 향후 소득원으로서의 농촌관광, 농촌개발에 대한 교과과정의 전문화, 실천적 체험적 교육현장으로 도약함으로써 궁극적으로 농촌경제 활성화와 농촌어메니티와 삶의 질 개선 효과가 기대된다.

PBL모형의 수준 향상이 사업 성공을 위한 필수 조건이다. 이를 위해 경관기획, 경관프로그램의 작성, 경관 전개 방법, 경관 유형화, 경관 실시 계획, 어메니티 상품화, 경관 관리 인재 육성계획, 조례 및 운영, 경제성 등 다각적인 면에서 검토가 필요하다.

구체적으로 농촌경관의 가치와 특성은 각각 형성되는 장소성에 따라 매우 다양하게 나타나고 있다. 또 경관의 보전가치와 관련해서는 주관적인 판단이 절대적으로 지배하고 있다. 농촌경관 요소 및 자연생태계의 양호성에 따라 등급화하고, 보전할 경관 대상인 주요 경관자원에 따라 관리의 방향이 차별화되어야 마을경관을 차별화할 수 있다는 결론에 도달했다.

이와 더불어 산학협력이 필요하다. 마을이 잘살고 경관어메니티가 보전되기 위해서는 교육지원 정책 분야에서 농촌리더 육성과 교육프로그램 개발이 선행되어야 한다. 또 친환경 직거래와 농촌체험 관광과 같은 도농교류운동이 적극적으로 전개되어야 한다는 결론에 도달했다. 특히 교육지원 분야는 매우 중요한데 기본 목표를 다양한 교육활동과 현장체험 활동을 통하여 건전한 인성의 발달을 도모하고 창의성과 자기 주도적 학습능력을 배양할 수 있도록 해야 한다.

운영 방침으로는 재량활동 운영: 교육과정 편성, 운영 지침과 학생의 요구에 따른 창의적인 교육 활동과 재량활동의 지도 계획을 수립해야 한다. 또 재량활동의 시간 운영, 즉 재량활동의 성격과 학교의 여건, 장소 및 시설 고려와 교과활동 시간에서 경험할 수 없는 직접적인 체험활동 및 학습의 개별화, 공동으로 문제를 해결하는 경험적 활동도 고려되어야 한다.

25. 바람직한 농촌어메니티 개발 향상 방안 - ❸ 지역생태마을 조성 모형 개발

농촌경관의 양호성에 따라서는 국가적 농촌경관보전지역과 지역적 농촌경관보전지역으로 구분할 수 있다. 주요 경관자원과 관련해서는 산악경관, 수변경관, 해안경관 등 3개 유형으로 구분하여 우리나라의 농촌경관에 대한 포괄적인 관리를 도모함에 있어서 각각의 유형별로 적절한 관리 및 운용지침이 수립되어야 한다.

주요 경관자원이 형성되어 자원 그 자체를 보전하여야 하는 보전지역과 더불어 해당 경관자원을 조망할 수 있는 조망점이나 조망축(조망회랑 포함)을 보전할 목적으로의 관리지역을 지정함에 있어서도 위에서 언급한 차별적인 접근은 매우 중요한 원칙이 될 것이다. 생태 모형은 다양성과 생태성 그리고 미래성을 기반으로 도농이 상생하고 더불어 영위해나가는 모형을 지향한다.

이를 위해 자립, 순환, 안전, 형평을 추구하는 것이 요구된다. 구체적으로 농촌경관을 보전하기 위한 최소한의 개발행위를 규제하고 허용된 개발행위에 따라 건축되는 각종 건축물 및 구조물에 대해서 건폐율, 용적율 등의 건축물의 규모와 층고, 외벽의 색채 등 건축물의 외형적 측면에 주안점을 두어야 한다.

또 농촌경관이 현세대와 다음세대를 함께 배려하면서 이용하여야 할 공공재의 일부인 환경재(環境財)로서 이해되어야 한다. 어메니티 자원을 관리함에 있어서 토지의 소유자이거나 각종 개발사업의 추진으로 혜택을 얻을 수 있는 지역주민의 경제적 손실 내지는 상대적 박탈감을 보상해주어야 경관보전과 생태모델이 지속적으로 발전할 수 있다. 경제적 지원을 배제한다면 결국 각종 지구 지정시 나타나는 현상으로 개발계획에 따른 님비 프로세스와 마찬가지로 계획을 추진하기에 가장 큰 어려움으로 작용할 것이다.

결국 지방자치단체의 생태마을을 조성 운영함에 있어서도 자연경관보전지역 내의 주민의 생활을 지원하기 위해서는 우선 농촌경관보전지역 내의 취락지를 농촌경관마을로 지정함과 동시에 마을경관정비계획 및 소득증대계획을 수립해야한다.

26. 바람직한 농촌어메니티 개발 향상 방안 - ❹ 기대효과

농촌어메니티사업 활성화를 위해 시행 주체가 수행해야 할 기본방향에 있어서 먼저 농촌어메니티종합계획을 수립하여 전략적이고 구체적이면서 단계적으로 추진해야 한다. 또한 농촌어메니티사업의 경우 도시민 등 수요자의 여러 측면에서 단기적인 효과보다는 지역적 참여와 협력을 기반으로 장기적 안목으로 추진되어야 한다.

'최고의 지역'을 만들겠다는 것보다는 '유일한 지역'을 만드는 것이 중요하고 농·산촌다움이 없어지면 성공할 수 없으며 지역활성화에도 기여 할 수 없음을 인식해야 한다.

따라서 농촌어메니티 개발 모형을 실용화할 경우 다음과 같은 기대 효과가 예상된다.

첫째, 도시소비자들의 농업·농촌에 대한 이해의 증진이다. 도시소비자들로 하여금 농촌현장, 특히 친환경농업에 대한 견학과 교육, 농사체험, 일손 돕기 등을 통해 농업(임업), 농촌(산촌)의 다면적 기능과 농사의 어려움을 인식하고 친환경농업과 우리 농산물의 중요성 등에 대한 이해를 증진시킨다.

둘째, 농사 체험수확을 통한 농장 직판을 통해 농가소득 증대에 기여한다. 도시소비자들이 체험농장에서 수확구매(Pick-your-own) 또는 단순 구매하거나 소비지 직거래장터를 통해 농산물을 직거래함으로써 농가 소득 증대에 기여하게 된다. 또 다른 유형의 농가소득 증대 기여 부분은 파종기, 수확기 등 농번기에 도시소비자 및 청소년들이 일손 돕기를 함으로써 농가 입장에서 인건비가 절약될 뿐만 아니라 일손이 부족한 농촌에 큰 도움이 되고 있다.

셋째, 도시민들의 농촌 지역 방문과 민박, 식사를 통해 농촌지역이 활성화된다. 도시의 소비자와 청소년들이 농촌현장에 방문하여 농가 또는 농장 수련원 등에서 민박 또는 식사를 하고 농촌지역의 농산물뿐만 아니라 지역특산물을 구매함으로써 농촌지역경제의 활성화에 기여하게 된다.

넷째, 도시민과 농촌주민들의 만남을 통해 농업인과 소비자의 연대의식이 제고되어 공감대를 형성하게 된다. 농업인들과 소비자들의 만남을 통해 자매결연을 하거나 지속적인 상호교류의 기반을 조성함으로써 농업인과 소비자 간의 연대의식과 신뢰가 제고되고 정서적, 심리적 장벽이 해소되어 공감대 형성에 기여하게 된다.

다섯째, 농업인과 농촌주민들의 시야가 확대되고 농사와 향토자산, 농촌환경의 중요성에 대해 재인식하게 된다. 농업인과 농촌주민들은 도시 소비자와의 상호교류를 통해 시야를 확대하고 직업으로서의 농사와 지역의 향토자산, 문화자산, 농촌환경의 중요성을 재인식하게 된다.

여섯째, 우리 농산물의 홍보 확대와 환경 · 농지 보존운동의 확산이다. 국민을 대상으로 한 우리 농산물, 특히 친환경 농산물에 대한 홍보 프로그램의 추진, 환경과 농지의 보존운동을 통해 환경과 농업에 대한 국민적 공감대 형성에 기여하게 된다.

여기서는 이러한 효과를 기초로 실제 농촌어메니티 협력사업 추진으로 나타난 직접적이고 계수적으로 파악이 가능한 효과와 참가자들 및 사업 추진 담당자를 대상으로 설문조사한 결과를 구분하여 효과를 정리하였다.

농촌어메니티사업은 어려운 농업 · 농촌농민의 문제를 도시민과 행정의 파트너십을 통한 총체적 차원에서 해결하는 메커니즘이다. 또 매년 수많은 시민의 참여로 다양한 구성원의 이해와 실천 중심 활동에서 그 의의를 크게 찾을 수 있다. 농촌어메니티 사업은 세계 어느 나라에서도 유례를 찾아보기 힘든 시민단체와 농민, 행정이 삼위일체된 사업으로서 매년 전개되는 것은 매우 고무적이라고 평가할 수 있다.

이 사업이 전국적으로 확산되고 있는 이유는 미국을 중심으로 하는 신자유주의와 우루과이라운드 이후 점점 열악해지는 농업·농촌·농민 문제를 우리 사회 전체가 관심을 갖고 도와주고 해결하려는 구조에서 출발한다.

우리나라는 지난 1980년대 이후 1990년대부터 두드러진 지방화, 민주화의 시대적 흐름과 2000년 이후 어려운 농업현실이 농촌어메니티사업을 만든 배경이 된다. 도시와 농촌은 밀접한 사회적 지역적 친화성을 갖고 있다. 이러한 관점에서 농촌어메니티사업은 한국사회의 새로운 거버넌스(협치) 형태로서 중요한 실험의 장이 되고 있다. 농산어촌에 거주하는 주민의 역량형성(Capacity Building)에 견인차 역할을 수행하고 있다고 본다.

그러나 풀어나가야 할 과제도 많다. 무엇보다도 각 자치단체가 추진하는 농촌어메니티사업이 그 지역의 특성과 잠재력을 가장 잘 살리면서 '환경적으로 건전하고 지속가능한 지역사회' 로서의 모습을 갖추기 위한 '21세기 환경비전' 이자 '환경친화적 생활의 실천지침' 으로 자리매김하는 것이다.

이제 농촌어메니티사업의 현주소를 냉철히 파악하고, 길게는 아직 농촌어메니티사업 추진의 여건과 역량이 충분히 갖추어지지 못한 기초자치단체들(특히 군 지역)의 경우 지역의 여건과 특성에 맞추어 실현가능한 프로그램들을 개발하여 그 성과를 하나씩 축적시켜나가야 할 것이다.

제3부

농업법인 지도

5장

법인 설립 근거 및 지침

1. 법인 설립 근거

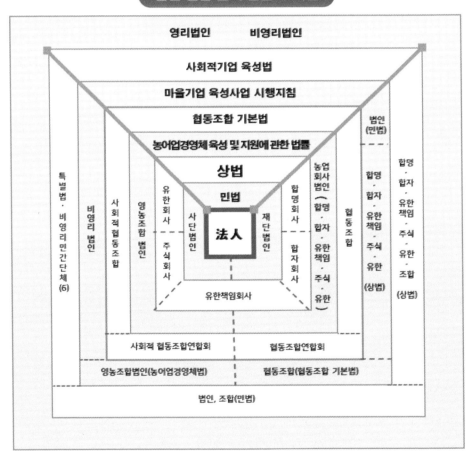

법인 설립 근거 법률 · 지침

영리법인　비영리법인

사회적기업 육성법

마을기업 육성사업 시행지침

협동조합 기본법

농어업경영체 육성 및 지원에 관한 법률

상법

민법

法人

유한회사　사단법인　재단법인　합명회사

주식회사　유한책임회사　합자회사

농업회사법인(합명·합자·유한책임·주식·유한)

협동조합

법인(민법)

합명·합자·유한책임·주식·유한(상법)

합명·합자·유한책임·주식·유한·조합(상법)

특별법·비영리민간단체(6)　비영리법인　사회적협동조합　영농조합법인

사회적 협동조합연합회　협동조합연합회

영농조합법인(농어업경영체법)　협동조합(협동조합 기본법)

법인, 조합(민법)

2. 법인의 의의

■법인이란 법률에 의하여 권리능력이 인정된 단체, 즉 사단법인 또는 재단, 즉 재단법인을 말한다.

■단체에 독립된 법인격을 부여하고 독립된 재산 독립성을 부여함으로써 단체의 법률 관계를 간편하게 취급하기 위한 법 기술이 바로 사단법인이며, 동일한 이유로 일정한 목적을 위하여 제공된 재산의 집합에 대하여 독립된 인격을 부여한 것이 재단법인이다.

3. 법인의 종류 - ❶ 사단법인과 재단법인

■사단법인은 사원총회라는 의사결정기관에 의해 자율적으로 운영되는데 비해 재단법인은 설립자의 의사에 의해 타율적으로 활동한다. 이외에도 사단법인과 재단법인은 설립행위, 정관변경, 의사기관, 해산사유 등에서 다른 점이 있다.

■사람의 결합체로 사단 외에 조합(민법 제 703조)이 있다. 그런데 단체법의 법리에 따른 사단에서는 구성원의 개인성이 뒤로 물러나고 구성원으로부터 독립된 단체만이 전면에 나서는 반면, 계약 법리에 따른 조합에서는 단체로서의 단일성보다 구성원의 개인성이 중시된다.

• 민법 제703조(조합의 의의) ①조합은 2인 이상이 상호 출자하여 공동사업을 경영할 것을 약정함으로써 그 효력이 생긴다. ②전항의 출자는 금전 기타 재산 또는 노무로 할 수 있다.

4. 법인의 종류 - ❷ 공법인과 사법인

■법인설립의 준거법이 공법인가 아니면 사법인가에 따라 공법인(국가, 지방자

치단체)과 사법인 (민법상 법인, 상법상 회사)로 구분한다.

5. 법인의 종류 - ❸ 영리법인과 비영리법인

■ 영리활동을 목적으로 하는 사단법인을 영리법인이라 하며 상법상의 회사가 대표적인 영리법인이다. 그런데 영리법인은 그 구성원의 사익을 도모하고 그 이익을 구성원에게 분배하는 것을 목적으로 하는 것이므로 사단법인만이 영리법인이 될 수 있고, 재단법인은 사원이 없으므로 본질적으로 영리법인이 될 수 없다.

■ 비영리법인은 주무관청의 허가를 얻어 학술, 종료, 자선, 기예, 사교, 기타 영리 아닌 사업을 목적으로 하는 사단법인 또는 재단법인이다(민법 제32조). 비영리법인도 비영리사업목적을 달성하는 데 필요하고 그 본질에 반하지 않는 정도의 영리행위는 할 수 있다.

6. 민법 - ❶ 영리법인의 설립

영리를 목적으로 하는 사단은 상사회사 설립의 조건에 좇아 법인으로 설립한다

제1조(법원) 민사에 관하여 법률에 규정이 없으면 관습법에 의하고 관습법이 없으면 조리에 의한다.

제2조(신의성실) ①권리의 행사와 의무의 이행은 신의에 좇아 성실히 하여야 한다. ②권리는 남용하지 못한다.

제33조(법인설립의 등기) 법인은 그 주된 사무소의 소재지에서 설립등기를 함으로써 성립한다.

제39조(영리법인) ①영리를 목적으로 하는 사단은 상사회사 설립의 조건에 좇아 이를 법인으로 할 수 있다.

②전항의 사단법인에는 모두 상사회사에 관한 규정을 준용한다.

7. 민법 - ❷ 정관

법인은 정관을 작성하여야 한다.

제40조(사단법인의 정관) 사단법인의 설립자는 다음 각호의 사항을 기재한 정관을 작성하여 기명날인하여야 한다.

1. 목적

2. 명칭

3. 사무소의 소재지

4. 자산에 관한 규정

5. 이사의 임면에 관한 규정

6. 사원자격의 득실에 관한 규정

7. 존립시기나 해산사유를 정하는 때에는 그 시기 또는 사유

제43조(재단법인의 정관) 재단법인의 설립자는 일정한 재산을 출연하고 제40조제1호 내지 제5호의 사항을 기재한 정관을 작성하여 기명날인하여야 한다.

8. 민법 - ❸ 등기사항

제49조(법인의 등기사항) ①법인설립의 허가가 있는 때에는 3주간 내에 주된 사무소 소재지에서 설립등기를 하여야 한다.

②전항의 등기사항은 다음과 같다.

1. 목적

2. 명칭

3. 사무소

4. 설립허가의 연월일

5. 존립시기나 해산이유를 정한 때에는 그 시기 또는 사유

6. 자산의 총액

7. 출자의 방법을 정한 때에는 그 방법

8. 이사의 성명, 주소

9. 이사의 대표권을 제한한 때에는 그 제한

9. 민법 - ❹ 이사

법인은 이사를 두고 사무를 집행하며 각자 법인을 대표한다

제57조(이사) 법인은 이사를 두어야 한다.

제58조(이사의 사무집행) ①이사는 법인의 사무를 집행한다.

②이사가 수인인 경우에는 정관에 다른 규정이 없으면 법인의 사무집행은 이사의 과반수로써 결정한다.

제59조(이사의 대표권) ①이사는 법인의 사무에 관하여 각자 법인을 대표한다. 그러나 정관에 규정한 취지에 위반할 수 없고 특히 사단법인은 총회의 의결에 의하여야 한다.

②법인의 대표에 관하여는 대리에 관한 규정을 준용한다.

10. 민법 - ❺ 감사

법인은 정관 또는 총회의 결의로 감사를 둘 수 있다.

제66조(감사) 법인은 정관 또는 총회의 결의로 감사를 둘 수 있다.

제67조(감사의 직무) 감사의 직무는 다음과 같다.

1. 법인의 재산상황을 감사하는 일

2. 이사의 업무집행의 상황을 감사하는 일

3. 재산상황 또는 업무집행에 관하여 부정, 불비한 것이 있음을 발견한 때에는 이를 총회 또는 주무관청에 보고하는 일

4. 전호의 보고를 하기 위하여 필요 있는 때에는 총회를 소집하는 일

11. 민법 - ❻ 총회

1.총회

총회의 결의는 본법 또는 정관에 다른 규정이 없으면 사원 과반수의 출석과 출석 사원의 결의권의 과반수로써 한다.

제68조(총회의 권한) 사단법인의 사무는 정관으로 이사 또는 기타 임원에게 위임한 사항외에는 총회의 결의에 의하여야 한다.

제69조(통상총회) 사단법인의 이사는 매년 1회 이상 통상총회를 소집하여야 한다.

제70조(임시총회) ①사단법인의 이사는 필요하다고 인정한 때에는 임시총회를 소집할 수 있다.

②총사원의 5분의 1 이상으로부터 회의의 목적사항을 제시하여 청구한 때에는 이사는 임시총회를 소집하여야 한다. 이 정수는 정관으로 증감할 수 있다.

③전항의 청구있는 후 2주간 내에 이사가 총회소집의 절차를 밟지 아니한 때에는 청구한 사원은 법원의 허가를 얻어 이를 소집할 수 있다.

제71조(총회의 소집) 총회의 소집은 1주간 전에 그 회의의 목적사항을 기재한 통지를 발하고 기타 정관에 정한 방법에 의하여야 한다.

제72조(총회의 결의사항) 총회는 전조의 규정에 의하여 통지한 사항에 관하여서만

결의할 수 있다. 그러나 정관에 다른 규정이 있는 때에는 그 규정에 의한다.

제73조(사원의 결의권) ①각 사원의 결의권은 평등으로 한다.

②사원은 서면이나 대리인으로 결의권을 행사할 수 있다.

③전2항의 규정은 정관에 다른 규정이 있는 때에는 적용하지 아니한다.

제74조(사원이 결의권 없는 경우) 사단법인과 어느 사원과의 관계사항을 의결하는 경우에는 그 사원은 결의권이 없다.

제75조(총회의 결의방법) ①총회의 결의는 본법 또는 정관에 다른 규정이 없으면 사원 과반수의 출석과 출석사원의 결의권의 과반수로써 한다.

② 제73조제2항의 경우에는 당해사원은 출석한 것으로 한다.

제76조(총회의 의사록) ①총회의 의사에 관하여는 의사록을 작성하여야 한다.

②의사록에는 의사의 경과, 요령 및 결과를 기재하고 의장 및 출석한 이사가 기명 날인하여야 한다.

③이사는 의사록을 주된 사무소에 비치하여야 한다.

12. 민법 - ❼ 조합

조합은 2인 이상이 상호 출자하여 공동사업을 경영할 것을 약정함으로 효력 발생

제703조(조합의 의의) ①조합은 2인 이상이 상호출자하여 공동사업을 경영할 것을 약정함으로써 그 효력이 생긴다.

②전항의 출자는 금전 기타 재산 또는 노무로 할 수 있다.

제704조(조합재산의 합유) 조합원의 출자 기타 조합재산은 조합원의 합유로 한다.

제705조(금전출자지체의 책임) 금전을 출자의 목적으로 한 조합원이 출자시기를 지체한 때에는 연체이자를 지급하는 외에 손해를 배상하여야 한다.

제706조(사무집행의 방법) ①조합계약으로 업무집행자를 정하지 아니한 경우에는 조합원의 3분의 2 이상의 찬성으로써 이를 선임한다.

②조합의 업무집행은 조합원의 과반수로써 결정한다. 업무집행자 수인인 때에는 그 과반수로써 결정한다.

③조합의 통상사무는 전항의 규정에 불구하고 각 조합원 또는 각 업무집행자가 전행할 수 있다. 그러나 그 사무의 완료전에 다른 조합원 또는 다른 업무집행자의 이의가 있는 때에는 즉시 중지하여야 한다.

제707조(준용규정) 조합업무를 집행하는 조합원에는 제681조 내지 제688조의 규정을 준용한다.

13. 상법 - ❶ 회사의 의의 및 특성

회사를 법률적으로 정의한다면, '회사' 란 상행위나 그 밖의 영리를 목적으로 하여 설립한 법인이다(상법 제169조). 따라서 회사는 법인성 및 영리성이 그 본질이다. 이것은 다음과 같은 의미를 지니고 있다.

1. 법인성

상법은 모든 회사를 하나의 인간으로 취급한다. 즉, 본점 소재지에서 설립등기를 한 회사에 대하여는 법률상의 인간으로 인정하는, 이른바 법인격을 부여하고 있다. 법인격을 부여하면 그 단체가 활동하는데 있어서 그 구성원이나 업무 담당자의 수가 얼마이든, 또 업무 담당자와 주주가 변동되어도 단일 개체로서 영속성을 유지하고 회사 스스로 권리의무가 귀속되는 주체가 됨으로써 거래관계가 간단 명료화될 수 있다. 회사는 인간으로서의 권리와 의무를 가짐으로 스스로 법률행위를 할 수 있으며, 소송도 회사의 명의로 할 수 있게 된다.

그러나 회사를 인간으로 취급하더라도 그것은 어디까지나 법률상 그러한 취급을 받을 뿐이고, 회사는 자연인이 아니기 때문에 스스로 활동할 수 없다. 따라서 회사의 활동은 회사 내부의 대표이사 등의 기관이 하게 된다.

2. 영리성

회사는 영리를 목적으로 설립한 것임으로 영리법인이다. 회사의 영리성이란 회사의 설립 목적이 영리를 목적으로 한다는 것이다. 영리를 목적으로 한다는 것은 회사가 영리사업을 하여 이익을 얻는 것만으로 불충분하고, 영리사업을 경영하여 얻은 이익을 사원에게 분배하는 것을 말한다.

3. 주식회사의 기관

주식회사의 기관은 명료하게 전문적으로 분화되어 있다는 점이 인적회사의 기관에 대한 또 하나의 특색이다. 의사결정기관인 주주총회, 집행기관인 이사회(대표이사, 집행임원), 감독기관인 감사(감사위원회)로 분화되어 있다.

주주총회는 법령 또는 정관에 정한 사항에 한하여 의결할 수 있고, 회사의 운영에 관한 모든 사항은 이사회의 결의사항이다. 이사회는 업무집행의 의사결정기관이고 이사회에서 업무 집행과 회사 대표행위를 할 대표이사를 선임케 함으로서 업무집행기관은 이사회와 대표이사(집행임원)로 분화되었다. 결국 전체적으로는 회사의 운영은 이사회중심주의로 되어 있다.

14. 상법 - ❷ 익명조합

익명조합은 당사자의 일방이 상대방의 영업을 위하여 출자하고 상대방은 그 영업으로 인한 이익을 분배할 것을 약정함으로써 그 효력이 생긴다.

제78조(의의) 익명조합은 당사자의 일방이 상대방의 영업을 위하여 출자하고 상대방은 그 영업으로 인한 이익을 분배할 것을 약정함으로써 그 효력이 생긴다.

제79조(익명조합원의 출자) 익명조합원이 출자한 금전 기타의 재산은 영업자의 재산으로 본다.

제80조(익명조합원의 대외관계) 익명조합원은 영업자의 행위에 관하여서는 제3자에 대하여 권리나 의무가 없다.

제81조(성명, 상호의 사용허락으로 인한 책임) 익명조합원이 자기의 성명을 영업자의 상호 중에 사용하게 하거나 자기의 상호를 영업자의 상호로 사용할 것을 허락한 때에는 그 사용 이후의 채무에 대하여 영업자와 연대하여 변제할 책임이 있다.

제82조(이익배당과 손실분담) ①익명조합원의 출자가 손실로 인하여 감소된 때에는 그 손실을 전보한 후가 아니면 이익배당을 청구하지 못한다.

②손실이 출자액을 초과한 경우에도 익명조합원은 이미 받은 이익의 반환 또는 증자할 의무가 없다.

③전2항의 규정은 당사자간에 다른 약정이 있으면 적용하지 아니한다.

제83조(계약의 해지) ①조합계약으로 조합의 존속기간을 정하지 아니하거나 어느 당사자의 종신까지 존속할 것을 약정한 때에는 각 당사자는 영업연도말에 계약을 해지할 수 있다. 그러나 이 해지는 6월 전에 상대방에게 예고하여야 한다.

②조합의 존속기간의 약정의 유무에 불구하고 부득이한 사정이 있는 때에는 각 당사자는 언제든지 계약을 해지할 수 있다.

제84조(계약의 종료) 조합계약은 다음의 사유로 인하여 종료한다.

1. 영업의 폐지 또는 양도

2. 영업자의 사망 또는 성년후견 개시

3. 영업자 또는 익명조합원의 파산[전문개정 2018. 9. 18.]

85조(계약종료의 효과) 조합계약이 종료한 때에는 영업자는 익명조합원에게 그 출자의 가액을 반환하여야 한다. 그러나 출자가 손실로 인하여 감소된 때에는 그 잔액을 반환하면 된다.

제86조(준용규정) 제272조, 제277조와 제278조의 규정은 익명조합원에 준용한다.

15. 상법 - ❸ 합자조합

조합의 업무집행자로서 조합의 채무에 대하여 무한책임을 지는 조합원과 출자가액을 한도로 하여 유한책임을 지는 조합원이 상호출자하여 공동사업을 경영할 것을 약정함으로써 그 효력이 생긴다.

제86조의2(의의) 합자조합은 조합의 업무집행자로서 조합의 채무에 대하여 무한책임을 지는 조합원과 출자가액을 한도로 하여 유한책임을 지는 조합원이 상호출자하여 공동사업을 경영할 것을 약정함으로써 그 효력이 생긴다.
[본조신설 2011. 4. 14.]
제86조의3(조합계약) 합자조합의 설립을 위한 조합계약에는 다음 사항을 적고 총조합원이 기명날인하거나 서명하여야 한다.

1. 목적

2. 명칭

3. 업무집행조합원의 성명 또는 상호, 주소 및 주민등록번호

4. 유한책임조합원의 성명 또는 상호, 주소 및 주민등록번호

5. 주된 영업소의 소재지

6. 조합원의 출자(出資)에 관한 사항

7. 조합원에 대한 손익분배에 관한 사항

8. 유한책임조합원의 지분(持分)의 양도에 관한 사항

9. 둘 이상의 업무집행조합원이 공동으로 합자조합의 업무를 집행하거나 대리할 것을 정한 경우에는 그 규정

10. 업무집행조합원 중 일부 업무집행조합원만 합자조합의 업무를 집행하거나 대리할 것을 정한 경우에는 그 규정

11. 조합의 해산 시 잔여재산 분배에 관한 사항

12. 조합의 존속기간이나 그 밖의 해산사유에 관한 사항

13. 조합계약의 효력 발생일

[본조신설 2011. 4. 14.]
제86조의4(등기) ① 업무집행조합원은 합자조합 설립 후 2주 내에 조합의 주된 영

업소의 소재지에서 다음의 사항을 등기하여야 한다.

　1. 제86조의3제1호부터 제5호까지(제4호의 경우에는 유한책임조합원이 업무를 집행하는 경우에 한정한다), 제9호, 제10호, 제12호 및 제13호의 사항

　2. 조합원의 출자의 목적, 재산출자의 경우에는 그 가액과 이행한 부분

　② 제1항 각 호의 사항이 변경된 경우에는 2주 내에 변경등기를 하여야 한다.

　[본조신설 2011. 4. 14.]

16. 상법 - ❹ 회사의 종류 (합명회사)

　회사는 상행위를 목적으로 설립한 법인으로 합명회사, 합자회사, 유한책임회사, 주식회사와 유한회사의 5종으로 한다.

　합명회사(partnership)란 회사의 재산으로써 회사 채무를 완전히 변제할 수 없는 경우 회사채권자에 대하여 직접, 연대, 무한의 변제책임을 지는 무한책임 업무사원만으로 구성된 회사를 말한다. 사원은 원칙적으로 업무집행 및 회사대표의 권한을 갖고, 지분의 양도에는 전사원의 동의를 필요로 한다. 합명회사는 인적 신뢰를 바탕으로 한 소수인의 공동기업에 적합한 회사 형태이다.

　1. 설립

　합명회사의 설립에는 2인 이상의 사원이 공동으로 정관을 작성하여야 한다.

　제178조(정관의 작성) 합명회사의 설립에는 2인 이상의 사원이 공동으로 정관을 작성하여야 한다.

　제179조(정관의 절대적 기재사항) 정관에는 다음의 사항을 기재하고 총사원이 기명날인 또는 서명하여야 한다. 〈개정 1995. 12. 29.〉

　1. 목적

2. 상호

3. 사원의 성명·주민등록번호 및 주소

4. 사원의 출자의 목적과 가격 또는 그 평가의 표준

5. 본점의 소재지

6. 정관의 작성년월일

제195조(준용법규) 합명회사의 내부관계에 관하여는 정관 또는 본법에 다른 규정이 없으면 조합에 관한 민법의 규정을 준용한다.

제197조(지분의 양도) 사원은 다른 사원의 동의를 얻지 아니하면 그 지분의 전부 또는 일부를 타인에게 양도하지 못한다.

제201조(업무집행사원) ①정관으로 사원의 1인 또는 수인을 업무집행사원으로 정한 때에는 그 사원이 회사의 업무를 집행할 권리와 의무가 있다.

②수인의 업무집행사원이 있는 경우에 그 각 사원의 업무집행에 관한 행위에 대하여 다른 업무집행사원의 이의가 있는 때에는 곧 그 행위를 중지하고 업무집행사원 과반수의 결의에 의하여야 한다.

제207조(회사대표) 정관으로 업무집행사원을 정하지 아니한 때에는 각 사원은 회사를 대표한다. 수인의 업무집행사원을 정한 경우에 각 업무집행사원은 회사를 대표한다. 그러나 정관 또는 총사원의 동의로 업무집행사원중 특히 회사를 대표할 자를 정할 수 있다.

17. 상법 - ❺ 회사의 종류 (합자회사)

합자회사(limited partnership)란 무한책임사원과 유한책임사원으로 구성된 회사를 말한다. 무한책임사원은 합명회사의 사원과 같고, 유한책임사원은 회사채권자에 대하여 직접, 연대책임을 지나, 정관으로 정한 출자액의 한도 내에서만 책임을 진다. 유한책임사원은 업무집행권은 없으나, 감시권은 있다.

1. 조직

합자회사는 무한책임사원과 유한책임사원으로 조직한다.

제268조(회사의 조직) 합자회사는 무한책임사원과 유한책임사원으로 조직한다.

제269조(준용규정) 합자회사에는 본장에 다른 규정이 없는 사항은 합명회사에 관한 규정을 준용한다.

제270조(정관의 절대적 기재사항) 합자회사의 정관에는 제179조에 게기한 사항외에 각 사원의 무한책임 또는 유한책임인 것을 기재하여야 한다.

제277조(유한책임사원의 감시권) ①유한책임사원은 영업년도말에 있어서 영업시간 내에 한하여 회사의 회계장부·대차대조표 기타의 서류를 열람할 수 있고 회사의 업무와 재산상태를 검사할 수 있다. 〈개정 1984. 4. 10.〉

②중요한 사유가 있는 때에는 유한책임사원은 언제든지 법원의 허가를 얻어 제1항의 열람과 검사를 할 수 있다. 〈개정 1984. 4. 10.〉

제278조(유한책임사원의 업무집행, 회사대표의 금지) 유한책임사원은 회사의 업무집행이나 대표행위를 하지 못한다.

제279조(유한책임사원의 책임) ①유한책임사원은 그 출자가액에서 이미 이행한 부분을 공제한 가액을 한도로 하여 회사채무를 변제할 책임이 있다.

②회사에 이익이 없음에도 불구하고 배당을 받은 금액은 변제책임을 정함에 있어서 이를 가산한다.

18. 상법 - ❻ 회사의 종류 (유한책임회사)

유한책임회사(limited liability company)란 회사의 출자자인 사원들이 자신의 출자액 한도에서만 책임을 부담하는 회사로, 대외적으로 회사의 형태를 취하지만, 내부적으로는 조합의 실질을 갖추고 있는 회사 형태다. 유한책임회사의 설립, 운영과 기관 구성 등의 면에서 폭넓게 사적자치가 인정된다. 회사에 이사를 둘 필요가 없으며, 사원들이 합의하여 정관에서 정한 업무집행자가 회사의 업무를 집행한다. 소수의 출자자들로 경영되는 중소기업, 펀드, 투자회사 등에 적절한 기업 형태다.

1. 사원의 책임

사원의 책임은 이 법에 다른 규정이 있는 경우 외에는 그 출자금액을 한도로 한다.

제287조의7(사원의 책임) 사원의 책임은 이 법에 다른 규정이 있는 경우 외에는 그 출자금액을 한도로 한다.

[본조신설 2011. 4. 14.]

제287조의8(지분의 양도) ① 사원은 다른 사원의 동의를 받지 아니하면 그 지분의 전부 또는 일부를 타인에게 양도하지 못한다.

② 제1항에도 불구하고 업무를 집행하지 아니한 사원은 업무를 집행하는 사원 전원의 동의가 있으면 지분의 전부 또는 일부를 타인에게 양도할 수 있다. 다만, 업무를 집행하는 사원이 없는 경우에는 사원 전원의 동의를 받아야 한다.

③ 제1항과 제2항에도 불구하고 정관으로 그에 관한 사항을 달리 정할 수 있다.

[본조신설 2011. 4. 14.]

제287조의9(유한책임회사에 의한 지분양수의 금지) ① 유한책임회사는 그 지분의 전부 또는 일부를 양수할 수 없다.

② 유한책임회사가 지분을 취득하는 경우에 그 지분은 취득한 때에 소멸한다.

[본조신설 2011. 4. 14.]

제287조의12(업무의 집행) ① 유한책임회사는 정관으로 사원 또는 사원이 아닌 자를 업무집행자로 정하여야 한다.

② 1명 또는 둘 이상의 업무집행자를 정한 경우에는 업무집행자 각자가 회사의 업무를 집행할 권리와 의무가 있다. 이 경우에는 제201조제2항을 준용한다.

③ 정관으로 둘 이상을 공동업무집행자로 정한 경우에는 그 전원의 동의가 없으

면 업무집행에 관한 행위를 하지 못한다.

　[본조신설 2011. 4. 14.]

　2. 준용규정

　유한책임회사의 내부관계에 관하여는 정관이나 이 법에 다른 규정이 없으면 합명회사에 관한 규정을 준용한다.

　제287조의18(준용규정) 유한책임회사의 내부관계에 관하여는 정관이나 이 법에 다른 규정이 없으면 합명회사에 관한 규정을 준용한다.

　[본조신설 2011. 4. 14.]

19. 상법 - ❼ 회사의 종류 (주식회사)

　주식회사(corporation)란 자기가 인수한 주식의 금액을 한도로 회사에 대하여 출자의무를 질 뿐 회사 채권자에 대하여는 전혀 책임을 지지 않는(간접유한책임) 사원, 즉 주주만으로 구성된 회사를 말한다. 주주는 주주총회를 통하여 기본적 사항의 결정에 참여할 뿐이고 업무집행과 회사대표는 이사회와 대표이사가 하며 주주의 지위를 나타내는 주식도 양도가 매우 자유롭다.

　1. 설립

　주식회사를 설립함에는 발기인이 정관을 작성하고 각 발기인이 기명날인 또는 서명하여야 한다.

　제288조(발기인) 주식회사를 설립함에는 발기인이 정관을 작성하여야 한다.

　[전문개정 2001. 7. 24.]

　제289조(정관의 작성, 절대적 기재사항) ①발기인은 정관을 작성하여 다음의 사항

을 적고 각 발기인이 기명날인 또는 서명하여야 한다.〈개정 1984. 4. 10., 1995. 12. 29., 2001. 7. 24., 2011. 4. 14.〉

1. 목적

2. 상호

3. 회사가 발행할 주식의 총수

4. 액면주식을 발행하는 경우 1주의 금액

5. 회사의 설립 시에 발행하는 주식의 총수

6. 본점의 소재지

7. 회사가 공고를 하는 방법

8. 발기인의 성명 · 주민등록번호 및 주소

9. 삭제〈1984. 4. 10.〉

② 삭제〈2011. 4. 14.〉

③ 회사의 공고는 관보 또는 시사에 관한 사항을 게재하는 일간신문에 하여야 한다. 다만, 회사는 그 공고를 정관으로 정하는 바에 따라 전자적 방법으로 할 수 있다.〈개정 2009. 5. 28.〉

④ 회사는 제3항에 따라 전자적 방법으로 공고할 경우 대통령령으로 정하는 기간까지 계속 공고하고, 재무제표를 전자적 방법으로 공고할 경우에는 제450조에서 정한 기간까지 계속 공고하여야 한다. 다만, 공고기간 이후에도 누구나 그 내용을 열람할 수 있도록 하여야 한다.〈신설 2009. 5. 28.〉

⑤ 회사가 전자적 방법으로 공고를 할 경우에는 게시 기간과 게시 내용에 대하여 증명하여야 한다.〈신설 2009. 5. 28.〉

⑥ 회사의 전자적 방법으로 하는 공고에 관하여 필요한 사항은 대통령령으로 정한다.〈신설 2009. 5. 28.〉

제293조(발기인의 주식인수) 각 발기인은 서면에 의하여 주식을 인수하여야 한다.

제312조(임원의 선임) 창립총회에서는 이사와 감사를 선임하여야 한다.

2. 총회

정기총회는 매년 1회 일정한 시기에 소집한다.

제361조(총회의 권한) 주주총회는 본법 또는 정관에 정하는 사항에 한하여 결의할 수 있다.

제362조(소집의 결정) 총회의 소집은 본법에 다른 규정이 있는 경우외에는 이사회가 이를 결정한다.

제365조(총회의 소집) ①정기총회는 매년 1회 일정한 시기에 이를 소집하여야 한다.

②연 2회 이상의 결산기를 정한 회사는 매기에 총회를 소집하여야 한다.

③임시총회는 필요있는 경우에 수시 이를 소집한다.

제369조(의결권) ①의결권은 1주마다 1개로 한다.

②회사가 가진 자기주식은 의결권이 없다.

③회사, 모회사 및 자회사 또는 자회사가 다른 회사의 발행주식의 총수의 10분의 1을 초과하는 주식을 가지고 있는 경우 그 다른 회사가 가지고 있는 회사 또는 모회사의 주식은 의결권이 없다.〈신설 1984. 4. 10.〉

3. 이사의 선임 및 해임

이사는 주주총회에서 선임하고, 주주총회의 결의로 해임할 수 있다.

제382조(이사의 선임, 회사와의 관계 및 사외이사) ① 이사는 주주총회에서 선임한다.

② 회사와 이사의 관계는 「민법」의 위임에 관한 규정을 준용한다.

③ 사외이사(社外理事)는 해당 회사의 상무(常務)에 종사하지 아니하는 이사로서 다음 각 호의 어느 하나에 해당하지 아니하는 자를 말한다. 사외이사가 다음 각 호의 어느 하나에 해당하는 경우에는 그 직을 상실한다.〈개정 2011. 4. 14.〉

1. 회사의 상무에 종사하는 이사·집행임원 및 피용자 또는 최근 2년 이내에 회사

의 상무에 종사한 이사·감사·집행임원 및 피용자

2. 최대주주가 자연인인 경우 본인과 그 배우자 및 직계 존속·비속

3. 최대주주가 법인인 경우 그 법인의 이사·감사·집행임원 및 피용자

4. 이사·감사·집행임원의 배우자 및 직계 존속·비속

5. 회사의 모회사 또는 자회사의 이사·감사·집행임원 및 피용자

6. 회사와 거래관계 등 중요한 이해관계에 있는 법인의 이사·감사·집행임원 및 피용자

7. 회사의 이사·집행임원 및 피용자가 이사·집행임원으로 있는 다른 회사의 이사·감사·집행임원 및 피용자

[전문개정 2009. 1. 30.]

제385조(해임) ①이사는 언제든지 제434조의 규정에 의한 주주총회의 결의로 이를 해임할 수 있다. 그러나 이사의 임기를 정한 경우에 정당한 이유없이 그 임기만료전에 이를 해임한 때에는 그 이사는 회사에 대하여 해임으로 인한 손해의 배상을 청구할 수 있다.

②이사가 그 직무에 관하여 부정행위 또는 법령이나 정관에 위반한 중대한 사실이 있음에도 불구하고 주주총회에서 그 해임을 부결한 때에는 발행주식의 총수의 100분의 3 이상에 해당하는 주식을 가진 주주는 총회의 결의가 있은 날부터 1월내에 그 이사의 해임을 법원에 청구할 수 있다.〈개정 1998. 12. 28.〉

③제186조의 규정은 전항의 경우에 준용한다.

20. 상법 - ❽ 회사의 종류 (유한회사)

유한회사(limited company)란 균등액의 출자로서 성립하는 자본에 대한 출자의무를 부담할 뿐 회사 채권자에 대하여는 아무런 책임을 지지 아니하는 사원만으로 구성된 회사이다. 유한회사사원의 책임은 간접유한책임이라는 점에서는 주주의 책

임과 같으나, 회사 설립 등 일정한 경우 자본에 대한 전보책임을 지는 점이 다르다. 중소기업에 적합한 회사이다.

1. 정관의 작성

유한회사를 설립함에는 사원이 정관을 작성하여야 한다.

제543조(정관의 작성, 절대적 기재사항) ①유한회사를 설립함에는 사원이 정관을 작성하여야 한다. 〈개정 2001. 7. 24.〉

②정관에는 다음의 사항을 기재하고 각 사원이 기명날인 또는 서명하여야 한다. 〈개정 1984. 4. 10., 1995. 12. 29., 2001. 7. 24., 2011. 4. 14.〉

1. 제179조제1호 내지 제3호에 정한 사항

2. 자본금의 총액

3. 출자1좌의 금액

4. 각 사원의 출자좌수

5. 본점의 소재지

③제292조의 규정은 유한회사에 준용한다.

제546조(출자 1좌의 금액의 제한) 출자 1좌의 금액은 100원 이상으로 균일하게 하여야 한다.

[전문개정 2011. 4. 14.]

제547조(초대이사의 선임) ①정관으로 이사를 정하지 아니한 때에는 회사성립전에 사원총회를 열어 이를 선임하여야 한다.

②전항의 사원총회는 각 사원이 소집할 수 있다.

2. 사원의 책임

사원의 책임은 본법에 다른 규정이 있는 경우 외에는 그 출자금액을 한도로 한다.

제553조(사원의 책임) 사원의 책임은 본법에 다른 규정이 있는 경우 외에는 그 출

자금액을 한도로 한다.

제554조(사원의 지분) 각 사원은 그 출자좌수에 따라 지분을 가진다.

3. 이사

유한회사에는 1인 또는 수인의 이사를 두어야 한다.

제561조(이사) 유한회사에는 1인 또는 수인의 이사를 두어야 한다.

제562조(회사대표) ①이사는 회사를 대표한다.

②이사가 수인인 경우에 정관에 다른 정함이 없으면 사원총회에서 회사를 대표할 이사를 선정하여야 한다.

③정관 또는 사원총회는 수인의 이사가 공동으로 회사를 대표할 것을 정할 수 있다.

④제208조제2항의 규정은 전항의 경우에 준용한다.

4. 감사

유한회사는 정관에 의하여 1인 또는 수인의 감사를 둘 수 있다.

제568조(감사) ①유한회사는 정관에 의하여 1인 또는 수인의 감사를 둘 수 있다.

②제547조의 규정은 정관에서 감사를 두기로 정한 경우에 준용한다.

5. 사원의 회계장부열람권

자본금의 100분의 3 이상에 해당하는 출자좌수를 가진 사원은 회계의 장부와 서류의 열람 또는 등사를 청구할 수 있다.

제581조(사원의 회계장부열람권) ①자본금의 100분의 3 이상에 해당하는 출자좌수를 가진 사원은 회계의 장부와 서류의 열람 또는 등사를 청구할 수 있다. 〈개정 1999. 12. 31., 2011. 4. 14.〉

②회사는 정관으로 각 사원이 제1항의 청구를 할 수 있다는 뜻을 정할 수 있다. 이 경우 제579조제1항의 규정에 불구하고 부속명세서는 이를 작성하지 아니한다. 〈개정 1984. 4. 10.〉

21. 농어업경영체 육성 및 지원에 관한 법률 - ❶ 목적

이 법률의 목적은 경쟁력 있는 농어업경영체를 육성하고 농어업의 공동경영을 활성화하는 것이다.

제1조(목적) 이 법은 경쟁력 있는 농어업경영체를 육성하고 농어업의 공동경영을 활성화하여 국민에게 안전한 농수산물과 식품을 안정적으로 공급하고, 나아가 농어촌사회의 안정과 국가 발전에 이바지함을 목적으로 한다.〈개정 2011. 3. 9., 2017. 3. 21.〉

22. 농어업경영체 육성 및 지원에 관한 법률 - ❷ 영농조합법인 및 영어조합법인의 설립

협업적 농업경영을 통하여 생산성을 높이고 농산물의 출하·유통·가공·수출 및 농어촌 관광휴양사업 등을 공동으로 하려는 농업인 5인 이상이 모여 영농조합법인을 설립할 수 있다.

제16조(영농조합법인 및 영어조합법인의 설립) ① 협업적 농업경영을 통하여 생산성을 높이고 농산물의 출하·유통·가공·수출 및 농어촌 관광휴양사업 등을 공동으로 하려는 농업인 또는 「농업·농촌 및 식품산업 기본법」 제3조제4호에 따른 농

업 관련 생산자단체(이하 "농업생산자단체"라 한다)는 5인 이상을 조합원으로 하여 영농조합법인(營農組合法人)을 설립할 수 있다.〈개정 2009. 5. 27., 2015. 1. 6., 2015. 6. 22.〉

② 협업적 수산업경영을 통하여 생산성을 높이고 수산물의 출하·유통·가공·수출 및 농어촌 관광휴양사업 등을 공동으로 하려는 어업인 또는「수산업·어촌 발전 기본법」제3조제5호에 따른 어업 관련 생산자단체(이하 "어업생산자단체"라 한다)는 5인 이상을 조합원으로 하여 영어조합법인(營漁組合法人)을 설립할 수 있다.〈개정 2009. 5. 27., 2015. 1. 6., 2015. 6. 22.〉

③ 영농조합법인 및 영어조합법인은 법인으로 하며, 그 주된 사무소의 소재지에서 설립등기를 함으로써 성립한다.

④ 영농조합법인 및 영어조합법인은 제3항에 따른 설립등기의 사항이 변경되면 주된 사무소 소재지에서 21일 이내에 변경등기를 하여야 한다. 〈개정 2015. 1. 6.〉

⑤ 영농조합법인 및 영어조합법인은 제3항에 따라 설립등기를 하거나 제4항에 따라 변경등기를 한 경우에는 30일 이내에 주된 사무소 소재지를 관할하는 시장(특별자치도의 경우에는 특별자치도지사를, 특별자치시의 경우 특별자치시장을 말한다. 이하 같다)·군수·구청장(자치구의 구청장을 말한다. 이하 같다)에게 농림축산식품부령 또는 해양수산부령으로 정하는 바에 따라 설립등기 또는 변경등기 사실을 통지하여야 한다. 이 경우 시장·군수·구청장은 영농조합법인 및 영어조합법인의 명부를 농림축산식품부령 또는 해양수산부령으로 정하는 바에 따라 관리하여야 한다.〈신설 2015. 1. 6.〉

⑥ 영농조합법인 및 영어조합법인의 설립등기, 변경등기, 출자, 사업범위, 정관 기재사항 및 해산 등에 필요한 사항은 대통령령으로 정한다. 〈개정 2015. 1. 6.〉

⑦ 영농조합법인 및 영어조합법인의 등기에 관하여 이 법에서 규정한 사항 외에는「상업등기법」을 준용한다. 〈개정 2014. 5. 20., 2015. 1. 6., 2017. 3. 21.〉

⑧ 영농조합법인 및 영어조합법인에 관하여 이 법에서 규정한 사항 외에는「민법」중 조합에 관한 규정을 준용한다.〈개정 2015. 1. 6.〉

23. 농어업경영체 육성 및 지원에 관한 법률 - ❸ 농업회사법인 및 어업회사 법인의 설립 등

농업의 경영이나 농산물의 유통·가공·판매를 기업적으로 하려는 자 등이 농업 회사법인을 설립할 수 있으며, 이 법에서 규정한 사항 외에는 상법 중 회사에 관한 규정을 준용한다.

제19조(농업회사법인 및 어업회사법인의 설립 등) ① 농업의 경영이나 농산물의 유 통·가공·판매를 기업적으로 하려는 자나 농업인의 농작업을 대행하거나 농어촌 관광휴양사업을 하려는 자는 대통령령으로 정하는 바에 따라 농업회사법인(農業會 社法人)을 설립할 수 있다.〈개정 2015. 1. 6.〉

〈농어업경영체 육성 및 지원에 관한 법률 시행령〉
제17조(농업회사법인 및 어업회사법인의 설립) ① 농업인 및 농업생산자단체는 법 제19조제1항에 따라 다음 각 호의 어느 하나에 해당하는 농업회사법인을 설립할 수 있다.〈개정 2019. 6. 4.〉
1. 합명회사
2. 합자회사
2의2. 유한책임회사
2. 유한책임회사
3. 주식회사
4. 유한회사
② 어업인 및 어업생산자단체는 법 제19조제3항에 따라 다음 각 호의 어느 하나 에 해당하는 어업회사법인을 설립할 수 있다.〈개정 2019. 6. 4.〉
1. 합명회사
2. 합자회사

2의2. 유한책임회사

3. 주식회사

4. 유한회사

-이 상-

② 농업회사법인을 설립할 수 있는 자는 농업인과 농업생산자단체로 하되, 농업인이나 농업생산자단체가 아닌 자도 대통령령으로 정하는 비율 또는 금액의 범위에서 농업회사법인에 출자할 수 있다. 〈개정 2011. 11. 22.〉

③ 수산업의 경영이나 수산물의 유통·가공·판매를 기업적으로 하려는 자나 농어촌 관광휴양사업을 하려는 자는 대통령령으로 정하는 바에 따라 어업회사법인(漁業會社法人)을 설립할 수 있다. 〈개정 2015. 1. 6.〉

④ 어업회사법인을 설립할 수 있는 자는 어업인과 어업생산자단체로 하되, 어업인이나 어업생산자단체가 아닌 자도 대통령령으로 정하는 비율 또는 금액의 범위에서 어업회사법인에 출자할 수 있다. 〈개정 2011. 11. 22.〉

⑤ 농업회사법인 및 어업회사법인은 설립등기 또는 변경등기를 한 경우에는 30일 이내에 주된 사무소 소재지를 관할하는 시장·군수·구청장에게 농림축산식품부령 또는 해양수산부령으로 정하는 바에 따라 설립등기 또는 변경등기 사실을 통지하여야 한다. 이 경우 시장·군수·구청장은 농업회사법인 및 어업회사법인의 명부를 농림축산식품부령 또는 해양수산부령으로 정하는 바에 따라 관리하여야 한다. 〈개정 2015. 1. 6.〉

⑥ 농업회사법인 및 어업회사법인의 설립·출자, 부대사업의 범위 등에 필요한 사항은 대통령령으로 정한다. 〈개정 2015. 1. 6.〉

⑦ 농업회사법인의 농업생산자단체 조합원이나 준조합원 가입에 관하여는 제17조제4항을 준용하고 어업회사법인의 어업생산자단체 조합원이나 준조합원 가입에 관하여는 제17조제5항과 제6항을 준용한다. 〈개정 2015. 1. 6.〉

⑧ 농업회사법인 및 어업회사법인에 관하여 이 법에서 규정한 사항 외에는 「상법」 중 회사에 관한 규정을 준용한다.

6장

협동조합 기본법의 이해

24. 협동조합기본법 - ❶ 목적

협동조합의 설립·운영 등에 관한 기본적인 사항을 규정하며 협동조합, 협동조합 연합회, 사회적협동조합, 사회적협동조합 활동을 통해 사회통합과 국민경제의 균형 있는 발전에 기여함을 목적으로 한다.

제1조(목적) 이 법은 협동조합의 설립·운영 등에 관한 기본적인 사항을 규정함으로써 자주적·자립적·자치적인 협동조합 활동을 촉진하고, 사회통합과 국민경제의 균형 있는 발전에 기여함을 목적으로 한다.

제2조(정의) 이 법에서 사용하는 용어의 뜻은 다음과 같다.

1. "협동조합"이란 재화 또는 용역의 구매·생산·판매·제공 등을 협동으로 영위함으로써 조합원의 권익을 향상하고 지역 사회에 공헌하고자 하는 사업조직을 말한다.

2. "협동조합연합회"란 협동조합의 공동이익을 도모하기 위하여 제1호에 따라 설립된 협동조합의 연합회를 말한다.

3. "사회적협동조합"이란 제1호의 협동조합 중 지역주민들의 권익·복리 증진과

관련된 사업을 수행하거나 취약계층에게 사회서비스 또는 일자리를 제공하는 등 영리를 목적으로 하지 아니하는 협동조합을 말한다.

4. "사회적협동조합연합회"란 사회적협동조합의 공동이익을 도모하기 위하여 제3호에 따라 설립된 사회적협동조합의 연합회를 말한다.

25. 협동조합기본법 - ❷ 법인격

협동조합 등은 법인으로 하고, 사회적협동조합 등은 비영리법인으로 한다.

제4조(법인격과 주소) ① 협동조합등은 법인으로 한다.

② 사회적협동조합등은 비영리법인으로 한다.

③ 협동조합등 및 사회적협동조합등의 주소는 그 주된 사무소의 소재지로 하고, 정관으로 정하는 바에따라 필요한 곳에 지사무소를 둘 수 있다.

26. 협동조합기본법 - ❸ 다른 법률의 준용

협동조합은 상법의 유한책임회사, 사회적협동조합은 민법의 법인에 관한 규정을 적용한다.

제14조(다른 법률의 준용) ① 제4조제1항의 협동조합등에 관하여 이 법에서 규정한 사항 외에는 「상법」 제1편 총칙, 제2편 상행위, 제3편제3장의2 유한책임회사에 관한 규정을 준용한다. 이 경우 "상인"은 "협동조합등"으로, "사원"은 "조합원등"으로 본다.

② 제4조제2항의 사회적협동조합등에 관하여 이 법에서 규정한 사항 외에는 「민

법」제1편제3장 법인에 관한 규정을 준용한다. 이 경우 "사단법인"은 "사회적협동조합등"으로, "사원"은 "조합원등"으로, "허가"는 "인가"로 본다.

27. 협동조합기본법 – ❹ 협동조합의 출자 및 책임

협동조합 조합원 1인의 출자좌수는 총 출자좌수의 100분의 30을 넘어서는 아니 된다.

제22조(출자 및 책임) ① 조합원은 정관으로 정하는 바에 따라 1좌 이상을 출자하여야 한다. 다만, 필요한 경우 정관으로 정하는 바에 따라 현물을 출자할 수 있다.
② 조합원 1인의 출자좌수는 총 출자좌수의 100분의 30을 넘어서는 아니 된다.
③ 조합원이 납입한 출자금은 질권의 목적이 될 수 없다.
④ 협동조합에 납입할 출자금은 협동조합에 대한 채권과 상계하지 못한다.
⑤ 조합원의 책임은 납입한 출자액을 한도로 한다.

28. 협동조합기본법 – ❺ 사회적협동조합

사회적협동조합을 설립하고자 하는 때에는 5인 이상의 조합원 자격을 가진 자가 발기인이 되어 정관을 작성하고 창립총회의 의결을 거친 후 기획재정부장관에게 인가를 받아야 한다.

제85조(설립인가 등) ① 사회적협동조합을 설립하고자 하는 때에는 5인 이상의 조합원 자격을 가진 자가 발기인이 되어 정관을 작성하고 창립총회의 의결을 거친 후 기획재정부장관에게 인가를 받아야 한다.

② 창립총회의 의사는 창립총회 개의 전까지 발기인에게 설립동의서를 제출한 자 과반수의 출석과 출석자 3분의 2 이상의 찬성으로 의결한다.

③ 기획재정부장관은 제1항에 따라 설립인가 신청을 받으면 다음 각 호의 경우 외에는 신청일부터 60일 이내에 인가하여야 한다. 다만, 부득이한 사유로 처리기간 내에 처리하기 곤란한 경우에는 60일 이내에서 1회에 한하여 그 기간을 연장할 수 있다.

1. 설립인가 구비서류가 미비된 경우

2. 설립의 절차, 정관 및 사업계획서의 내용이 법령을 위반한 경우

3. 그 밖에 설립인가 기준에 미치지 못하는 경우

④ 제1항 및 제3항의 설립인가에 관한 신청 절차와 조합원 수, 출자금, 그 밖에 인가에 필요한 기준, 인가 방법에 관한 상세한 사항은 대통령령으로 정한다.

⑤ 삭제〈2014. 1. 21.〉

29. 협동조합기본법 - ❻ 사회적협동조합의 주 사업

주 사업은 협동조합 전체 사업량의 100분의 40 이상이어야 한다.

제93조(사업) ① 사회적협동조합은 다음 각 호의 사업 중 하나 이상을 주 사업으로 하여야 한다. 〈개정 2014. 1. 21.〉

1. 지역(시·도의 관할 구역을 말하되, 실제 생활권이 둘 이상인 시·도에 걸쳐 있는 경우에는 그 생활권 전체를 말한다. 이하 이 호에서 같다) 사회의 재생, 지역 경제의 활성화, 지역 주민들의 권익·복리 증진 및 그 밖에 지역 사회가 당면한 문제 해결에 기여하는 사업

2. 대통령령으로 정하는 취약계층에 복지·의료·환경 등의 분야에서 사회서비스를 제공하는 사업

3. 대통령령으로 정하는 취약계층에 일자리를 제공하는 사업

4. 국가·지방자치단체로부터 위탁받은 사업

5. 그 밖에 공익증진에 이바지 하는 사업

② 제1항 각 호에 따른 주 사업은 협동조합 전체 사업량의 100분의 40 이상이어야 한다.〈개정 2014. 1. 21.〉

③ 제1항 각 호에 따른 주 사업의 판단기준은 대통령령으로 정한다.〈신설 2014. 1. 21.〉

④ 제1항부터 제3항까지에서 규정한 사항 외에 사회적협동조합의 사업에 관하여는 제45조를 준용한다. 이 경우 "협동조합" 은 "사회적협동조합" 으로 본다.〈신설 2014. 1. 21.〉

30. 협동조합기본법 - ❼ 운영의 공개

채권자와 조합원은 제1항 각 호의 사항이 포함된 서류를 열람하거나 그 사본을 청구할 수 있다.

제96조(운영의 공개) ① 사회적협동조합은 다음 각 호의 사항을 적극 공개하여야 한다.〈개정 2014. 1. 21.〉
1. 정관과 규약 또는 규정
2. 총회·이사회의 의사록
3. 조합원 명부
4. 회계장부
5. 그 밖에 정관으로 정하는 사항

② 사회적협동조합은 제1항 각 호의 사항이 포함된 서류를 주된 사무소에 갖추어 두어야 한다.〈개정 2014. 1. 21.〉

③ 협동조합의 채권자와 조합원은 제1항 각 호의 사항이 포함된 서류를 열람하거나 그 사본을 청구할 수 있다.〈개정 2014. 1. 21.〉

④ 삭제〈2014. 1. 21.〉

31. 협동조합기본법 - ❽ 경영공시

사회적협동조합은 기획재정부 또는 사회적협동조합연합회의 인터넷 홈페이지에 경영에 관한 다음 각 호의 사항에 대한 공시를 하여야 한다.

제96조의2(경영공시) ① 사회적협동조합은 기획재정부 또는 사회적협동조합연합회의 인터넷 홈페이지에 경영에 관한 다음 각 호의 사항에 대한 공시(이하 이 조에서 "경영공시"라 한다)를 하여야 한다.

1. 정관과 규약 또는 규정

2. 사업결산 보고서

3. 총회, 대의원총회 및 이사회의 활동 상황

4. 제93조제4항에서 준용하는 제45조제1항제1호부터 제3호까지의 사업을 포함한 사업결과 보고서

② 제1항에도 불구하고 기획재정부장관은 경영공시를 대신하여 같은 항 각 호의 사항을 별도로 표준화하고 이를 통합하여 공시할 수 있다.

③ 기획재정부장관은 제2항에 따른 통합 공시를 하기 위하여 필요한 자료를 사회적협동조합에 요구할 수 있다. 이 경우 사회적협동조합은 특별한 사정이 없으면 그 요구에 따라야 한다.

④ 제1항부터 제3항까지에서 규정한 사항 외에 사회적협동조합의 경영공시 또는 통합 공시의 절차 등에 관하여 필요한 사항은 대통령령으로 정한다. [본조신설 2014. 1. 21.]

7장
농업법인의 성공 조건

32. 농업법인 - ❶ 농업법인의 필요성

1) 농산물 시장개방

농산물의 시장 개방으로 농업 규모화와 전문화를 위한 농업경영체 조직의 필요성이 요구됨.

2) 농가의 고령화와 일손 부족

농업에 종사하는 인력의 고령화와 인구 부족으로 농업의 생산성이 낮아져 자본력을 갖춘 농업법인이 기계화를 촉진하고 젊은 인력을 농촌으로 유입하는 효과를 기대함.

3) 도시자본의 유입

도시에서 투자처를 찾지 못하고 있는 자본을 농촌으로 끌어들여 도시와 농촌이 함께 상생할 수 있는 농업경영체의 필요성이 나타남.

4) 농산물의 경쟁력 제고

개별 농가에서 생산하는 농산물은 생산량이 적고 표준화되지 못하여 대형유통업체에 납품 시 시장 교섭력이 떨어져 규모화할 필요성이 있음.

33. 농업법인 - ❷ 설립 근거와 종류

1) 설립 근거

농어업경영체 육성 및 지원에 관한 법률 제1조(목적)에서 "경쟁력 있는 농어업경영체를 육성하고 농어업경영체의 소득을 안정시키기 위한 직접지불제를 시행하여 국민에게 안전한 농수산물과 식품을 안정적으로 공급하고, 나아가 농어촌사회의 안정과 국가 발전에 이바지함을 목적으로 한다"라고 규정하여 영농조합법인과 농업회사법인을 설립할 수 있는 근거를 마련하였다.

2) 영농조합법인

영농조합법인은 법제16조(영농조합법인 및 영어조합법인의 설립) 제1항에서 "협업적 농업경영을 통하여 생산성을 높이고 농산물의 출하·유통·가공·수출 등을 공동으로 하려는 농업인 또는 「농어업·농어촌 및 식품산업 기본법」 제3조, 제4호에 따른 농업 관련 생산자단체(이하 "농업생산자단체"라 한다)는 5인 이상을 조합원으로 하여 영농조합법인(營農組合法人)을 설립할 수 있다"라고 규정하였다.

3) 농업회사법인

농업회사법인은 법제19조(농업회사법인 및 어업회사법인의 설립 등) 제1항에서 "농업의 경영이나 농산물의 유통·가공·판매를 기업적으로 하려는 자나 농업인의 농작업을 대행하려는 자는 대통령령으로 정하는 바에 따라 농업회사법인(農業會社法人)을 설립할 수 있다"라고 규정하였다.

농업회사법인을 설립 시에는 시행령 제17조(농업회사법인 및 어업회사법인의 설립) 제1항의 규정에 따라 "농업인 및 농업생산자단체는 법 제19조제1항에 따라 다음 각 호의 어느 하나에 해당하는 농업회사법인을 설립할 수 있다"라고 하였다.
  1. 합명회사 2. 합자회사 3. 주식회사 4. 유한회사

34. 농업법인 - ❸ 사업 범위

  1)영농조합법인 : 농업경영 및 부대사업, 농업과 관련된 공동이용 시설의 설치 · 운영, 농산물의 공동출하 · 가공 · 수출, 농작업 대행, 농어촌 관광휴양사업, 기타 영농조합의 목적 달성을 위해 정관에서 정하는 사업 등
  * 근거 : 농어업경영체 육성 및 지원에 관한 법률 제16조 및 시행령 제11조
  2)농업회사법인 : 농업경영, 농산물의 유통 · 가공 · 판매, 농작업 대행, 농어촌 관광휴양사업 이외에 부대사업으로 영농자재 생산 · 공급, 종묘생산 및 종균 배양사업, 농산물의 구매 · 비축사업, 농기계 장비의 임대 · 수리 · 보관, 소규모 관개시설의 수탁관리사업
  * 근거 : 농어업경영체 육성 및 지원에 관한 법률 제19조 및 시행령 제19조
  * 농업회사법인이 농지를 소유하기 위해서는 업무집행사원의 1/3이상이 농업인이어야 한다(농지법 제2조제3호)

35. 농업법인 - ❹ 의결권

  1) 영농조합법인 : 1인 1표 원칙
  영농조합법인은 기본 성격은 민법상의 조합에 관한 규정을 적용하며, 조합원은 출자에 관계없이 1인 1표이다. 다만, 영농조합의 경우 정관에 규정을 두어 조합원의 의결권을 출자지분에 따라 그 비례대로 의결권과 선거권을 가질 수 있다.

2) 농업회사법인 : 출자 지분에 따름

농업회사법인은 회사 형태이기 때문에 출자 지분에 의하여 의결권이 달라지며, 비농업인도 출자 지분에 따른 의결권을 인정한다.

36. 농업법인 - ❹ 영농조합법인과 농업회사법인의 비교

〈영농조합법인과 농업회사법인의 비교〉

구분	영농조합법인	농업회사법인(주식 · 유한 · 합명 · 합자)
관련 규정	• 농어업경영체 육성 및 지원에 관한 법률 제16조	• 농어업경영체 육성 및 지원에 관한 법률 제19조
설립 요건	농업인 또는 농업생산자단체 5인 이상이 조합원으로 참여 • 비농업인은 의결권 없는 준조합원으로 참여 가능 • 결원 시 1년 이내에 충원(미충원 시 해산 사유)	농업인 또는 생산자단체가 설립하되, 비농업인은 총 출자액의 100분의 90까지 출자 가능 • 다만, 총출자액이 80억 원을 초과하는 경우 총출자액에서 8억원을 제외한 금액을 한도로 함
사업	• 농어업 경영 및 부대사업 • 농업 관련 공동이용시설의 설치 및 운영 • 농산물의 공동출하 · 가공 및 수출 • 농작업의 대행 • 농어촌관광휴양사업 • 그 밖의 영농조합법인의 목적 달성을 위하여 정관으로 정하는 사업(동법 시행령 제11조)	• 농업경영, 농산물의 유통 · 가공 · 판매 농작업 대행, 농어촌관광휴양사업 • 영농에 필요한 자재의 생산 · 공급, 종자 생산 및 종균 배양사업 • 농산물의 구매 · 비축사업 • 소규모 관개시설의 수탁 · 관리(동법 시행령 제19조)
농지 소유	• 소유 가능	• 소유 가능(단, 업무집행권을 가진 자 또는 등기이사가 1/3 이상 농업인일 것)

37. 영농조합법인 - ❶ 등기사항전부증명서(법인등기부등본)

등기사항전부증명서(등기부등본)에는 이해관계인에게 영농조합법인의 중요한
내용을 이해관계인과 제3자가 알 수 있도록 아래의 사항을 공시하고 있다.

구분	내용	비고
등기번호	000238	
등록번호	214***-00027**	주민등록번호
명칭	***영농조합법인	성명
주사무소	전라북도 임실군 **읍 **로 **	주소
목적	본 조합법인은 임실에서 생산농가의 농업경영을 통하여 생산성을 높이고~~~ 사업을 한다 1. 집단재배 및 공동 사업 ~~~~ 1. 위 사업에 부대하는 일체의 사업	영농조합법인의 설립목적
임원에 관한 사항	대표이사 김** 전라북도 임실군 **면 **1길 ** 이사 정** 470***-******* ~~~ 감사 박** 5900**-******	임원의 책임
자산에 관한 사항	1. 출자1좌의 금액 : 금 10,000원 1. 출자액의 납입 방법 1. 산정방법 1. 출자의 총좌수 및 납입출자액의 총액	
존립기간 또는 해산사유	1. 총회에서 해산 및 합병을 의결한 경우 1. 파산한 경우 및 법원의 해산명령을 받은 경우 1. 조합원이 5인 미만인 된 후 1년 이내에 5인 이상이 되지 아니한 경우	조합원 5인 이상
법인 성립연월일	2010년 *월 *일	출생일자

38. 영농조합법인 - ❷ 정관의 주요 내용(표준정관)

조(제목)	내용	비고
제1조(명칭)	본 조합법인은 농어업 경영체 육성 및 지원에 관한 법률 제16조에 의하여 설립된 영농조합법인으로서 그 명칭은 ○○영농조합법인(이하 "조합법인" 이라 한다)이라 한다.	반드시 "영농조합법인" 이라는 명칭을 사용하여야 한다
제6조 (공고방법)	① 본 조합법인의 공고는 본 조합법인의 사무소 게시판에 게시하고 필요하다고 인정할 때에는 조합원과 준조합원에게 통지하거나 일간신문 등에 게재할 수 있다. ② 제1항의 공고기간은 7일 이상으로 한다.	게시판 공고 시 사진 촬영과 기록을 남김
제8조(조합원의 자격)	농업인 등	
제11조(권리)	③ 조합원은 출자의 다소에 관계없이 1개의 의결권을 갖는다. (비고) **조합원의 의결권을 출자의 비율에 따라 가지도록 정하고자 하는 조합법인은 제3항을 다음과 같이 수정한다.** ③ 조합원은 출자지분에 따라 그 비례대로 의결권과 선거권을 갖는다.	조합원의 갖는 의결권과 선거권의 선택 조항
제24조 (조합의 지분 취득 금지)	본 조합법인은 조합원 또는 준조합원의 지분을 취득하거나 또는 담보의 목적으로 수입하지 못한다.	
제25조(지분의 양도, 양수 및 공유금지)	조합원 및 준조합원은 총회의 승인의결 없이는 그 지분을 양도·양수 할 수 없으며 공유할 수 없다.	
제26조 (탈퇴시의 지분 환불)	① 조합원 또는 준조합원이 탈퇴하는 경우에는 그 조합원의 지분을 현금 또는 현물로 환불한다.	
제39조 (이사회)	① 이사회는 대표이사, 이사 및 총무로 구성하되 대표이사가 그 의장이 된다.	
제48조(총회)	① 총회는 조합원으로 구성하며 정기총회와 임시총회로 구분한다.	

39. 영농조합법인 - ❸ 영농조합법인의 장·단점

1) 장점

- 공동출자로 인하여 개인보다 규모가 큰 영농을 운영할 수 있다.
- 조합원이 현물출자할 경우 세금 혜택을 볼 수 있다.
- 공동구입, 공동판매시설 이용 등으로 비용을 절감할 수 있다.
- 거래처에 대한 이익단체로서 기능할 수 있다.
- 조합원 및 준조합원은 납입한 출자액을 한도로 유한책임을 진다.

2) 단점

- 사업이 약간이라도 불투명하게 되면 조합원들이 연이어 탈퇴할 수 있다.
- 조합원 사이에 반목이 생길 경우 경영 효율이 떨어질 수 있다.
- 출자자산의 공정타당한 평가가 어려워 조합원 사이에 불만이 생길 수 있다.
- 탈퇴, 해산 시 잔여재산의 공정타당한 평가가 어려워 분쟁이 생길 수 있다.
- 준조합원에게 의결권을 인정하지 않아 준조합원의 투자를 활성화하기 어렵다.

40. 농업회사법인 - ❶ 등기사항전부증명서(법인등기부등본)

등기사항전부증명서(등기부등본)에는 이해관계인에게 농업회사법인의 중요한 내용을 이해관계인과 제3자가 알 수 있도록 아래의 사항을 공시하고 있다.

구분	내용		비고
등기번호	000238		
등록번호	2143**-00057**		주민등록번호
상호	농업회사법인 임실배추판매 주식회사		"농업회사법인" "주식회사" 명기
본점	전라북도 임실군 **읍 **로 **		주소
공고방법	전라북도에서 발행하는 전북일보에 게재하거나 또는 이메일 우편의 방법을 이용할 수 있다.		주주총회 공고 등
1주의 금액	금 10,000원		
발행할 주식의 총수	200,000주	자본금의 액	
발행주식의 총수 보통주식	100,000주 100,000주	금 100,000억원	
목적	본 회사는 기업적 농업경영을 통하여 생산성을 향상시키거 나, 생산된 농산물을 유통 ~~~ 영농의 편의를 도모함을 목적으로 한다. 1. 농산물의 유통, 가공, 판매 ~~~~ 1. 위 각호에 부대하는 일체의 사업		농업회사법인의 설립목적
임원에 관한 사항	사외이사 이** 567**-******* 2017년 4월 5일 취임 2017년 4월 10일 등기 감사 김** 489***-******* 2017년 3월 27일 취임 2017년 3월 31일 등기 대표이사 송** 5708**-******* 전라북도 임실군 **면 **15길 **		임원의 책임
존립기간 또는 해산사유	유회사성립연월일부터 만 30년 1. 제7조에서 정한 존립기간의 만료 2. 합병 3. 파산 4. 법원의 명령 또는 판결 5. 주주총회의 결의		
회사 성립연월일	2014년 7월 *일		출생일자

41. 농업회사법인 - ❷ 정관의 주요 내용(표준정관)

조(제목)	내용	비고
제1조(상호)	본 회사는 농어업 경영체 육성 및 지원에 관한 법률 제19조에 의하여 설립된 회사로서 그 명칭은 농업회사법인 ㅇㅇ주식회사라 칭한다	농업회사법인, 주식회사 명기
제3조 (주주의 자격)	본 회사의 주주는 농업인, 농업관련 생산자단체로 하되제10조에서 정한 출자한도 내에서 출자한 농업인이나 농업관련 생산자단체가 아닌자(이하 "비농업인" 이라 한다.)도 주주가 될 수 있다.	
제6조 (공고방법)	본 회사의 공고 사항은 ㅇㅇ시도에서 발간되는 ㅇㅇ신문에 공고한다	전자적 방법도 가능함
제10조 (비농업인의 출자한도)	비농업인이 출자하는 출자액의 합계는 본 회사의 총 출자액의 100분의 90을 초과할 수 없다.	
제14조(주식의 양도제한)	① 본 회사의 주식은 이사회의 승인이 없으면 양도할 수 없다.	제10조의 제한
제21조(결의)	주주총회의 결의는 법령에 별도로 정한 규정이 있는 경우를 제외하고는 발행주식 총수의 과반수에 해당하는 주주의 출석과 그 의결권을 과반수로 한다.	
제32조(결의)	)이사회의 결의는 이사 전원의 과반수로 하고 가·부 동수인 때에는 의장이 결정한다	

42. 농업회사법인 - ❸ 농업회사법인의 장·단점

1) 장점

- 도시 자본이 농촌으로 유입될 수 있다.
- 투자자인 주주는 주식투자액을 한도로 유한책임을 지면서 투자한다.
- 비농업인도 투자지분에 비례한 결의권을 가질 수 있다.
- 주식을 발행하여 거대자본을 모아 농업을 발전시킬 수 있다.
- 투자와 경영이 분리되어 전문경영인이 효율적으로 경영할 수 있다.

- 거대한 자본금으로 대내외적인 신용도가 상승한다.

- 자유로운 주식양도로 주주의 투자자금 회수가 용이하다.

- 주주가 경영에 신경 쓰지 않아도 배당을 받을 수 있다.

- 각종 법령에 의한 지원을 받을 수 있다.

2) 단점

- 농업경영 경험이 없는 전문경영인이 경영 판단을 그르칠 염려가 있다.

- 회사 경영 및 영농에 대한 애착이 적어 우수상품을 재배하기 곤란할 수 있다.

- 기술력을 습득한 직원들이 이직할 가능성이 상존한다.

- 회사가 직원들의 단순한 영농기술 습득 장소로 전락할 우려가 있다.

43. 농업법인의 세제지원 - ❶ 세금의 종류(국세)

국세는 중앙정부에서 부과 · 징수하는 세금으로, 내국세와 관세로 구분된다.

국 세	내 국 세	보 통 세	소 득 세	직 접 세
			법 인 세	
			상 속 세	
			증 여 세	
			종합부동산세	
			부가가치세	간 접 세
			개별소비세	
			주 세	
			인 지 세	
			증권거래세	
		목 적 세	교 육 세	
			교통 · 에너지 · 환경세	
			농어촌특별세	
	관 세			

44. 농업법인의 세제지원 - ❷ 세금의 종류(지방세)

　지방세는 지역의 공공서비스를 제공하는 데 필요한 재원으로 사용하기 위하여 지방자치단체별로 각각 과세하는 세금이다.

지 방 세	도 세	보 통 세	소 득 세
			등록면허세
			레 저 세
			지방소비세
		목 적 세	지방교육세
			공동시설세
			지역개발세
	시 · 군세		담배소비세
			주 민 세
			지방소득세
			재 산 세
			자동차세
			도 축 세
			주 행 세

45. 농업법인의 세제지원 - ❸ 주요 세목별 지원

〈주요 세목별 지원(조특법 : 조세특례제한법, 지특법 : 지방세특례제한법)〉

구분		세제지원 내용
국세	법인세 '21.12.31까지 조특법 §66,68 영§63~65	① 식량작물재배업 소득 : 전액 면제
		② 식량작물재배업 소득 이외 작물재배업 소득(대통령령으로 정한 범위) : 감면 - 영농조합법인 : 조합원 당 수입금액 6억 원 이하의 소득분 - 농업회사법인 : 연간 수입금액 50억 원 이하의 소득분
		③ 작물재배업 외의 대통령령으로 정한 소득 : 감면 - 영농조합법인 : 출자조합원 당 1,200만 원까지 소득공제 • 농어업경영체법 시행령 제11조제1항에 따른 사업소득 - 농업회사법인 : 최초 소득발생연도와 그 다음 4년간 50% • 축산업, 임업, 농어업경영체법 시행령 제19조제1항의 부대사업에서 발생한 소득, 농산물 유통·가공·판매 및 농작업 대행에서 발생한 소득
	부가가치세 조특법 §105 §106	① 농업경영 및 농작업 대행용역에 대한 부가가치세 면제
		② 농업용 기자재에 대한 부가가치세 영세율 적용
		③ 농업용 기자재에 대한 부가가치세 환급
		④ 농업용 석유류에 대한 부가가치세 감면
지방세	등록면허세 • 지특법 §11	법인설립 등기 시 면제(2020.12.31까지)
	재산세 • 지특법 §11	과세기준일 현재 해당 용도에 직접 사용하는 부동산 50% 감면 (2020.12.31까지)
조합원	양도소득세 '21.12.31까지 조특법 §66,68	① 대통령령으로 정하는 농업인이 법인에 농지, 초지 출자 시 양도소득세 면제 ② 대통령령으로 정하는 농업인이 농작물재배업, 축산업 및 임업에 직접 사용되는 부동산 현물출자 시 이월과세 적용
	배당소득세 '21.12.31까지 • 조특법 §66,68	① 식량작물재배업에서 발생한 배당소득 : 전액 소득세 면제
		② 식량작물재배업 외의 작물재배업, 작물재배업 외에서 발생한 배당소득 : 감면 - 영농조합법인 : 조합원 당 연간 1,200만 원에 대해서는 면제, 초과하는 금액은 5% 저율분리과세(종합소득세 비합산) - 농업회사법인 : 종합소득에 합산하지 않고 분리과세

46. 농업법인의 세제지원 - ❹ 소득에 대한 감면

구분	영농조합법인	농업회사법인
식량작물 재배업 소득과 그 외의 소득에 대한 법인세 면제 (감면)	• 식량작물재배업 소득 : 전액면제 (조특법 제66조제1항 및 시행령 제63조제1항 1호) • 그 외의 대통령령으로 정하는 범위의 금액 - 식량작물재배업 외의 작물재배업에서 발생한 소득 × {6억×조합원수×(사업연도월수/12)/곡물 및 기타식량재배업을 제외한 작물재배업에서 발생하는 수입금액} 이하의 금액(조특법 시행령 제63조제1항2호) - 작물재배업에서 발생하는 소득을 제외한 소득으로 각 사업연도별로 {1천2백만원 × 조합원수} 이하의 금액 (조특법 시행령 제63조제1항3호) • 식량작물재배업소득 : 곡물 및 기타 식량작물재배업으로 쌀, 보리, 콩, 옥수수, 감자 등 • 식량작물재배업 외의 작물재배업 : 원예, 화훼, 특용, 과수 등	• 식량작물재배업 소득 : 전액 면제 (조특법 제68조제1항) • 그 외의 대통령령으로 정하는 범위의 금액 - 식량작물재배업 외의 작물재배업에서 발생하는 소득× {50억×(사업연도월수/12)/식량작물재배업 외의 작물재배업에서 발생하는 수입금액} 이하의 금액 (조특법 시행령 제65조제1항) - 작물재배업에서 발생하는 소득외의 소득에 대하여는 최초 소득이 발생한 연도와 그 다음 연도부터 4년 간 법인세 50% 감면 (조특법 제68조제1항, 조특법 제6조제1항) • 작물재배업에서 발생한 소득 외의 소득 중 법인세가 감면되는 소득은 대통령령이 정한 소득으로 축산업, 임업, 「농어업경영체 육성 및 지원에 관한 법률」시행령 제19조제1항의 농업회사법인의 부대사업에서 발생한 소득과 농산물유통, 가공, 판매 및 농작업대행에서 발생한 소득임

47. 농업법인의 세제지원 - ❺ 양도소득세 및 배당소득에 대한 감면

구분	영농조합법인	농업회사법인
양도소득세 면제	• 대통령이 정한 농업인이 법인에 농지 및초지를 현물출자함에 따라 발생하는 소득에 대해서 양도소득세 면제 단, 출자한 농업인이 출자지분을 3년내 양도 시 세액을 추징함 (조특법 제66조제5항)	• 좌동(조특법 제68조제2항)
양도소득세 이월과세	• 대통령령이 정하는 농업인이 농업·농촌 및 식품산업기본법 제3조제1호가목에 따른 농작물재배업, 축산업 및 임업에 직접 사용되는 부동산(농지, 초지는 제외)을 현물 출자하는 경우 이월과세 적용받음(조특법 제66조제7항) 단, 현물출자로 취득한 주식 또는 출자지분의 50% 이상을 3년 이내에 처분 시 이월과세액을 양도소득세로 납부(조특법 제66조제9항)	• 좌동(조특법 제68조제3항) - 이월과세는 개인이 고정자산 등을 법인에 현물출자하는 경우 개인에 대하여는 양도소득세를 과세하지 아니하고, 이를 양수한 법인이 당해 자산을 양도하는 경우 양도소득산출세액을 법인세로 납부하는 제도
배당소득세 면제(감면)	• 식량작물재배업에서 발생한 배당소득 전액에 대해서 소득세 면제(조특법 제66조2항) • 식량작물재배업 외의 소득의 경우 12백만원 이하의 금액 소득세 면제, 12백만원 초과하는 금액에 대하여는 5% 저율 분리과세 - 분리과세는 종합소드에 합산하지 않고 원천징수로 세무의무가 종결되는 제도(조특법 제66조제2항~3항, 조특법 시행령 제63조제2항~3항)	• 좌동(조특법 제68조4항) • 식량작물재배업 외의 소득(기타 소득 제외)에서 발생한 배당소득은 종합소득세 합산하지 않고 분리과세 (조특법 제68조4항 및 시행령 제65조2항) - 기타소득(법인세 면제항목 참조)에서 발생한 배당소득은 종합소득에 합산함)

48. 농업법인의 세제지원 - ❻ 부가가치세 면제

구분	영농조합법인	농업회사법인
부가가치세 면제 (조특법 제106조 제1항3호)	• 농업경영 및 농작업의 대행용역에 대한 부가가치세 면제 - 농작업 대행, 선별, 포장용역은 면제되나 운반, 저온저장 수수료는 부가가치세가 과세됨	• 좌동
부가가치세 사후환급 (조특법 제105조의2)	• 농업에 사용하기 위하여 일반과세사업자로서 구입하는 기자재에 대한 부가가치세 환급 - 근거규정 : 조특법 제105조의2에서 위임된 사항과 시행에 따른 필요사항 - 농 · 축산 · 임 · 어업용 기자재 및 석유류에 대한 부가가치세 영세율 및 면세 적용 등에 관한 특례규정 ('15.7.29. 대통령령 제26438호) - 농 · 축 · 어업용 기자재에 대한 부가가치세 사후 환급(조특법 제105조의2 제1항) • 부가가치세 사후환급은 농업법인이 직접 작물재배 및 축산업을 영위하는 경우에만 적용됨. 따라서 공동구매, 도 · 소매업의 경우 농업인이 직접 환급을 받아야 함	• 좌동
부가가치세 영세율 적용 (조특법 제105조제1항))	• 비료관리법에 의한 비료, 농약관리법에 의한 농약, 농업용 기계, 축산업용 기자재, 사료법에 의한 사료, 임업용 기자재, 친환경 농업용 기자재 등을 공급받아 직접 사용하거나 소비하는 경우 - 근거규정 : 조특법 제105조제1항제5호, 6호에서 위임된 사항과 시행에 따른 필요사항 - 농 · 축산 · 임 · 어업용 기자재 및 석유류에 대한 부가가치세 영세율 및 면세 적용 등에 관한 특례규정('15.7.29. 대통령령 제26438호)	

구분	영농조합법인	농업회사법인
취득세 면제 및 경감(지특법 제11조제1항 및 제2항 보칙 제177조의2)	• 취득세 면제 - 농업법인이 영농에 사용하기 위해 법인설립 등기일 2년 이내에 취득한 부동산에 대하여 취득세 면제(85% 감면) - '11.1.1일부터 취득세와 등록세가 취득세로 통합 시행됨 • 농업법인이 영농·유통·가공에 직접 사용하기 위해 취득한 부동산에 대하여는 취득세의 100분의 50을, 과세기준일 현재 해당 용도에 직접 사용하는 부동산에 대하여는 재산세의 100분의 50을 경감	• 좌동
등록면허세 면제(지특법 제11조제1항)	• 농업법인의 설립등기와 관련된 등록면허세 면제	• 좌동
담보물 등기에 대한 등록면허세 면제(지특법 제10조제1항)	• 농업협동조합, 수산업협동조합, 산림조합, 신용협동조합. 새마을금고가 농어업인(영농조합법인·영어조합법인 및 농업회사법인 포함)에게 융자할 때 제공받는 담보물에 관한 등기에 대하여 등록면허세의 100분의 50을 경감,다만, 중앙회 및 연합회의 경우에는 영농자금, 영어자금, 영림자금, 축산자금을 융자하는 경우에 한함	• 좌동
담보물 등기에 대한등록면허세 면제(지특법 제13조제1항)	• 한국농어촌공사가 농업인(영농조합법인 및 농업회사법인 포함)에게 농지관리기금을 융자할 때 제공받는 담보물에 관한 등기 및 동법 제19조에 따라 임차하는 등기에 대하여 등록면허세 면제	• 좌동
주민세 재산분 및 지방소득세 종업원분 면제 (지특법 제10조제2항)	• 농업인이 영농, 영림, 가축 사육 등에 직접 사용하는 사업소에 대해서는 주민세 재산분 및 종업원분 면제	• 좌동

50. 농업법인의 성공 조건 - ❶ 재무제표는 기업의 건강진단서

땀을 흘려 농사를 지어 수확물을 많이 팔아도 남는 돈이 없으면 사업은 힘들 수밖에 없다. 가끔 신문지상에 흑자도산(黑字倒産)이라는 말을 볼 수 있다. 사업을 하여 이익을 냈는데 망했다는, 앞뒤가 맞지 않는 말이지만 자주 듣는 말이다. 또한 농가는 수천만 원에서 수억 원을 투자하여 비닐하우스, 유리온실 등을 설치하고 고가의 농기계를 사용하여 농업 경영을 하고 있다.

사업이 성공하려면 자신이 경영하고 있는 농장의 상태를 정확하게 파악하여야 함은 물론, 사업계획을 수립하기 위해서는 반드시 숫자로 표현하여 구체적인 정보를 파악하여야 한다. 특히 사업은 거래하는 상대방이 있으므로 상대방의 정보도 자세하게 숫자로 알고 있어야 거래의 위험을 피할 수 있다. 이와 같이 수치화된 정보인 손익계산서, 재무상태표, 현금흐름표를 재무제표라 한다.

51. 농업법인의 성공 조건 - ❷ 손익계산서의 의의

손익계산서는 회사가 한 회계기간 동안 벌어들인 총수익에서 수익을 얻기 위해서 쓴 비용을 차감해 이익이 얼마나 발생했는지를 보여주는 문서다. 말하자면 회사의 성과를 이익으로 보여주는 일종의 경영성적표 또는 경영성과보고서로서 수익, 비용, 이익이 손익계산서의 구성 요소다.

손익계산서는 목표이익을 달성해야 할 책임을 지는 경영자는 물론, 회사가 벌어들인 이익을 장차 배당금이나 주가 상승을 통해 누리게 될 주주에게도 매우 중요한 재무제표이다.

52. 농업법인의 성공 조건 - ❸ 손익계산서의 구조

회사가 수익을 얻는 방법은 크게 영업활동을 통한 영업수익과 영업과 무관한 영업외수익으로 나뉜다. 영업수익을 회계에서는 매출액이라고 하므로 수익은 크게 매출액과 영업외수익으로 나뉘는 셈이다.

비용 또한 영업수익에 대응해 발생하는 영업비용과 영업외비용으로 나뉜다. 영업비용을 회계에서는 매출원가, 판매비와 일반관리비라고 하므로 비용은 매출원가, 판매비와 일반관리비 그리고 영업외비용으로 나뉘는 셈이다.

매출원가는 상품(제품)의 기초재고액에 당기의 제품제조원가(매입액)를 더한 다음 기말재고액을 빼서 계산한다. 손익계산서에 표시된 당기 제품제조원가의 구체적인 내역은 제조원가명세서에 나와 있다.

53. 농업법인의 성공 조건 - ❹ 손익계산서의 계산 절차

손익계산서를 순서대로 정리해본다. 우선 매출액에서 매출원가를 차감하면 매출총이익이 나온다. 매출총이익은 제품의 판매를 통해 남긴 이익을 의미하는 것으로 일종의 제품 마진이라고 이해하면 된다.

예를 들어 원가가 10만 원인 제품을 12만 원에 매출했다면 2만 원이 매출(총)이익인 셈이다. 그러나 영업비용에는 제품원가 외도 여러 가지 판매비와 관리비 등이 소요되는데 이런 비용을 차감하면 영업이익이 계산된다. 이런 회사의 고유활동인 영업을 통해 벌어들인 돈임이므로 가장 중요한 수익성 지표라고 할 수 있다. 영업이익에다 영업활동과는 전혀 관계없이 발생한 영업외수익을 더하고 영업외 비용을 빼면 법인세비용차감전순이익이 계산된다. 여기서 법인세 비용을 빼면 최종적인 당기순이익이 계산되는데 최종적인 당기순이익은 주주의 몫임으로 이를 주주순이익이라고 표현한다.

손익계산서에 표시되는 이익은 매출총이익, 영업이익, 법인세비용차감전순이익, 당기순이익 등 모두 4가지이며. 각각의 의미 또한 모두 다르다는 점을 알아야 한다.

54. 농업법인의 성공 조건 - ❺ 손익계산서의 특징

또 하나 알아둬야 할 것은 손익계산서의 수치는 한 회계기간 동안 발생된 금액의 합계치임으로 결산일 현재의 잔액을 표시하는 재무상태표와는 다르다는 점이다. 그리고 모든 수익과 비용은 현금기준이 아닌 발생기준에 따라 기록되기 때문에 당기순이익은 한 회계기간 동안 발생된 이익으로서 현금흐름액과는 전혀 무관한 발생주의에 따른 경영 성과치라는 점을 알아야 한다.

55. 농업법인의 성공 조건 - ❻ 손익계산서에서 확인할 수 있는 것

(1) 성장 가능성

회사가 계속 성장하고 있는지, 정체 상태인지 알 수 있다. 이는 지난해 대비 매출 증가율이 어느 정도인지로 따져볼 수 있다. 그리고 동종업계에 속해 있는 회사의 매출액과 비교해 시장 점유율이 어느 정도인지도 파악할 수 있다.

(2) 비용 관리의 효율성

회사의 비용관리가 제대로 이루어지고 있는지 알 수 있다. 회사가 이익을 높이기 위해서는 당연히 수익을 늘려야겠지만, 비용 관리를 효율적으로 하지 못한다면 아무리 매출이 증가하더라도 이익은 늘어날 수 없다. 매출액에 대한 매출원가 또는 판매관리비와 관리비의 비율을 전년도와 비교해 보면 비용관리의 효율성을 체크할 수 있다.

(3) 영업, 재무활동의 성과

회사의 영업활동 및 재무활동의 성과를 알 수 있다. 영업활동의 성과는 영업이익의 크기나 매출액 대비 영업이익의 비율(매출액 영업이익률)을 통해 알 수 있으며, 재무활동의 성과는 영업외 수익과 영업외비용에 의해 나타나므로 영업이익과 법인세(비용) 차감전순이익의 비교를 통해 알 수 있다. 예를 들어 영업이익에 비해 법인세 차감전순이익이 늘어났다면 재무활동의 성과가 좋았음을 의미한다.

(4) 경영 성과

당해 연도의 경영 성과를 알 수 있다. 경영 성과의 지표는 당기순이익이지만 여기에는 재무적인 활동의 결과도 포함되어 있으므로 영업 활동에 의한 경영성과지표는 영업이익이라고 보아야 한다. 영업이익의 크기와 영업이익율은 회사의 장기적인 수익력을 나타내는 가장 중요한 지표이다.

56. 농업법인의 성공 조건 - ❼ 손익계산서 양식

	과목	1월	2	3	4	5	6	7	8	9	10	11	12
1	**매출액**												
	상품매출액												
	수수료수입												
2	**매출원가**												
	원재료매입액												
	직원급여												
	여비교통비												
	접대비												
	급식비												
	차량유지비												

과목		1월	2	3	4	5	6	7	8	9	10	11	12
	사무용품비												
	광고선전비												
	도서인쇄비												
	통신비												
	복리후생비												
	기타												
3	**매출총이익(1-2)**												
4	**판매관리비**												
	감가상각비												
	직원급여												
	일반관리비												
5	**영업이익(3-4)**												
6	**영업외수익**												
	이자수익												
	잡이익												
7	**영업외 비용**												
	이자비용												
	기부금												
8	**세전이익(5+6-7)**												
9	**법인세 등**												
	법인세 등												
10	**당기순이익(8-9)**												

57. 농업법인의 성공 조건 - ❽ 재무상태표의 의의

손익계산서가 경영성과를 보여주는 재무보고서라면, 재무상태표는 재무상태를 보여주는 재무보고서이다. 여기서 재무상태란 회사가 가지고 있는 자산, 부채, 자본의 결산일 현재 잔액상태를 의미하는 것이다. 말하자면 재무상태표는 '재무상태보고서'인 셈이다. 자산, 부채, 자본의 잔액은 매일 변하는데, 재무상태표에 표시된 금액은 결산일 현재의 잔액을 의미한다.

58. 농업법인의 성공 조건 - ❾ 재무상태표의 구조

　재무상태표는 크게 차변의 자산과, 대변의 부채 및 자본으로 구성되어 있다. 대변의 부채와 자본은 기업자금의 조달 및 원천을 보여주는 것으로, 기업 활동에 필요한 자금이 어디서 얼마나 조달되었는지를 나타낸다. 그리고 이렇게 조달된 자금이 어떻게 운용되고 있는지는 차변의 각 자산계정이 보여 준다. 조달된 자금은 현재 운용되고 있는 자산의 합계액과 일치해야 하므로 '자산총액=부채총액+자본총액'이라는 등식이 성립된다. 여기서 부채는 반드시 갚아야 하는 자금으로서 타인자본이라고 하며, 자본은 주주로부터 조달된 자금으로서 상환할 필요가 없으므로 자기자본이라고 한다. 총자본이란 부채를 포함한 모든 자본을 뜻함으로 총자산과 같은 것이지만, 순자산은 자산에서 부채를 차감한 것으로서 결국 주주에 의해 조달된 자기자본만을 의미한다.

59. 농업법인의 성공 조건 - ❿ 재무상태표의 세분

　재무상태표에서는 기업의 유동성에 관한 정보를 제공하기 위해 자산을 다시 유동자산과 비유동자산으로 나눈다. 결산일로부터 1년 안에 현금화할 수 있는 자산을 유동자산, 그렇지 않은 자산을 비유동자산이라고 한다. 부채 또한 결산일로부터 1년 안에 갚아야 하는 유동부채와, 그렇지 않은 비유동부채로 구분한다. 이렇게 구분해 표시하면 유동자산과 유동부채의 비교를 통해 단기부채의 상환능력 등 재무적 안정성을 체크할 수 있다. 일반적으로 유동자산에는 재고자산도 포함된다. 재고자산은 판매라는 과정을 거쳐 현금화하는 것이므로 금융상품이나 매출채권보다는 현금화되는 속도가 느리다고 볼 수 있다. 게다가 경기가 안 좋을 경우 반드시 1년 안에 현금화가 된다고 단정하기도 어렵다. 따라서 유동자산 중 재고자산을 제외한 나머지 자산을 당좌자산(Quick Asset)이라 해서 따로 구분해 표시한다. 즉, 유동자산은 당좌자산과 재고자산으로 나뉘는데, 회사의 유동성을 엄격하게 평가할 때는 재고자산을 제외하는 것이 바람직하다.

한편 자본은 자본금과 자본잉여금, 이익잉여금, 기타포괄손익누계액 및 자본조정으로 나뉜다. 회계상 자본은 회사의 자산총액에서 갚아야 할 부채를 차감한 것이므로 순자산의 의미를 갖는다. 또한 자본은 자산 중에서도 주주의 몫에 해당되므로 주주지분이라고고 하며, 타인 자본인 부채가 제외된 것이므로 자기 자본이라고 한다.

60. 농업법인의 성공 조건 - ⑪ 재무상태표에서 확인할 수 있는 것

(1) 회사의 규모 파악

총자산금액을 통해 회사의 규모를 알 수 있다. 총자산이 많다는 것은 그만큼 조달된 자금, 즉 자본총액이 많다는 것이고 그에 따라 더 많은 자본비용이 발생하기 때문에 더 많은 이익을 얻어야 함을 의미한다. 왜냐하면 자본사용에는 반드시 그 원가가 발생하기 때문이다. 따라서 회사가 조달한 자금의 원가, 즉 자본비용이 어느 정도이며 투자된 자본에 대해 얼마나 많은 성과(이익)를 내는지 따져야 한다.

(2) 재무구조의 건전성

부채금액과 자본금액의 비교를 통해 회사의 재무구조가 건전한지를 알 수 있다. 재무구조란 타인자본인 부채와 자기 자본인 자본의 구성 비율을 의미하는 것으로 구체적으로는 자기자본비율이나 부채비율로 측정한다. 자기자본의 비중이 너무 낮거나 부채비율이 너무 높으면 재무적 안정성이 떨어진다.

(3) 내부유보 자금의 규모

이익잉여금의 크기를 통해 과거 영업활동으로 내부 유보된 자금이 얼마인지를 알수 있다. 이익잉여금이 많다는 것은 단기적인 손실을 감당할 여력이 충분하다는 의미이다. 반면에 이익잉여금이 충분하지 않다는 것은 경영환경이 악화되어 손실이 발생하면 자본금을 까먹을 가능성이 있다는 것이다.

(4) 단기채무의 상환 능력

유동자산과 유동부채의 비교를 통해 단기채무의 상환능력 등 회사의 유동성에 관한 정보를 얻을 수 있다. 회사가 단기부채를 아무 무리없이 상환하기 위해서는 최소한 유동부채보다 더 많은 유동자산을 보유하고 있어야 한다.

(5) 회사의 순자산가치

회사의 순자산가치가 얼마인지를 파악할 수 있다. 재무상태표의 자산에서 부채를 차감한 금액은 결산일 현재 회사의 장부상 순자산금액으로서 이를 발행 주식으로 나누면 1주당 순자산가치가 된다. 이는 만약 회사가 청산을 한다면 1주당 회사재산이 얼마나 분배될 수 있는지를 보여주는 수치임으로 장부상 회사 재산에 대해 1주가 가지는 권리금액이라고 보면 된다.

61. 농업법인의 성공 조건 - ⓬ 재무상태표의 중점 체크포인트

(1) 총자본의 구성 상태

재무상태표를 볼 때에는 먼저 총자본의 구성 상태를 확인해야 한다. 즉, 전체 자본 중 부채와 자기자본의 비중이 어는 정도인지를 따져봐야 하는데, 자기 자본의 비중이 너무 낮거나 차입금 등 부채의 비중이 높다면 이는 그만큼 재무적으로 안정성이 떨어지는 회사라고 할 수 있다.

(2) 자본 투자 내역

그리고 조달된 자본이 어느 자산에 얼마나 투자되어 있는지를 자산 항목을 통해 파악해야 한다. 영업활동과 무관한 투자자산에 대해서는 손익계산서의 관련 이익을 통해 투자 성과가 제대로 나오고 있는지 살펴봐야 한다.

(3) 매출채권과 재고자산

영업과 관련된 자산 중에서는 매출채권과 재고자산이 가장 중요하다. 만약 매출채권과 재고자산의 비중이 너무 높으면(각각 총 자산의 20%를 넘는 것을 위험하다고 본다) 자금 회전상 문제가 생길 뿐만 아니라 자산회전율을 떨어뜨려 수익성에도 악영향을 미치기 때문이다

(4) 매출채권과 재고자산의 적정 평가

매출채권과 재고자산이 적정하게 평가되어 있는지도 확인해야 한다. 매출채권에 대해서는 충분한 대손충당금이 차감되어 있는지, 재고평가는 적정한지, 불량재고는 없는지를 체크하는 것도 중요한 포인트이다. 아울러 1년 이내에 갚아야 하는 유동부채를 감당할 만한 충분한 유동자산을 보유하고 있는지도 확인해야 한다

(5) 단기자금과 장기자금의 균형

끝으로 장기자금과 단기자금의 균형도 따져봐야 한다. 비유동자산과 같은 장기성 자산에 투자된 자금은 단기간 내에 회수하기 어려운 자금이므로 가급적 비유동부채나 자기자본과 같은 장기성자금으로 조달되어야 한다. 만약 비유동자산금액이 비유동부채와 자기자본의 합계금액 보다 많다면 장기성 자산의 일부가 유동부채와 같은 단기자금으로 조달되었다는 뜻으로 재무적인 안정성에 문제가 생길 수 있음을 암시하는 것이다.

62. 농업법인의 성공 조건 - ⑬ 재무상태표 양식

	과목	1월	2	3	4	5	6	7	8	9	10	11	12
	자산												
1	유동자산												
	현금												
	보통예금												
	대출채권												
	재고자산												
2	비유동자산												
	투자자산												
	차량운반구												
	감가상각누계액												
	비품												
	임차보증금												
	자산 총계(1+2)												
	부채												
1	유동부채												
	미지급금												
	예수금												
	부가세예수금												
	선수금												
	미지급세금												
2	비유동부채												
	부채 총계												
	자본												
2	자본금												
	자본금												
	이익잉여금												
	자본 총계												
	부채와 자본 총계(1+2+3)												

63. 농업법인의 성공 조건 - ⑭ 현금흐름표의 의의

현금흐름표는 한 회계기간 동안 회사의 현금이 어떤 이유로 들어오고 나갔는지, 즉 '돈의 흐름'을 일목요연하게 보여주는 것으로 여기서 말하는 현금은 재무상태표의 맨 처음 나오는 '현금 및 현금성자산'을 의미한다. 현금 및 현금성 자산의 결산일 현재의 잔액과 당기 중 증감액은 재무상태표에도 나타나 있지만, 현금 유출입의 내역을 더 구체적으로 보여주는 것은 현금흐름표이다.

회사의 가치는 수익성으로 나타내지만, 현금흐름이 수반되지 않은 이익은 아무런 의미가 없다. 그래서 회사의 현금 창출 능력, 특히 영업현금흐름을 가지고 기업가치를 측정하기도 한다. 그만큼 현금흐름은 가치중심경영(VBM : Value Based Management)에서 매우 중요한 지표라고 할 수 있다.

64. 농업법인의 성공 조건 - ⑮ 현금의 유출입 경로

회사의 현금은 크게 영업활동, 투자활동, 재무활동을 통해 매일매일 들어오고 나간다. 이 가운데 영업활동의 결과는 손익계산서의 순이익으로 나타난다. 그런데 현금기준이 아닌 발생주의에 따라 계산된 것이므로, 이를 다시 현금 기준으로 수정하면 영업활동을 통한 현금유입액이 계산된다.

또한 영업활동을 통해 현금을 창출하려면 투자를 해야 하는데, 이에 필요한 자금은 영업활동을 통해 유입된 자금이 사용되기도 하지만 r에 의한 현금흐름과 투자 및 재무활동에 의한 현금흐름으로 구분된다.

일반적으로 영업활동에 의한 현금흐름은 유입인 경우가 대부분이지만 투자와 재무활동에 의한 현금흐름은 대부분 재무상태표의 자산계정과 관련된다고 보면 된다. 투자자산이나 유형자산 등 회사의 각종 재산을 매각한 것은 투자활동에 따른 현금유입이지만, 취득한 것은 투자활동에 따른 현금유출로 표시된다.

재무활동에 따른 현금흐름은 재무상태표의 부채나 자본계정과 관련된다고 보면 된다. 차입금이나 자본계정이 증가한 것은 신규차입이나 증자 등의 재무활동을 통해 현금이 유입된 것이지만, 차입금 상환이나 현금배당금 지급 등으로 감소한 것은 재무활동에 따른 현금유출로 표시된다.

65. 농업법인의 성공 조건 - ⑯ 재무상태표와 관계

이 3가지 현금유입, 유출액을 모두 가감하면 당지 중에 얼마의 현금이 증가(감소) 했는지 계산되며, 여기에 기초의 현금을 가산하면 당기말의 현금이 계산된다. 물론 기초와 기말의 현금은 재무상태표의 수치와 정확히 일치된다.

그러므로 현금흐름표를 보면 회사가 당기순이익과는 달리 영업을 통해 얼마나 현금을 창출하고 있는지, 그리고 영업활동과는 별개로 자산매각에 의한 투자활동이나 신규차입 등에 의한 활동을 통해 얼마나 현금을 확보했는지 알 수 있다. 이렇게 유입된 현금이 신규투자나 차입금 상환 등 재무 활동에 어떻게 사용되고 있는지 알 수 있다.

66. 농업법인의 성공 조건 - ⑰ 현금흐름표

과목		1월	2	3	4	5	6	7	8	9	10	11	12
Ⅰ. 영업활동에 의한 현금흐름													
1	수입												
	판매대금 입금												
	수수료 입금												
2	지출												
	원료대금 지불												
	급여 지급												
	일반관리비												
3	잔액(1-2)												
Ⅱ. 투자활동에 의한 현금흐름													
1	수입												
	주식 매각												
	고정자산 매각												
2	지출												
	주식 매입												
	고정자산 매각												
3	잔액(1-2)												
Ⅲ. 재무활동에 의한 현금흐름													
1	수입												
	은행차입												
2	지출												
	대출 상환												
3	잔액(1-2)												
Ⅳ. 현금잔고의 변화													
1	분기초 현금잔액												
2	분기말 현금잔액												
3	현금 증감액(1-2)												

67. 문서관리 - ❶ 사업계획 수립

사업계획이란 농업법인이 미래의 경영활동을 위한 급여, 원물 구입, 급여 지급과 투자예산 계획을 수립하는 것이다. 예산 편성은 농업법인의 설립 목적에 적합하게 수립하여 지출하여야 한다. 예산 지출을 위한 자금 조달을 조합원과 주주의 출자에 의한 경우에는 농업법인의 총회, 이사회의 승인을 받아 집행하면 된다. 그러나 정부, 지자체 등에서 지원받을 경우에는 사업 지원 목적에만 정확하게 지출하여야 한다. 이와 같은 경우에는 별도의 예금통장을 만들어 회계의 투명성을 확보하여야 한다. 만일 정부의 지원금을 지정한 목적에 맞지 않게 사용할 경우 법적 제재를 받을 수 있으므로 특히 유의하여야 한다.

68. 문서관리 - ❷ 결산

결산은 당초 수립한 사업 계획과 비교하여 적정하게 집행하였는지 여부와 계획과 달리 집행한 것은 그 사유와 원인을 분석하는 것이다. 농업법인에서는 사업을 하면서 경제 사정의 변화에 의해 처음에 세운 예산과 달리 집행하는 경우가 발생한다. 이와 같은 상황이 발생하면 이사회, 총회 등에 보고하고 사업 계획을 수정하여 집행한다. 시급한 사정이 생길 경우에는 우선 집행하고 즉시 보고하는 방법도 고려하여야 한다. 결산 결과는 재무제표에 표시된다.

69. 문서관리 - ❸ 감사

감사는 사업 계획을 수립하여 집행한 내용이 당초의 사업 계획에 맞추어 집행하였는지 여부와 집행 절차와 방법이 적정한지를 확인하는 것이다. 일반적으로 1년

동안의 사업집행 결과를 보고 감사한다. 그러나 농업법인에서는 최소한 6개월 단위로 감사를 하거나 가능하면 3개월 단위로 감사를 하여 만일 사업추진 방향이 잘못되었을 경우 피해를 최소화하는 것도 검토할 수 있다.

70. 문서관리 - ❹ 전문가의 자문

농업법인의 임원 또는 출자자 중 회계 전문가가 없는 경우는 물론 전문가가 있더라도 세무사 등 외부 전문가의 도움을 받는 것이 좋다. 전문가의 자문을 받아 사업계획 수립, 결산, 감사 등의 업무를 처리하면 미래에 안정적인 농어법인이 되는 데 큰 도움이 된다.

71. 견제와 균형 - ❶ 업무 분장

1) 업무 총괄자 선정
대표를 최고 책임자로 정하고 대표 부재시 업무를 총괄할 수 있는 부대표 아래총무, 경리, 생산, 판매 등의 담당자를 정한다.

2) 책임과 권한 명확히
농업법인의 업무를 총무, 경리, 생산, 판매, 홍보, 제품관리, 원물 구입 등으로 구분하여 담당 업무를 구분하여 책임과 권한을 명확히 한다.

72. 견제와 균형 - ❷ 결재 제도

1) 업무 조직도에 따라 결재를 한다. 결재를 할 때는 반드시 결재일도 함께 기록

하여 업무 지연, 시간 경과에 따른 책임 소재를 명확하게 한다.

2) 외부에서 접수한 문서는 접수일자를 기록하여 업무처리의 지연을 방지한다.

73. 견제와 균형 - ❸ 은행 거래

1) 법인의 거래에서 발생하는 현금의 입출금은 법인 명의의 통장을 통해 처리한다. 만약 장부 도난, 화재가 발생하여 없어져도 통장을 보면 모든 거래 내역을 알 수 있도록 한다.

2) 통장에서 현금의 인출·입금 될 경우 그 내용을 담당자, 대표, 감사에게 은행에서 문자메세지가 발송될 수 있도록 하여 현금 입출금 내용을 3인이 동시에 알 수 있으면 현금 거래에 따른 사고를 방지할 수 있다.

3) 농업법인의 현금 보유액에 비해 큰 금액(예를 들면 1억 원 이상)을 인출 할 경우에는 담당자와 대표가 은행 전표에 동시에 날인을 하여야 인출될 수 있도록 은행과 협의한다.

제4부

귀농 · 귀어 지도

8장
귀농 구상 및 스토리

1. 귀농의 개념

■ 귀농(歸農)의 사전적 의미는 '다른 일을 하던 사람이 그 일을 그만두고 농사를 지으려고 농촌으로 돌아가는 것'임(국립국어원 표준국어대사전). 그러나 통계조사 및 연구 문헌을 통해 귀농의 개념을 종합하여 보면 '농업활동을 통한 소득으로 생계를 유지하는 것'이라는 의미로 정리할 수 있음.

■ 최근 농업·농촌의 현실과 귀농 선배들의 귀농 초기 과정이 어려움이 많음을 고려할 때 귀농 의미는 귀농(貴癃: 소중하고 아픔)의 과정임.

• 사전 : 다른 일을 하던 사람이 그 일을 그만두고 농사를 지으려고 농촌으로 돌아가는 것+통계 문헌: 농업 활동을 통한 소득으로 생계를 유지하는 것 =귀농(貴癃) : 농업·농촌의 현실과 귀농 선배들의 초기 과정의 어려움을 고려할 때, 귀농이란 바로 소중하고 아픔의 과정임.

※ 귀농 구상 개념

■ 귀(貴: 소중하다) / 농(癃: 아프다) / 구(九: 아홉) / 상(詳: 자세히 알다)

=〉 귀농의 과정은 귀농(貴癃: 소중하고 아픔)이 있기에 귀농 시 고려해야 할 항목을 구상(九詳: 9가지를 자세히 알다)하여 준비해야 함을 의미함.

구분		내용
표준국어대사전 (국립국어원)		다른 일을 하던 사람이 그 일을 그만두고 농사를 지으려고 농촌으로 돌아가는 것
귀농인 통계조사 (통계청)		1년 전 주소가 동(洞)지역이고 현 주소가 읍·면 지역인 자 중에서 농업경영체 등록명부의 경영주, 축산업 등록명부의 종축업자 사육업자 부화업자, 농지원부의 농업인으로 신규 등록한 자
연구 문헌	오수호 (2013)	농촌에 돌아와 농업의 규모와 상관없이 농업에 관련된 일에 종사하는 것
	강종원 외 (2012)	어떠한 형태이건 간에 농촌을 떠났던 사람 또는 도시 출신 사람, 즉 농촌 이외의 지역에서 거주하던 사람이 농촌지역에 거주하면서 농업소득으로 생계를 유지하기 위해 농촌으로 돌아가는 것
	강대구 (2007)	과거 농사를 지었는지 여부와 상관없이 농촌에 살던 사람이 도시로 떠났다가 돌아오는 것
	정철영 (2002)	농업 이외의 다른 산업 분야에 종사하다가 농촌으로 이주하여 영농에 종사하는 것

2. 귀농 시 주요 고려항목(9가지)

■ 정부 및 지자체의 각종 귀농 자료를 통해 귀농 시 고려해야 할 항목을 '귀농 전 체크리스트' 또는 '귀농준비 절차' 등의 제목으로 알려주고 있으며 대체로 8가지 (①지역 ②품목 ③농지 ④판로 ⑤교육 ⑥멘토 ⑦공감대 ⑧주택)로 정리함.

■ 이와 더불어 1가지 더 우선적으로 고려해야 할 항목은 현재 나의 상황, 즉 '현황'이며 이를 중심으로 내 몸에 알맞은 맞춤형 귀농을 해야 함.

※ 귀농 시 고려해야 할 항목 9가지

지역	품목	농지	판로	교육	멘토	공감대	주택
현황							

귀농을 희망하는 사람들에게 9가지 사항은 어느 것 하나 중요하지 않은 것이 없으며 모든 사항을 유기적으로 연결시켜 귀농을 준비해야 함.

■ 귀농 시 고려해야 할 9가지 항목에 관한 항목별 착안사항을 귀농 선배들의 경험담을 바탕으로 정리함.

■ 항목별 착안사항은 귀농 희망자들을 위한 귀농 선배들의 진심어린 메시지임. 또한 귀농 시 고려해야 할 항목 9가지에 대해 인터뷰한 내용임.

구분		내용
현황	착안점	귀농 결심 후 자신의 '현황' 부터 정확히 파악하기
	주제	귀농 소득의 으뜸… '가족' (경남 함양, 김ㅇㅇ)
지역	착안점	어느 곳으로 귀농하든 귀농 '지역' 에서는 자신의 전문 경험을 최대한 살리기 (재능 발휘 및 기부)
품목	착안점	귀농 '품목' 을 결정했다면 인근 지역 중심으로 선도 농가를 최소한 30곳은 다녀보기
	주제	배움과 열정… 그리고 인내심(강원 횡성, 조ㅇㅇ)
농지	착안점	영농 활동을 통한 소득 창출이 가능해야 할 귀농이기에 '농지' 선택은 신중 또 신중하게 하기
	주제	결코 부족함이 없는 임차농… '선임차 후매입' (전남 완도, 김ㅇㅇ)
판로	착안점	영농 활동의 결과물인 농산물의 (판로)는 제약적임을 인식하기
	주제	1차 생산의 한계를 넘어야…(경남 함양, 정ㅇㅇ)
교육	착안점	진정한 귀농 '교육' 은 귀농 준비시기보다 귀농 후에 더 많은 비중 두기
	주제	먹고사는 문제와 농업… 결국은 공부(충남 부여, 정ㅇㅇ)
멘토	착안점	부족한 부분을 정확하고 엄격하게 짚어주는 '멘토' 를 찾기
	주제	행정기관 귀농 멘토 제도… 그리고 현장(강원 동해, 최ㅇㅇ)
공감대	착안점	귀농 정착의 시작과 끝은 마을 주민과의 화합 위한 '공감대' 찾기
	주제	토착민과 이방인… 그 너머를 바라보며(충남 부여, 유ㅇㅇ)
주택	착안점	귀촌이 아닌 귀농이기에 타인의 시선을 의식한 '주택' 마련은 피하기
	주제	나의 첫 귀농계획… 500명의 이웃 만들기(전북 남원, 유ㅇㅇ)

3. 항목별 핵심 사항 - ① 현황

♣ 현황

- 혼자만의 귀농이 아닌 **가족 구성원과 충분한 논의 필요**
- 단순한 주거 이동 아닌 인생 진로를 바꾸어 제2의 인생 시작하는 시발점
- 토착민과 어려운 인간관계 예상, 가족 구성원의 사랑 신뢰가 가장 큰 힘

- 현재 보유자금 적더라도 가급적 보유자금 내에서 귀농 기반 형성
- 생활 기반 구축 위한 비용은 최소화, 노동력은 최대화
- 귀농 초기 기반시설 투자 위한 부채는 결국 상환해야 할 짐

- **영농 규모는 귀농 동반 인원(노동력)에 맞게 시작해야**
- 제공 가능한 노동력 범위 벗어나면 결국 고용인건비(농업노동 임금) 발생
- 농촌에서의 노동력 제공은 농업 경영성과 측정 위한 중요한 지표

- 현실 도피처로 귀농 선택 지양하고 **다양한 영농 경험 쌓아야**
- 일정기간(최소 1년) 적지만 소정의 월급 받으며 영농 경험(숙련도) 양성 필요
- 프로그램 : 선도농가 현장실습지원사업, 농산업인턴제

- **작은 규모의 귀농이 안정적 정착의 지름길**
- 귀농 초기일수록 영농활동을 위한 역량을 키우는 데 노력해야
- 귀농 생활의 시행착오로 인한 사회경제적 비용, 경험이라 하기에는 큰 부담

< '현황'을 알기 위한 고려 요소 >

※ '현황' 핵심 키워드

가족	
자금	
노동력	➡ 현황 파악을 통해 자신에게 알맞은 맞춤형 귀농을
영농 경험(숙련도)	
영농 적성(적합도)	

4. 귀농 선배가 직접 들려주는 이야기 - ① 현황

귀농 준비기간	• 1년
귀농년도	• 2012년
현재 연령	• 38세
현재 영농 지역	• 경남 함양
귀농 전	• 직업 : 교통 엔지니어 • 지역 : 서울
귀농 후	• 품목 : 곶감, 고사리, 밤 • 규모 : 임야 2만 평, 밭 7,500백평

■ 귀농 소득의 으뜸… '가족 '

귀농 결심 후 자기 현황부터 정확히 파악하라

배우자와 어린 자녀 2명과 함께 생활하기에 부족함이 없었던 서울에서의 직장생활……. 잦은 야근과 업무 스트레스로 건강에 이상을 느끼고 귀농을 결심하게 되었습니다. 먼저 귀농하신 부모님이 계셨기에 충분한 준비 과정 없이 다소 빠르고 쉽게 결정한 측면이 있습니다만 그때 실행하지 않았으면 과연 귀농을 할 수 있었을지 의

문도 들긴 합니다.

어쨌든 당시를 돌이켜보면 저와 우리 가족에게 여러 가지로 고통스러운 기간이었습니다. 반복되는 배우자와의 갈등 끝에 결국 혼자 먼저 귀농하여 1년을 지내면서 수많은 시행착오를 겪었습니다. 귀농인이라면 저마다 겪을 시행착오라지만 그 기간이 짧아야 한다는 생각에, '가족이 함께 하지 않는다면 아무 의미가 없겠다' 싶어 오랜 시간 진심을 다하여 가족과 소통했습니다.

우여곡절 끝에 귀농 2년차부터는 가족과 함께하게 되었고 정착이라고 하기엔 부족함이 많지만 영농 활동을 통한 소득 창출을 위해 오늘도 분주하게 보내고 있습니다. 이는 초기 귀농인으로서 아직 풀어가야 할 산적한 문제가 많고, 생산물 판매와 부가가치를 높이기 위한 깊은 고민에 빠져 있습니다. 더욱이 부모님이 계신 곳으로 귀농하여 어느 정도 기반이 있었지만 우리 가족의 기본 생활과 영농 활동을 위한 보유 자금이 당분간 충분치 않을 것이라는 판단이 섰기 때문입니다. 물론 지역에서 귀농인으로 선정되어 귀농 창업자금을 활용하려는 욕심도 있었지만 배우자와 상의한 결과 결국 상환해야 할 부채이고 현재 여러 조건을 고려할 때 사용하지 않아야 한다는 결론을 내렸습니다.

지금은 영농 기반과 판매망을 중심으로 내실을 다지는 것이 더 좋을 것 같다는 배우자의 조언이 많은 힘이 됩니다. 그러기에 '왜 처음부터 가족과 함께 첫 걸음을 하지 못했을까' 하는 아쉬움과 귀농 당시 너무 저만의 욕심을 앞세워 불쑥 혼자 내려온 것이 못내 미안할 뿐입니다. 나를 기꺼이 믿고 동행하여 준 사랑하는 가족… 농촌에서의 삶에 대한 쉽지 않았을 결정에 많은 위로를 해줘야 함에도 오히려 가족이 응원해주고 있어 귀농 초기 어려움들을 능히 이겨낼 수 있을 것 같습니다. 귀농을 준비하시는 분이라면 충분한 시간을 가지고 가족과 함께하는 귀농이 되시길 바랍니다. 귀농으로 얻은 가장 안정적인 소득원은 바로 가족입니다.

5 . 항목별 핵심 사항 - ② 지역

♣ 어느 곳으로 귀농하든 귀농 '지역' 에서는 자신의 전문적 경험을 최대한 살리기(재능 발휘 및 기부)

♣ 지역

- ■ 지원 조건이 아니라 귀농단체 움직임이 활발한 곳으로 선택
  - 자생적 움직임 활성화된 귀농단체 또는 협의회를 찾으려고 노력
  - 도시민을 위한 유치 전략 차원의 지원은 극히 일부분임을 인식

- ■ 예전 도시락(都市樂)에 대한 생활 기반 자주 생각날 수 있어
  - 초기 귀농 생활의 어려운 환경은 후회로 이어질 확률 높아
  - 생활 기반(고향, 친척 등) 여의치 않다면 도시 인근 지역 선택 고려해볼 만

- ■ 지역별 특화 농산물 관련한 소득원 발굴 위해 끊임없이 고민해야
  - 기본소득이 있어야 귀농생활 가능, 귀농지역 주요품목 연구 중요
  - 장기적으로 농업소득에서 농가소득 및 농외소득 소재 찾기 위한 노력 필수

- ■ 귀농 지역 상관없이 도시와 농촌의 경제적 관념 다르다는 마음가짐 필요
  - 소득측면, 빠른 답변 불가능한 농업·농촌의 애달픈 현실 인식 중요
  - 조바심은 어느 지역이라도 귀농에 대한 가치관을 흔들 수 있어

- ■ 귀농지역 어디든 나의 전문적 기술 또는 재능 필요한 곳 있기 마련
  - 서툰 영농 생활을 극복하려면 전문기술을 품앗이 무기로 준비해야
  - 나의 전문기술 또는 재능은 귀농 생활에 든든한 보험

〈 '지역' 을 알기 위한 고려 요소 〉

※ '지역' 핵심 키워드

발품	
생활여건	
농가소득	➡ 귀농 전 직업(전문분야)은 귀농지역에서 가장 큰 경쟁력
마음가짐	
재능기부	

6. 항목별 핵심 사항 - ③ 품목

♣ 귀농 '품목' 을 결정했다면 인근 지역 중심으로 선도 농가를 최소한 30곳은 다녀봐야

※ 품목

■ 귀농 초기 안전성을 고려, 지역 육성 특화품목을 선택하는 것이 유리
• 농산물은 공산품처럼 바로 생산할 수 없는 특수성이 있음을 명심해야
• 지역 육성 특화품목은 지역 토질 및 기후 등을 고려하여 생산하는 농산물

■ 지역 육성 특화품목이 나의 농지에서 재배하기에 적합한지 확인 필수
• 나의 농지 토질과 맞지 않는 품목이라면 전환해야
• 나의 농지에 대한 정확한 토양 특성 파악이 영농 활동의 기본

■ 작목반 및 품목연구회 등 통해 품목 재배 요령과 기술 배워야
• 대부분 품목의 경우 1년에 단 한 번 농사 경험을 갖게 하는 것에 불과
• 품목 연구 및 영농일지 작성 바탕으로 나만의 재배 노하우 습득 중요

- 동일 품목이라도 경영 성과(단수량, 가격, 경영비 등)는 큰 차이
  - 지역 육성 특화품목을 선택하였다고 하여 자동으로 농사가 되는 것 아님
  - 품목의 부가가치 제고 위한 노력(판매 방법, 가공 등 벤치마킹) 필요

- 고소득 품목 선택 아닌 나에게 적합한 품목 선택해야
  - 고소득 품목의 경우 전반적으로 노동시간과 투입비용이 비례
  - 안정적 귀농 정착 위해 관심 있고 잘할 수 있고 좋아하는 품목 선택해야

〈 '품목'을 알기 위한 고려 요소 〉

※ '품목' 핵심 키워드

지역(육성 특화)	➡ 품목 선택 시행착오 최소화는 나의 농지 성격 이해에 달려
나의 농지	
작목반 외	
경영 성과	
인내심	

7. 귀농 선배가 직접 들려주는 이야기 - ③ 품목

귀농 준비기간	• 2년
귀농연도	• 2011년
현재 연령	• 52세
현재 영농 지역	• 강원 횡성
귀농 전	• 직업 : 건설업 • 지역 : 서울
귀농 후	• 품목 : 블루베리 • 규모 : 2,500평

■ 배움과 열정, 그리고 인내심

귀농 품목 결정 후 인근지역 중심으로 최소한 30곳은 다녀보라

국내 10대 건설회사에 입사하여 퇴직 시까지 주위를 돌아볼 겨를 없이 앞만 보고 단순하게 달려 왔습니다. 항상 느끼고 있었던 절대적으로 부족한 가족과의 시간들… 그리고 퇴직 후에 계속되어야하는 생활에 대한 걱정…그러다보니 자연스레 어릴 적 전원생활에 대한 부분을 그리워하게 되었고 '인생의 황혼기까지 잘 할 수 있는 일은 무엇일까?' 고민하게 되었습니다.

일단 퇴직 전까지 시골생활을 흉내 내며 지내보자는 생각에 집 근처 주말농장을 선택하였고 가족과 지인과 함께 생산물을 나눠먹기 시작했습니다. 그러나 품목과 자연에 대한 무지로 아무 보잘것없는 농사를 체험하면서 몸에 좋은 먹거리를 나누기에는 한계가 있다는 생각에 관련 서적을 구입하게 되었고 이는 국가자격증을 준비하게 된 계기가 된 동시에 귀농 결심에 이르는 계기가 되었습니다.

결국 원예기능사, 조경기능사, 임업기능사를 취득하였고 본격적으로 인맥을 찾고 현장학습을 하고자 전국귀농운동본부 부설 주말농사반과 최종적으로 천안연암대학교 부설 3개월 과정의 귀농교육을 이수하였습니다.

또한 그간 건설 현장의 경험과 노하우(배선, 목공, 용접, 전기인입 등)를 바탕으로 농업인으로 거듭나기 위한 준비(기본 농기계 사용법 및 수리)를 마치고 고향에서도 가깝고 가족 상황을 고려하여, 강원도 횡성에서 블루베리 농사를 하기로 결정하였습니다. 그 후 블루베리 재배와 멘토를 찾기 위해 30곳 이상의 유명한 우수농가와 최대 생산지를 직접 찾아가며 귀농인으로서 영농 활동에 대한 자신감을 키워나갔습니다.

힘들었던 지난 과정이 모두 보상받는 기분이었습니다. 그러나 그 기분은 그리 오래가지 못했는데, 식재해 놓은 블루베리 품종이 제가 자리 잡은 터전의 농지와 맞지 않았기 때문입니다.

귀농 1년차 투 했던 블루베리를 거의 처분하고 지역에 맞는 블루베리 품종을 찾기까지 또 다른 시간과 비용 발생이라는 값진 경험을 하게 되었습니다. 지금은 귀농 4년차라고 하나 어려운 농촌 현실을 감안한다면 이제야 겨우 블루베리를 4번 경험한 것에 불과하기에 앞으로도 끊임없이 연구해나갈 것입니다. 품질 좋은 블루베리 생산과 판매는 기본이고 이와 더불어 부가가치를 높일 가공 포장 기술 등에 대한 부분까지 함께 해결해나가야 하기 때문입니다. 또한 블루베리는 남들이 재배하지 않는 수익성이 높고 판매가 수월한 농사 품목이 절대 아니기 때문입니다.

우리는 보통 사회생활을 시작하기까지 12년에서 16년 이상의 교육시간을 투자하고 있습니다. 그러기에 귀농을 준비하는 모든 사람은 수입원이 될 귀농 품목 관련한 교육과 체험에 인색하면 안 될 것입니다.

8. 항목별 핵심 사항 - ④ 농지

♣ 영농활동 통한 소득 창출이 가능해야 할 귀농이기에 '농지' 선택은 신중 또 신중하게 해야

※ 농지
- 농지 구입을 위해서는 용도가 어떠한지 확인하는 것 중요
  • 농업진흥지역 여부에 따라 향후 토지이용행위 제한
  • 장기적으로 영농 활동 목적만이 아니라면 농업진흥지역 외 농지 취득 효과적

- 농사 짓기 좋은 땅은 초기 귀농인이 취득할 확률 매우 적어
  • 농지 구입 위해서는 부정적 시각을 접근해야 위험 부담 줄일 수 있어
  • 들은 대로 보이는 대로 믿는 경우 큰 낭패 볼 수도 있어

■농지 구입 및 관련 정보 획득하기 위한 경제적 비용 아까워하지 말아야
• 지역 내 실제 부동산 비용 확인 위한 발걸음, 한 두 번에 끝내는 것 금물
• 귀농 · 귀촌으로 인해 지역 부동산 비용을 상승시킨 영향 있음

■농지 취득 또는 임차 위한 기초 지식을 충분히 쌓아야
• 농지 취득 또는 임차 위해서 농지법 및 관련 서류 기본용어 익히는 것 필수
• 토지이용계획확인서(용도 관련 법령), 토지 임야 건축물대장(각종 권리 관계) 등 볼줄 알아야 제대로 된 판단 가능

■임차 통한 영농 활동이 자경 보다 농업 경영면에서 유리할 수 있어
• 귀농 초기 소득 창출의 어려움과 지속적 생활비 투입을 고려하면 농지 구입을 고집할 필요 없음
• 농지 구입을 위한 대출 이자 부담이 연간 임차료보다 많으면 안 됨

〈 '농지' 를 알기 위한 고려 요소 〉

※ '농지' 핵심 키워드

용도	➡ 귀농인 위한 좋은 농지는 희박, 임차농으로 얼마든지 영농 활동 가능
부동산(정보)	
비용	
지식	
자경 vs 임차	

9. 귀농 선배가 직접 들려주는 이야기 - ④ 농지

귀농준비기간	• 2년	
귀농연도	• 2010년	
현재연령	• 43세	
현재 영농 지역	• 전남 완도	
귀농 전	• 직업 : 자영업	• 지역 : 경기 시흥
귀농 후	• 품목 : 관광 농원	• 규모 : 1,500평

■ **결코 부족함이 없는 임차농, '선임차 후매입'**

영농활동 통한 소득 창출이 가능해야 하므로 농지 선택은 신중 또 신중하게 하라

제가 귀농한 지도 올해로 만 4년이 되었습니다. 처음 남편이 시골에 내려가자고 했을 때 정말 반대를 많이 하며 다퉜습니다. 그러나 남편은 심한 반대에도 불구하고 시간 나는 대로 고향을 오가며 땅을 보러다녔고 귀농에 대한 의지를 점점 더 확고히 했습니다. 결국 가족 모두가 동행하기로 하면서 시행착오의 수순을 밟게 되었습니다.

우리는 처음부터 토지를 구입해서 내려가겠다는 생각에 많은 발품을 팔았습니다. 그렇게 해서 현재의 보금자리를 얻기는 했지만 시간이 지나고 나니 후회하는 부분이 많이 생겼습니다. 여러 가지를 많이 알아보고 구입하였다고 생각했는데 구체적인 중장기 계획이 없었던 거죠.

남편과 저의 경우 같은 고향이어서 내려가더라도 큰 문제 없이 지낼 수 있을 것이라는 믿음에 귀농 후 영농 활동을 통한 수입을 크게 신경 쓰지 않았던 겁니다. 고향으로의 귀농이라 지역 사람들과의 소통에는 큰 문제는 없어 영농 선배들을 만나며 자문을 구했더니 너 나 할 것 없이 먹고 살기 힘들다는 이야기뿐이었습니다. 그렇다면 이 지역으로 귀농한 사람들은 어떨까 싶어 찾아갔는데 그들도 저마다 아픈 경험담을 잔뜩 들려주기 일쑤였습니다.

지금 이대로라면 금방 쓰러지겠구나 생각되어 체계적인 교육을 받기 위해 농업기술센터를 다녔습니다. 그 사이 우리의 소득원은 최소 비용으로 시작한 숙박업이 되었습니다.(농업을 하기 위한 각종 인허가 절차와 행정 문제로 시간 비용 발생 예상) 이는 처음 내려와 구입한 토지가 바로 농사를 지을 수 없는 대지와 임야이었기 때문입니다. 다행히 숙박업 소득이 괜찮았고 지금은 독채 펜션을 더 마련하여 처음 생각했던 귀농생활과는 다소 차이가 나지만 그간 농업기술센터를 다니면서 많은 것을 배우고 여러 사람들을 만나며 느끼는 바가 컸습니다. 물론 그동안 귀농인으로 선정되었고 농업 관련 지식도 채워나갔습니다.

남편과의 상의 끝에 결국 지금의 펜션을 기본으로 구입한 임야를 용도변경 및 개간하여 최종 관광농원을 운영해보자는 결론을 내리고 바쁜 시간을 보내고 있습니다. 앞서 언급한 귀농 선배들의 아픈 경험담에는 안타깝게도 저희의 사례가 포함되어 있었습니다. 바로 무심코 먼저 토지를 구입한 뒤 농업을 하려했던 어리석음 말입니다. 이제는 저도 귀농을 계획하시는 분들께 선배가 된 입장으로 말씀드릴 수 있을 것 같습니다.

"임차농으로 시작할 수 있는 토지를 우선 물색한 후 영농경험을 최대한 하시기 바랍니다. 그후 충분한 시간을 가지고 토지를 구입해도 괜찮습니다"라고 말입니다. 이는 임차농이 자경농보다 소득에서 유리할 수 있기 때문입니다.

10. 항목별 핵심 사항 - ⑤ 판로

♣ 영농 활동의 결과물인 농산물의 '판로' 는 제약적임을 인식해야

　※ 판로

　　■ 개별 농가 차원의 시장 경쟁 및 교섭은 매우 취약한 것이 현실

- 영농활동의 소중한 결과인 생산물, 누가 먹을 것인가? 고민 필요
- 무의미한 반복적 생산 태도는 농업 경영의 독소 조항

■ 도시에 있는 지인들은 가장 기본적이고 중요한 직거래 소비자
- 생산물에 대한 판매 단가 제고를 위해서는 도시 지인 적극 활용해야
- 도시 지인은 귀농 생활의 기반을 형성할 수 있는 또 다른 디딤돌

■ 나의 생산물에 대한 시장 및 소비 동향 파악은 필수 사항
- 생산물에 대한 소비자들의 선호 및 혐오 이유를 아는 것 중요
- 공장만 짓는다고 하여 저절로 물건이 팔리는 것이 아님을 명심해야

■ 생산물에 대한 시장과 소비자와의 신뢰 구축은 영농 생활의 자양분
- 나의 생산물을 최대한 소비자적 입장에서 보는 훈련 자주해야
- 1차 생산물 신선도 고려, 반품 가능은 소비자에게 높은 점수 받을 수 있어

■ 1차 생산 통한 소득 창출 한계, 중장기적으로 2차, 3차 산업 전략 필요
- 초기 무리한 투자보다 위탁 가공 사업 통한 관련 사업 준비도 한 방법
- 개인보다 법인 또는 지역단위의 '판로' 개척 고려해봐야

〈 '판로'를 알기 위한 고려 요소 〉

※ '판로' 핵심 키워드

판매처(고객)	
인적 네트워크	➡ 판매처 목표 명확히 하되 1차 생산 이외 항상
소비자 선호 vs 혐오	염두에 두어야
신뢰	
단순생산 외	

11. 귀농 선배가 직접 들려주는 이야기 - ⑤ 판로

귀농 준비기간	• 1년
귀농연도	• 2009년
현재연령	• 34세
현재 영농 지역	• 경남 함양
귀농 전	• 직업 : 자영업　　• 지역 : 부산
귀농 후	• 품목 : 흑염소, 민들레　　• 규모 : 200두, 기타(3,000평)

■ **1차 생산의 한계를 넘어야**

영농 활동의 결과물인 농산물의 판로는 제약적임을 인식하라

　2009년 귀농할 당시 제 나이는 보통 직장 생활을 시작하는 연령 또는 그보다 다소 어린 29살에 불과했습니다. 모든 것이 한없이 부족하기만 했던 상황에서 선택한 귀농. 처가댁 어른들이 가지고 있는 농지를 활용해보면 어떻겠냐고 제안한 배우자의 말에 염치없지만 처가댁 어른들을 찾아가 우리의 계획을 말씀드렸더니 허락해주셨습니다.

　보통 귀농을 준비하는 사람들이 고민해야 할 주택과 농지에 대한 부담을 덜게 된 셈입니다. 그러나 초기 도움받은 부분을 어떻게든 빠른 시일 내에 갚아드려야 한다는 마음뿐이었기에 1차 생산에는 한계가 있음을 영농 활동을 시작한 지 얼마 되지 않아 바로 알게 되었습니다. 품목마다 조금씩 차이는 있지만 대부분의 농산물은 가격 불안정으로 수익 구조가 불분명한 것이 농업 현실입니다.

　따라서 재배 품목과 인근 농가 농산물에 대해 쇼핑몰을 구축, 직거래 판매하여 수익을 창출하게 되었고 보다 높은 수익 창출을 위해 가공 사업을 시작하였습니다. 이러한 결과 2011년 농업인 정보화 IT활용 소득창출 사례 경진대회에서 우수상을 받았고 2013년에는 제25회 대한민국 지식경영인 '전통식품산업분야' 대상 또한 받았습니다.

한참 대두되고 있는 6차 산업〈1차(생산)+2차(가공)+3차(서비스)〉의 경우에도 농가의 수익 구조를 개선하기 위해서 나아가야 할 방향과 사례들을 보다 잘 설명하고 있습니다. 이를 통해 향후 사업에 대한 아이디어를 찾고자 노력하고 있으며 요즘은 흑염소를 활용한 육가공 시설을 운영하고자 그에 필요한 각종 교육을 여전히 받고 있습니다.

귀농을 준비하는 사람들과 가끔 만나 얘기해보면 생산한 농산물을 누구에게 팔 것인지 생각하지 않는 사람이 의외로 많아 놀랐습니다. 판로를 생각하지 않고 농산물을 생산하는 것은 위험합니다. 당연하지만 이제 농업은 생산만 잘해서 되는 것이 아닙니다. 내가 생산한 농산물이 어떻게 유통되는지, 누가 많이 먹는지, 언제 가장 가격이 좋은지, 어떤 가공을 할 수 있는지 지속적으로 고민해야 합니다.

도시 생활을 하는 지인을 활용하여 소비자 경향을 파악해보고 귀농인들의 농산물 판매 방법에 대한 우수 실패 사례를 연구해야만 합니다. 결국 민감한 소비자들에게 선택을 받아야 소득 창출이 가능하기 때문입니다.

12. 귀농 선배가 직접 들려주는 이야기 - ⑥ 교육

귀농 준비기간	• 1년	
귀농연도	• 2012년	
현재 연령	• 59세	
현재 영농 지역	• 충남 부여	
귀농 전	• 직업 : 직업 군인	• 경기 일산
귀농 후	• 딸기	• 규모 : 시설 6동(250평)

■ 먹고 사는 문제와 농업, 결국은 공부

진정한 귀농 교육은 귀농 준비 시기보다 귀농 후에
더 많은 비중을 두라

직장 생활의 끝, 은퇴! 그후 나의 수입원에 대해 생각해보니 막막하기만 하더군요. 은퇴 후 소득 없이 허송세월할 수 없었고 더욱이 보험회사에서도 고객을 대상으로 100세까지 살 것을 가정하여 상품을 판매하기 시작한지도 벌써 몇 년이 지난 것 같아 '이대로는 안 되겠구나' 했죠. 그때부터 은퇴 후 삶에 대하여 아내와 이야기를 시작하게 되었고 도시보다는 농촌에서의 삶이 여러 면에서 좋을 것 같다는 결론을 내렸습니다.

그러던 2012년 초 신문을 보던 중 블루베리 광고가 눈에 띄어 관심을 가지면서 자연스럽게 귀농을 결심하게 되었습니다. 그러나 블루베리를 재배하며 농촌에서 살겠다는 희망과 '이것으로 정말 먹고 살 수 있을까?' 와는 엄연히 다른 문제더군요. 그리고 보니 블루베리에 대해 아는 것이 없었습니다.

결국 공부를 시작하였고, 묘목, 식재 및 재배 방법 등을 알기 위해 이곳저곳 견학을 다니고 나서 고향인 부여군으로 내려갔습니다. 마침 영농 활동과 관련 궁금한 사항이 있어 군청 농정과를 방문하여 과장님과의 면담을 요청하였고 얘기를 하던 중 부여8미(수박, 방울토마토, 멜론, 딸기, 오이, 양송이버섯, 표고버섯, 밤)를 언급하면서 부여8미 농산물의 경우 생산을 하면 판로는 해결 가능하다고 안내해주시더군요. 갑자기 TV에서 가격 폭락으로 인해 수확도 포기하고 갈아엎는 장면이 스쳐지나감과 동시에 그동안 공들여왔던 블루베리 공부가 생각났습니다.

면담을 마치고 고민한 결과 투자한 시간과 비용이 아까웠지만 결국 안정적으로 판로가 확보된 농산물을 선택하기로 하고 부여8미 중 딸기를 최종 귀농 품목으로 선정하게 되었습니다. 딸기에 대해 더 많은 정보를 얻고 공부를 하기 위해 충남대학교 농업생명과학대학 최고경영자과정 농업경영과(1년 과정)를 이수하였습니다. 그곳에서 딸기 전문가를 통해 딸기 서적을 소개받고 10번을 정독했지요. 그러고 난 후 딸기 농장 견학을 가서 설명을 들으니 훨씬 더 이해가 쉽게 되었고 자신감이 생기더군요.

그후 농업기술센터를 방문해서 딸기 재배를 위한 시설하우스에 관해 설명을 듣고 공병 경력을 바탕으로 직접 설계 도면을 작성, 하우스를 완공하였습니다. 그리고 딸기 농사 첫해인 2012년 6,000만 원의 매출을 달성하였고 3년차에 체험 농장을 운영하며 1억원의 매출을 기대했습니다. 물론 간과해서는 안 될 것이 있습니다. 어쩌면 당연한 것일 수 있지만 자신이 재배하는 농산물의 품질을 높여 좋은 가격으로 판매하기 위한 노력을 꾸준히 해야 한다는 것입니다. 재배 품목에 대한 끊임없는 고민과 답을 찾아가는 과정, 결국 교육이 답이 아닐까요?

13. 항목별 핵심 사항 - ⑦ 멘토

♣ **부족한 부분을 정확하고 엄격하게 짚어주는 '멘토'를 찾아야**

- 귀농 시 자신에게 부족한 부분이 무엇인지를 먼저 파악하는 것 중요
  - 부족한 부분을 어설프게 아는 것이 가장 큰 문제
  - 괜한 자존심을 앞세우지 말고 부족한 부분은 물어보면서 해결해야

- 부족한 분야를 가르쳐줄 멘토를 최소한 3명은 확보해야
  - 문제를 해결하는 방법에는 1가지만 있는 것이 아님을 인식
  - 나를 위해 쓰디쓴 소리를 해주는 멘토를 찾는 것도 중요

- 지자체별 멘토링 제도 관련 각종 정보 확인 필요

- 귀농지역 내 멘토 찾기 쉽지 않으면 다른 지역에서 찾아야
- 지자체별 각종 교육 및 지원 상담은 농업기술센터 통해 확인

■ 소문난 선도 농가, 숨은 고수는 결국 현장에 있어
- 선도 농가가 초기 귀농인에게 의외로 인기 없을 수 있어
- 나에게 최고의 멘토를 찾기 위해서는 현장을 찾아가 직접 확인 필요

■ 겸손한 마음과 배움에 대한 열정 가지되 진심을 보여야
- 몸과 마음을 다하는 진심은 멘토와의 이심전심을 가능하게 함
- 다양한 경험을 보유한 멘토의 조언은 귀농 생활의 꽃

〈 '멘토' 를 알기 위한 고려 요소 〉

 ※ '멘토' 핵심 키워드

부족한 분야	
분야별 최소 3명	
행정기관	➡ 신의 부족한 분야를 알고 진심을 다하여 멘토를 찾아야
현장	
진심	

14. 항목별 핵심 사항 - ⑥ 교육

♣ **진정한 귀농 '교육' 은 귀농 준비시기보다 귀농 후에 더 많은 비중 둬야**

 ※ 교육
 ■ 귀농 창업을 위한 준비, 올바른 귀농 교육 과정의 선택이 중요

- 귀농은 다른 직업의 선택! 무엇을 배워야 할지 정확하게 알아야
- 주먹구구식 귀농 교육 선택은 시행착오를 거듭하게 만들어

■ 귀농 교육기간 계획 수립 필요, 귀농 후 실전 영농 활동 바로 시작
- 귀농 후 2~3년은 정상적인 소득 창출이 쉽지 않은 것이 현실
- '철저한 귀농 준비' 라는 교과서적 얘기 허투루 듣는 태도 버려야

■ 중앙정부 및 지자체별 다양한 귀농 교육 과정 탐색 필요
- 초기 정착 고려, 가급적 귀농지역 주체의 교육 좋으나 고집할 필요 없어
- 지역 벗어난 귀농 교육에서도 나에게 필요한 다양한 정보 충족 가능

■ 교육 목표 설정은 자신의 귀농 전체에 대한 가치관 정립에 큰 영향
- 교육은 뚜렷한 목표 설정 및 아이디어 발상이 가능하게 하는 열쇠
- 교육 목표에 따라 인맥과 소득이라는 자산 증대 효과 달라질 수 있어

■ 귀농 결심 후 교육도 중요하나 귀농 후 지속적 교육 위한 노력 필요
- 귀농 후 지속적 교육은 초기 목표와 사업계획에 대한 검증 차원에서 중요
- 귀농 목표 및 계획 달성은 결코 단기간에 이루어질 수 없어

〈 '교육' 을 알기 위한 고려 요소 〉

  ※ '교육' 핵심 키워드

과정	
분야별 최소 3명	
행정기관	➡ 자신의 부족한 분야를 알고 진심을 다하여 멘토를 찾아야
현장	
진심	

15. 귀농 선배가 직접 들려주는 이야기 - ⑦ 멘토

귀농 준비기간	• 3년
귀농연도	• 2012년
현재 연령	• 57세
현재 영농 지역	• 강원 동해
귀농 전	• 직업 : 개인사업 • 서울
귀농 후	• 옥수수, 배추 • 규모 : 700평

■ 행정기관 귀농 멘토 제도, 그리고 현장

부족한 부분을 정확하고 엄격하게 짚어주는 멘토를 찾아라

저는 많은 사람이 '안정적인 직장' 이라고 말하는 공무원을 일찌감치 그만두고 개인사업을 시작하였습니다. 그러나1990년대 말 혹독한 외환위기를 겪으면서 사업부도로 십수 년의 기간 동안 빚을 갚으며 모진 고통을 감내해야 했습니다. 빚 청산을 거의 끝낼 시점에 귀농을 생각하게 되었고 아내 그리고 셋째 막내와 함께 2012년 6월 고향으로 동행하였습니다. 자금 여유가 없었기에 가족이 거주할 공간은 부모님께서 돌아가시기 전 사용하던 빈집을 수리하여 사용하기로 하고 전입신고를 마친 후 귀농 상담을 하기 위해 관련 관공서를 방문하였습니다.

"귀농 상담을 하러 왔는데요." 제가 기대했던 담당자의 첫 마디는"잘 오셨습니다! 환영합니다!" 였는데 그 답은"뭐하러 힘든 농촌에 오셨나요?" 였습니다. 물론 어릴 적 농촌에서 자랐기 때문에 간접적으로나마 농촌 현실을 접해서 어느 정도 알고는 있었지만 나름 희망을 품고 온 사람에게 돌아온 답은 실망 그 자체였습니다.

상담을 마친 결과 '어차피 혼자 일구어야 하는 것이구나' 라는 결심만 하고 돌아섰습니다. 사업 빚을 모두 정리했음에도 신용 회복 문제로 인한 귀농 자금 활용의 어려움, 값비싼 농지와 농기계 등 모든 것이 예상대로였습니다. 그렇다고 하여 어렵게 선택한 귀농에 다른 방도는 없었습니다.

어떻게든 살아갈 방법을 찾아야 했던 저로서는 자경 100평과 임차 600평으로 옥수수와 배추를 경작했습니다. 그러나 그 결과는 참담했습니다. 옥수수는 30접 (3,000개) 정도를 수확하여 수입이 약 100만원에 불과했고, 후작으로 배추를 경작하였으나 배추 풍년으로 주위 분들 김장 담그기 하고 버려야 하는 현실을 경험해야 했습니다.

지금은 직접 고물상 운영(사업 실패 후 약 2년간 고물상 경험), 농업과 겸업 활동을 하며 지내고 있습니다. 소득이 적어 힘들지 않은 것은 아니지만 그간 농촌 현장에서 생활하며 농업 관련 기관에서 찾지 못했던 멘토(스승)를 얻었고 그 분들을 통해 많은 지식과 지혜를 쌓을 수 있었습니다.

더욱이 요즘의 귀농 정책은 장밋빛에 불과하다며 불만으로 가득했던 저에게 '제대로 준비하지 않고 현실을 직시하지 않은 귀농' 이라며 직언을 아끼지 않았던 선배와 함께 마을 단위 수익 사업을 위한 고민에 즐거운 시간을 보내고 있습니다.

16. 귀농 선배가 직접 들려주는 이야기 - ⑧ 공감대

귀농 준비기간	• 2년	
귀농연도	• 2012년	
현재 연령	• 51세	
현재 영농 지역	• 충남 부여	
귀농 전	• 직업 : 교수, 언론사 대표	• 서울
귀농 후	• 오디, 왕대추	• 규모 : 3,000평

귀농의 시작과 끝은 마을 주민과의 화합 위한 공감대 찾기다

최근 귀농이 기울어가던 농촌에 활력도 불어넣고 인구도 늘릴 수 있는 묘책이다 보니 귀농인 유치에 각 지자체가 사활을 걸고 있다. 우리 지자체로 오면 정착금을 얼마를 준다, 집 수리비로 얼마를 준다, 싸게 융자해준다' 하는 식이다.

정책의 초점이 한 명이라도 더 끌어들이는 데 쏠려 있어 '선심성 퍼주기식 지원'에 머물고 있는 것이 현실이다.

실제로 수많은 귀농 홍보행사에서 '부자되는 농업'이라며 환상을 심어주고 있기 때문에 정책이나 홍보성 글을 믿고 귀농하였다가 예상과 다르게 농사일이 여의치 않거나 지역 주민들과 쉽게 융화되지 못하여 다시 도시로 돌아가버리는 일도 자주 생긴다. 귀농인은 '지역민도 아니며 도시민도 아닌 단지 귀농인'이다. 토착민에게 귀농인은 '언제든 다시 도시로 돌아 갈 이방인'일 뿐이기 때문이다. 그러니 지역민들은 지켜볼 따름이다. '초기 정착지원도 중요하지만 귀농 후 농업으로 먹고 살 수 있도록 사후 지원과 지역민과의 갈등조정에도 관심을 가져야 한다.

실제로 각 지자체의 읍면사무소에서도 주소지를 옮기고 최소 6개월 이상 거주하며 농업에 종사한 사람에 한하여 '잠정적 귀농인'으로 인정해준다. 그리고 지속적으로 지역의 일원이 되기 위한 노력을 통해 인정을 받을 때까지는 농민에 대한 정책적 혜택은 기대하기 어렵다.

따라서 귀농인은 시골의 정서를 이해하고 그들과 어울려 살아가며 주민들과 한 일원이 되기 위해 많은 부분을 포기하거나 노력을 기울여야 한다. 그리고 인정을 받아야 한다. 고향으로 돌아온 귀향인이라고 예외는 없다. 지역민들에게 보이지 않는 피해의식이 적용되기 때문이다.

성공적 정착을 위해 귀농인은 무엇을 해야 하는가? 오랫동안 형성되어온 마을공동체의 성격과, 지역사회를 위해 공헌하고 노력해온 토착민의 보이지 않는 정서와, 마을별 고유의 공감대를 이해하려 노력하여야 한다.

　귀농인을 지켜보는 마을 사람들의 마음을 열기 위해 그들이 무엇을 좋아하며 무엇에 노여워하는지 알아야 한다. 자신의 이전 직업이 무엇이었던 간에 '말 많고 잘난 귀농인' 이 아닌 마을 공동체의 한 일원으로서 이웃의 심기를 거스르지 않고 자신을 낮추려고 하는 사람에게 성공 귀농의 문은 열릴 것이다. 그 답은 이웃에 있다. 한 사람의 이웃이 당신을 믿어준다면 당신은 이미 귀농인이 아니라 지역민이기 때문이다.

17. 항목별 핵심 사항 - ⑧ 공감대

♣ 귀농 정착의 시작과 끝은 마을 주민과의 화합 위한 '공감대' 찾기

　■ 도시민이 생각하는 예전 농촌의 고유 정서가 변화하고 있음
　• 귀농·귀촌 인구 증가와 함께 도시민에 대한 토착민 경계심 또한 증가
　• 농촌지역 정서라 여겨지는 배려, 전통, 인심 등 각박해져

　■ 도시, 농촌 할 것 없이 '모난 돌이 정 맞는다'
　• 토착민에게 피해 입히지 않아도 튀는 언행은 악의적 소문에 좋은 메뉴
　• 그러지 않아도 정착하기 쉽지 않은 귀농에 갈등 유발 원인 제공은 금물
　■ 나보다는 우리를 생각하는 마음이 더 우선되어야
　• 이방인(異邦人)에서 이방인(里坊人)으로 거듭나야 함
　• '토착민 신경 쓰지 말고 주민만 하면서 살지' 라는 마음 도움 되지 않아

　■ 나 혼자만의 귀농 생활 한계, 지역단위 일거리 찾아내야

- 토착민과 협력, 공생할 수 있는 비전 제시 위해 솔선수범 필요
- '함께' 라는 긍정적 가치관이 지역 전체와 결국 나를 위한 길임을 인식

- 단기간에 내 마음 보일 수 있으나 토착민 마음 보기는 불가능
- 토착민과의 교감을 나누고 소통을 위한 노력을 얼마나 하는지 생각해야
- 농촌이라 소통이 어렵다는 생각보다 농촌도 사람 사는 공간임을 인식

〈 '공감대' 를 알기 위한 고려 요소 〉

※ '공감대' 핵심 키워드

농촌 정서	
질투	
나 vs 우리	➡ 농촌도 사람들 모여 사는 곳, 소통의 시간 많을수록 좋아
비전	
소통	

18. 항목별 핵심 사항 - ⑨ 주택

♣ 귀촌이 아닌 귀농이기에 타인의 시선을 의식한 '주택' 마련은 피해야...

- 귀농의 동행 인원 확인 중요(혼자 vs 배우자 vs 가족 전원)
- 귀농 초기 동행하는 인원을 명확히 하여 거주 공간 마련
- 귀농 인원 대비 불필요한 넓은 공간은 필요치 않음

- 지역별 주택 관련 귀농인 지원 정책 활용
- 각 시군별 귀농인 지원조례(주택 분야) 정보 적극 활용

- 귀농인의 집, 농가주택 또는 빈집 수리비 지원 등

■ 귀농 계획에 낭만적 전원생활 위한 주택이 있어서는 안 됨
- 귀농은 귀촌이 아니라는 확고한 신념이 필요
- 귀농은 영농 활동 통한 생계 유지가 가능해야 함. 화려함보다 실속 위주

■ '한 때는 내가 잘나갔는데…' 라는 마음만큼은 접어야 함
- 도시 지인들의 관심 방문은 1년에 한두 번에 불과함을 명심
- 관심 방문 고려한 주택 신축 또는 구입은 절대 금물

■ 귀농 시 고려해야 할 항목 중 주택 항목은 가장 최후에
- 귀농 초기에는 주택 관련 비용을 적게 잡을수록 현명
- 마음으로는 귀촌을, 몸으로는 귀농을

〈 '주택' 을 알기 위한 고려 요소 〉

※ '주택' 핵심 키워드

인원	
정책	➡ 귀농 제반 비용 최소화 위해 처음부터 신축 주택 구입 피해야
전원 vs 영농	
타인 시선	
최후	

19. 귀농 선배가 직접 들려주는 이야기 - ⑨ 주택

귀농 준비기간	• 1년
귀농연도	• 2007년
현재 연령	• 56세
현재 영농 지역	• 전북 남원
귀농 전	• 직업 : (주)애경상조 대표이사　　• 전남 광주
귀농 후	• 오디, 오리　　• 규모 : 시설 22동(5만 수)

■ 나의 첫 귀농 계획, 500명의 이웃 만들기

타인의 시선을 의식한 주택 마련은 피하라

2007년 2월 말, 계속되는 사업에 느끼는 무기력함과 답답하기만 한 서울 생활을 벗어나고자 무작정 귀농을 선택했다. 고향이 서울인 나는 시골에서 생활하던 향수도 없고, 농촌 관련 상식은 갓난아이와 다를 것이 없었다. 남들이 보면 참으로 엉뚱하다고 하겠지만 빨리 귀농하여 시골에 살고 싶은 마음뿐이었다.

그러던 중 춘향제를 보기 위해 방문한 남원에 반해 그냥 귀농지로 선택하게 되었고 살기에 괜찮아보이는 곳을 바로 구입하였다. 한마디로 그냥 지방으로 이주해서 살면 되는 줄 알았다. 진짜로 한심했던 것은 100가구 넘는 멋진 문화마을 옆에서 오리를 키우겠다고 작정한 것이다. 더욱이 귀농한 지 몇 개월이 지나서야 귀농 계획서를 만들었다는 것이다.

돌이켜 생각해보면 얼마나 어이없고 무지한 결정이었는지, 절로 웃음이 나온다. 주변 사람들과 잘 어울리며 친화력이 좋은 편인 나 '사람이 재산' 이라는 신념을 가지고 5년간의 첫 귀농계획 목표를 세웠다. 바로 '남원 지역주민 500명을 이웃으로 사귀고 절친한 몇 사람을 만드는 것' 이었다.

그후로 지역민에게 다가가기 위해 일이 있는 곳마다 다니며 인사드린 후 못하는 일을 막무가내로 했다. 일을 열심히 도와드린 척하기 위해 흙을 얼굴과 옷에 일부러 묻히기도 했다. 그러나 예상대로 주민들은 쉽사리 마음을 열지 않았다. 오리를 키우려면 배설물로 인한 냄새로 비교적 인적이 드문 곳을 택해야 하건만 농장 인근에는 많은 주민이 살고 있었다. 오리농장 운영에 대한 마을 주민들과의 이해관계, 그로 인한 오리 사육 반대와 민원에 대한 심적 부담, 오리 사육의 기술 부족, 아는 이 한 명도 없는 타지에서 혼자만의 귀농 생활 등……. 어찌 몇 마디 말로 다 표현할 수 있을까?

귀농 1년차의 시행착오는 농촌에서 잘 버틸 수 있는 강인함을 주었다. 얼마 되지 않는 자금의 많은 부분을 농지 구입에 할애한 나의 주거 공간은 컨테이너였다. 귀농 초기 사업대표자 시절 직원이었던 몇몇이 찾아와 컨테이너를 둘러 보고는 눈물을 흘렸다. 예전 생활을 생각하니 울컥하기도 했지만, 나는 직원들에게 농장명을 얘기하며 눈물을 거두라고 했다. 나의 농장명 '노블랜드' 바로 꿈을 이루는 곳이라고… 지금은 귀농 8년차로 5년간의 첫 귀농계획을 넘어 마을 주민은 물론 남원으로 귀농하려는 사람을 위해 노력하고 있다. 최소한 나 같은 귀농 시행착오를 겪으면 안 되기에 말이다. 또한 귀농 4년차에 컨테이너 생활을 정리하고 사랑하는 아내와 함께 18평의 관리사에서 여전히 꿈을 이루고 있다.

20. 귀농 창업계획 수립 - ❶ 필요성

■ 귀농 후 농업경영체의 소득원은 영농 활동 즉, 농업 경영을 통해 창출해야 함. 따라서 농업 경영의 의미를 알고, 특히 농업이 엄연한 경영임을 인식하는 것이 중요함.

■ 귀농인도 결국 자기만의 농장을 경영해야 하는 농부이면서 농업 경영의 주체가 되어야 한다는 측면에서 농장 경영, 농부, 농업 경영에 대한 가각의 의미를 이해해

야 할 필요 있음. 〈농장 경영과 농부의 의미는 《새 농업경영론》(성진근, 2011)을, 농업경영 의미는 한국 브리태니커(http://www.britannica.co.kr)를 참고함〉

〈귀농인의 개념〉

- 귀농인 : 농장을 경영하는 농부, 농업 경영의 주체
- 농업경영(agricultural management): 농업인이 일정한 목적을 가지고 토지, 노동, 자본을 이용하여 작물재배, 농산물 가공 등을 행하여 농산물을 생산하고 이것을 판매, 이용 또는 처분하는 조직적 경제단위

- 농장 경영(farm management): 농장의 생산(production)과 이익(profit)을 최대화하기 위하여 농장을 조직화하고 운영하는 데 관련된 의사를 결정하고 수행하는 일

- 농부(farmers): 자신이 결정한 의사결정과 활동으로부터 최대의 만족을 얻기 위하여 자신의 통제 하에 있는 자원을 관리(manage)하는 일을 수행하는 경영자

- 귀농인은 자신이 가진 자원을 관리 조직화하여 이익을 최대화하기 위한 의사를 결정하고 수행하는 경영자가 되어야 함. 따라서 귀농을 하기 위해서는 반드시 창업계획 수립을 통해 농업 경영을 해야 함.

21. 귀농 창업계획 수립 - ❷ 지원 사업 주요 내용

- 귀농 창업계획 수립은 자신의 농업 경영을 위해서도 필요하지만 귀농인으로서 정부 정책자금(귀농 농업창업 및 주택구입 지원사업 자금) 활용하고자 하는 경우에는 반드시 '귀농 농업창업계획서'를 제출하여 그 적정성을 검토받아야 함.

■ 더불어 귀농인 대상 정부 정책지원 사업(귀농 농업창업 및 주택 구입지원 사업)을 활용코자 한다면 3가지 자격 및 요건을 모두 충족해야 함. 아래는 정책지원사업 주요 내용을 요약한 것임.

〈귀농 농업창업 및 주택구입 지원사업 주요 내용〉

구분	내용			
신청 자격 및 요건	• 2010년 1월 1일부터 사업신청일 전에 세대주가 가족과 함께 농촌으로 이주, 실제 거주하면서 농업에 종사하고 있거나 하고자 하는 자(농촌지역 이주 예정자 도는 2년 이내 퇴직 증빙할 수 있는 퇴직 예정자 가능) • 농촌 전입일 기준 1년 이상 농촌 이외 지역 거주한 자 • 귀농 교육 3주 이상(또는 100시간 이상) 이수한 자〈실제 영농기간 3개월 이상 경험자, 농업계 학교 출신자, 후계농업인 선정자, 농산업인턴 이수자(3개월 이상)는 교육 이수자 인정〉			
지원 조건	구분	대출기간	대출금리	대출한도
	창업	15년(5년 거치 10년 분할상환)	2%	최대 3억 원
	주택구입		2.7% (65세 이상 2%)	최대 5천만 원
사용 용도	창업	• 경종분야 : 농지 구입, 비닐하우스 유리온실 설치, 과원 조성, 묘목 및 종근 구입, 농기계 구입, 농식품가공시설 설치, 가공기계 구입, 농업용 화물차 구입, 기반시설 설치 등 • 축산 분야 : 축사 부지 구입, 축사 개보수, 가축 입식, 농기계 구입, 농업용 화물차 구입, 폐수처리시설, 사료저장시설 설치 등 • 농촌 비즈니스 분야 : 펜션, 민박, 농어촌 레스토랑 건축, 가공 및 유통시설 설치 등		
	주택 구입	• 용도 : 농가 주택구입 및 신축 지원 / • 대상 면적 : 세대당 주거전용면적 150㎡ 이하인 주택		
신청 절차	• 귀농 신청(해당지역 지자체에 서류 심사) -〉 귀농확인서 발급(지자체 심사 후 적격자에 한해 발급) -〉 귀농자금 신청(해당지역 농협 정책대부계로 신청, 귀농확인서 제출) -〉 귀농자금 심사 및 지원(신용 및 채권보전 등 심사 후 적격자에 한해 지원)			

22. 귀농 창업계획 수립 - ❸ 지원사업 신청서

■ 귀농 예정 지역으로부터 귀농인으로 선정이 되기 위해서는 기본 서류인 '귀농 농업창업 및 주택구입 지원사업 신청서' 를 제출해야 함.

〈귀농 농업창업 및 주택구입 지원사업 신청서〉

신청자	성명			(한자:)	생년월일(성별)	(남 여)	
	주소	귀농 전			전화번호 및 전자메일	TEL :	
		귀농 후				H.P :	
						e-mail :	
	학력			귀농 전 직업	(근무처 :)		
	영농경력		년	교육 실적	분야(월, 주) *교육 실적이 많은 경우 별지 작성		
가족상황		부모 명, 배우자: 세, 자녀:			영농분야(작목)		
주거상태		자가, 전세, 월세, 기타(무상임대 등)					
현재 영농 규모		- 농지규모 : ㎡ 사육두(마리)수 : - 저장시설 : 시설규모(하우스 등) : ㎡ - 농기계 :					

사업 신청 내용	사업별 규모(량)	농업창업자금					
		주택구입비	* 등기부등본, 사진 등 제출				
		농촌비즈니스					
	사업비 (천원)	사업별	합계	정부지원(재원명 기재)		지방비	자부담
				계	보조	융자	
		농업창업					
		주택구입 신축					
		농촌비즈니스					

농림축산분야 재정사업관리 기본규정 제26조제1항의 규정에 의하여 신청하며 사업신청과 관련하여 사업대상자 선정기관이 본인의 아래의 개인정보를 처리하는 것에 동의합니다.

□ 사업신청과 관련된 개인정보의 수집 이용에 동의합니다.
□ 사업신청과 관련된 개인정보의 제공에 동의합니다.

년   월   일
신청자   (서명 또는 인)

○○○(시장 군수 또는 농업기술센터소장) 귀하

* 첨부 서류 1. 귀농 농업창업계획서 1부
　　　　　 2. 기타 증빙자료

---

* 담당공무원 확인사항 1. 주민등록등본
　　　　　　　　　　 2. 가족관계등록부
　　　　　　　　　　 3. 국민건강보험카드

23. 귀농창업계획서 - ❶ 양식

■ '귀농 농업창업 및 주택구입 지원사업 신청서' 제출 시 '귀농 농업창업계획서'를 첨부해야 하며 귀농하려는 지자체로부터 적정성을 검토받아 최종 선정되어야 귀농인 대상 귀농 창업 및 주택구입 신축 관련 정책 자금을 이용할 수 있음

■ '귀농 농업창업계획서' 에 포함되어야 할 내용은 기본 인적사항 및 영농기반(규모, 시설현황, 농기자재, 재배 가축사육 현황 등)과 사업계획(세부 사업별 투자 및 추진계획, 자금조달 계획, 단기 및 중 장기 영농계획 등)임

〈귀농 농업창업계획서〉

1. 현황

성명		생년월일	
주소	• 2012년	전화번호	
주 영농 분야(작목)			

*경종(수도작, 사과, 배, 화훼 등), 축산(한우, 양돈, 양계 등)으로 구분 기재

2. 영농 기반

① 영농규모(㎡)

구분	계	논	밭	과수원	사료포	목초지	
소유							
임차							
계							

② 시설 현황(동/㎡)

구분	창고	축사	온실	비닐하우스	버섯재배사				기타
소유	/	/	/	/	/	/	/	/	/
임차	/	/	/	/	/	/	/	/	/
계	/	/	/	/	/	/	/	/	/

③ 농기자재(대/연식)

트랙터	경운기	이앙기	콤바인	관리기	건조기	선별기	차량	컴퓨터
방제기								기타

④ 재배 현황(㎡)

계	벼	보리	사과	배	포도	선별기	차량	컴퓨터

24. 귀농 컨설팅 - ❶ 귀농설계서 작성 사례

■ 귀농 컨설팅은 종합적이고 체계적인 정보를 제공함과 동시에 '귀농 농업창업 계획서' 작성에 도움이 되기 위함으로 컨설팅 신청이 접수되면 1차적으로 홈페이지 컨설팅 신청서의 내용(기본 인적사항, 영농 현황, 투자계획 등)을 확인 후 직접 방문하여 컨설팅을 수행함.

■ 귀농 설계서 부문별 주요 내용에서 언급한 총 8가지 내용을 바탕으로 한 귀농 설계서 작성 사례(2013년 컨설팅 수행)를 살펴보면 아래와 같음.

1. 귀농 개요

1.1. 인적사항

농장명	○ ○ 농원	대표자	
연락처	010-○○○○-xxxx	생년월일	
주소	경상남도 함양군 ○○면 ○○리		
주요 경력	중앙대학교 졸업 / 교통 엔지니어링 약 15년 근무		

1.2. 귀농 이유 및 목적

■ 가족이 생활하기에 큰 경제적 어려움은 없었으나 과도한 업무에서 오는 불규칙적인 생활로 건강이 악화됨.

• 부모님께서 현재 영농 활동에 대한 자신감과 만족감을 수 차례 언급하면서 귀농을 권유하여 결심함.

=) 농촌에서 가족과 함께 생활하여 심적 안정감과 건강을 회복하고 지역 내 우수 농업인으로 성장하고자 함.

1.3. 품목 및 지역 선정

재배(예정) 품목	건고추	재배(예정) 면적	1,500평
귀농(예정) 지역	경상남도 함양군	영농 인력	3명
귀농 진행상황	• 부모님 소유의 임야를 일부 전으로 개간, 시설고추 재배 고려 중(현재 지목 변경 진행) - 시설고추 재배를 위한 자금은 귀농창업자금 활용 구상 중(귀농교육 이수함) • 부모님은 임산물 재배(밤, 고사리, 곶감 등)와 장류(고추장, 된장)를 제조하여 소득을 창출하고 있음		

25. 귀농 컨설팅 - ❷ 귀농설계서 작성 사례

2. 귀농 환경

2.1. 산업 동향

2.1.1 생산 동향

■ 건고추 재배면적은 2011년에 7만736ha에서 2021년 4만2,574ha로 연평균 5%씩 감소했으나, 2022년에는 전년 가격이 크게 높아 2021년보다 7% 증가한 4만5,459ha 예상됨.

■ 건고추 생산량은 재배면적 감소로 2011년 18만120톤에서 2021년 7만7,110톤으로 연평균 9%씩 감소함. 2022년은 재배면적이 전년보다 증가하였고 7월말~8월초 고온과 8월말 태풍피해가 예상됨에 따라 생산량이 2021년보다 35% 증가한 10만4,146톤이 예상됨.

2.1.2 수입 동향

■ 2012년산 건고추 수입량은 2013년산(6만5,119톤)에 비해 85% 증가한 12만,251톤으로 나타났으며 그 중 TRQ(저율관세할당물량)은 수입량은 8.4%(10만63톤)이고 나머지 91.6%(11만188톤)는 민간수입량임.

〈고추 수입 실적(연산기준 : 8월~익년 7월)〉

구분	2013	2014	2015	2016	2017	2018	2019	2020	2021
TRQ									
민간									
전체									

자료 : 한국무역협회

26. 귀농 컨설팅 - ❸ 귀농설계서 작성 사례

2.1.3 가격 동향

■ 중국산 건고추의 국내 판매가격(기준: 원/600g)은 2013년 5,440원에서 2021년 6,840원으로 연 평균3% 증가한 반면, 국산 건고추 가격은 동기간 연 평균 10% 이상 상승함. 2021년 중국산 건고추 가격은 국내 대비 절반 수준인 51.1%까지 하락함.

〈중국산 및 국내 건고추 가격 비교(연산기준 : 8월~익년 7월)〉

(단위 : 원/600g)

구분	2013	2014	2015	2016	2017	2018	2019	2020	2021
중국(a)									
국산(b)									
a/b(%)									

자료 : 한국무역협회, 한국농수산식품유통공사

2.1.4 소비 동향

■ 건고추 1인당 평균 소비량은 2011~2014년 4.6kg에서 2015~2018년은 4.4kg으

로 감소, 2019~2021년은 3.7kg으로 감소하여 지속적으로 줄어드는 추세임.

 ■ 소비자들이 구입하는 건고추의 98%는 국산이며 국산에 대한 구입 비중이 높은 이유는 '안전성 문제'가 56.0%, '품질과 맛이 우수'가 27.88%로 조사됨. 또한 건고추(고춧가루) 구입처는 '친지나 지인을 통해서'가 52.9%로 가장 높았고, 다음으로 '재래 및 도매시장'이 16.6%로 조사됨. 한편, 구입 시 원산지를 꼭 확인하고 구입하는 비중은 94%인 것으로 조사됨.

27. 귀농 컨설팅 - ❹귀농설계서 작성 사례

2.2. 지리적 여건

 ■ 재배 예정지인 함양군 마천면은 함양 남단에 위치하고 있으며 지리산 자연휴양림과 국립공원이 있는 지역임.
 • 매년 축제가 있어 볼거리가 다양함(3월 물레방아 축제, 10월 천왕봉 축제)
 ■ 함양군은 산간 지대로서 연 평균 13.3℃이며 여름철인 8월의 기온차가 25.8℃로 한서의 차가 큼.
 • 함양군 소득 특화 작목 중 하나인 곶감 재배에 최적지임.

2.3. 농가 SWOT 분석

구분	강점(Strength)	약점(Weakness)
내부환경	• 귀농지에 부모님이 거주하고 계셔 생활여건이 우수함 - 자연스럽게 영농 승계로 이어질 수 있음	• 현재 영농 활동을 위한 최소한의 농업인 자격을 갖추지 않고 있어 활동에 제약이 있음
	기회(Opportunity)	위협(Threat)
외부환경	• 재배 예정 작목인 건고추 소비가 감소하고 있으나 소비성향을 보면 국 내산 건고추 및 고춧가루를 선호하고 있음 - 지리적 여건을 활용한 직거래 판매 확대	• 농업소득은 점차 감소하고 있고 농업경영비는 증가하고 있음. 더욱이 중국과의 FTA는 국내 밭작물 농가에게 피해가 클 것으로 예측되어 초기 귀농인에게는 매우 힘든 상황이 될 수 있음

28. 귀농 컨설팅 - ❺ 귀농설계서 작성 사례(사업 전략)

3.1 Mission & Vision

■ 임산물(밤, 고사리, 곶감), 농산물(건고추), 장류 제조 등을 통해 지리적 여건을 최대한 접목, 안정적이고 지속적인 농가소득 창출

3.2. 단기 전략

■ 고품질의 건고추 생산을 위한 재배기술 관련 교육 신청 및 참여

• 농업기술센터, 선도농, 귀농인연합회 등을 통한 꾸준한 학습

■ 소득 창출원인 각종 재배물에 대한 지속적인 품질 개선 노력

3.3. 중장기 전략

■ 농촌체험관광 농원으로 자리매김, 농업의 6차 산업화(1차 생산+2차 가공+3차 서비스) 실현

• 시설 현대화를 통한 방문객의 편의 제공 및 벤치마킹을 통한 ○○농원만의 체험프로그램 구축으로 농가의 소득 극대화 방안 마련.

29. 귀농 컨설팅 - ❻ 귀농설계서 작성 사례(투자 계획)

4.1. 시설투자 계획

(단위: 천원, 평)

구분	세부내역	1차년도(2021)			3차년도(2022)			계
		면적	단가	금액	면적	단가	금액	
기본시설	비가림온실	600	78	46,800	600	80	48,000	94,800
기본시설				46,800			48,000	94,800

4.2 기계장비 구입 계획

(단위 : 천원)

구분	종류	수향	단가	금액	내용연수	연 감가상각비
1차 년도	건조기	1	3,500	3,500	10	350
	환풍기	60	75	4,500	5	900
	계			8,000		1,250
3차 년도	환풍기	60	80	4,800	5	960
	기타 (내용연수 7년)	1	2,500	2,500	7	357
	계			7,300		1,317

30. 귀농 컨설팅 - ❼ 귀농설계서 작성 사례(자금조달 계획)

5.1. 항목별 조달방법(단위 : 천원)

(단위: 천원, 평)

구분	세부내역	1차 년도(2021)		2차 년도(2022)		3차 년도(2023)	
		소요금액	조달방법	소요금액	조달방법	소요금액	조달방법
기본시설	비가림온실	46,800	은행차입금			48,000	은행차입금
기계장비	건조기	3,500	본인자금			4,300	매출수익
	환풍기	4,500	본인자금				
	세척기					2,500	매출수익
운영자금		4,750	본인자금	4,750	매출수익	10,900	매출수익
계		59,550		4,750		66,200	

5.2. 방법별 조달금액

(단위: 천원, 평)

구분		연도별 조달금액			총 조달금액
		1차 년도(2021)	2차 년도(2022)	3차 년도(2022)	
자본금	본인자금	12,750			12,750
차입금	은행차입금	46,800		48,000	94,800
기타	매출수익		4,750	18,200	22,850
계		59,550	4,750	66,200	130,500

5.3. 차입금 상환계획

(단위: 천원, 평)

구분		연차(연도)						
상환 금액	원금							
	이자							
	합계							
잔액								

31. 귀농 컨설팅 - ❽ 귀농설계서 작성사례(사업추진 일정 계획)

구분	세부내역	1차 년도(2021)				3차 년도(2022)			
		1분기	2분기	3분기	4분기	1분기	2분기	3분기	4분기
기본시설	비가림온실	○				○			
기계장비	건조기	○							
	환풍기	○							
	세척기					○			

32. 귀농 컨설팅 - ❾ 귀농설계서 작성 사례(생산 · 매출 계획)

7.1. 연차별 재배규모(추정)

구분		연차별 재배규모〈단위 : ㎡(평)〉									
		1차 (2021)	2차 (2022)	3차 (2023)	4차 (2024)	5차 (2025)	6차 (2026)	7차 (2027)	8차 (2028)	9차 (2029)	10차 (2030)
품목	건고추	1,983 (600)	1,983 (600)	3,967 (1,200)	3,967 (1,200)	3,967 (1,200)	3,967 (1,200)	3,967 (1,200)	4,959 (1,500)	4,959 (1,500)	4,959 (1,500)

7.2. 연차별 생산량(추정)

구분		연차별 생산량(단위 : kg)									
		1차 (2021)	2차 (2022)	3차 (2023)	4차 (2024)	5차 (2025)	6차 (2026)	7차 (2027)	8차 (2028)	9차 (2029)	10차 (2030)
품목	건고추	1,200	1,200	2,500	2,500	3,000	3,000	3,300	4,000	4,300	4,300

7.3. 연차별 판매방식(추정)

구분	연차별 판매방식(단위 : %)									
	1차 (2021)	2차 (2022)	3차 (2023)	4차 (2024)	5차 (2025)	6차 (2026)	7차 (2027)	8차 (2028)	9차 (2029)	10차 (2030)
생산량(kg)	1,200	1,200	2,500	2,500	3,000	3,000	3,300	4,000	4,300	4,300
도매시장	70	70	60	55	50	45	40	40	30	20
계약판매	10	10	10	10	10	10	10	10	10	10
직거래	15	15	20	20	25	25	25	25	30	40
인터넷	5	5	10	15	15	20	25	25	30	30

7.4. 연차별 판매가격(추정)

구분		연차별 판매가격(단위 : 원/kg)									
		1차 (2021)	2차 (2022)	3차 (2023)	4차 (2024)	5차 (2025)	6차 (2026)	7차 (2027)	8차 (2028)	9차 (2029)	10차 (2030)
품목	건고추	16,000	16,000	18,000	18,000	23,000	23,000	25,000	25,000	28,000	28,000

7.5. 연차별 매출액(추정)

구분		연차별 매출액(단위 : 천원)									
		1차 (2021)	2차 (2022)	3차 (2023)	4차 (2024)	5차 (2025)	6차 (2026)	7차 (2027)	8차 (2028)	9차 (2029)	10차 (2030)
품목	건고추	19,200	19,200	45,000	45,000	69,000	69,000	82,500	100,000	120,400	120,400

33. 귀농 컨설팅 - ❿ 향후 농업손익 및 현금흐름 추정

8.1. 경영비 및 농업손익(추정)   (단위 : 천원)

구분		1차 (2021)	2차 (2022)	3차 (2023)	4차 (2024)	5차 (2025)	6차 (2026)	7차 (2027)	8차 (2028)	9차 (2029)	10차 (2030)
매출액(a)		19,200	19,200	45,000	45,000	69,000	69,000	82,500	100,000	120,400	120,400
매출원가(b)		4,750	4,750	10,900	10,900	13,900	13,900	18,600	25,400	30,600	35,400
운영자금	종묘종자	650	650	1,400	1,400	1,700	1,700	2,000	2,500	3,000	3,500
	비료(무기질)	350	350	800	800	1,200	1,200	1,500	1,800	2,000	2,300
	비료(유기질)	300	300	700	700	1,000	1,000	1,300	1,500	1,800	2,000
	농약	700	700	1,500	1,500	1,800	1,800	2,000	2,300	2,500	2,800
	광열동력	400	400	900	900	1,200	1,200	1,500	1,800	2,000	2,300
	수리(水利)	150	150	400	400	600	600	800	1,000	1,300	1,500
	제재료	500	500	1,200	1,200	1,400	1,400	2,000	2,500	3,000	3,500
	수선유지	600	600	1,300	1,300	1,500	1,500	2,000	3,000	4,000	4,500
	인건	500	500	1,200	1,200	1,500	1,500	2,500	4,000	5,000	6,000
	기타	600	600	1,500	1,500	2,000	2,000	3,000	5,000	6,000	7,000
현금농업이익 (c)=(a)-(b)		14,450	14,450	34,100	34,100	55,100	55,100	63,900	74,600	89,800	85,000
연간농업이익 (e)=(c)-(d)		5,930	5,930	12,047	12,047	12,047	11,147	11,147	10,187	10,187	9,830
		8,520	8,520	22,053	22,053	43,053	43,953	52,753	64,413	79,613	75,170

8.2. 향후 현금흐름(추정)

(단위 : 천원)

구분		1차 (2021)	2차 (2022)	3차 (2023)	4차 (2024)	5차 (2025)	6차 (2026)	7차 (2027)	8차 (2028)	9차 (2029)	10차 (2030)
1.현금유입		19,200	19,200	45,000	45,000	69,000	69,000	82,500	100,000	120,400	120,400
주매출		19,200	19,200	45,000	45,000	69,000	69,000	82,500	100,000	120,400	120,400
2.현금지출		4,750	4,750	10,900	10,900	13,900	13,900	18,600	25,400	30,600	35,400
경영비		4,750	4,750	10,900	10,900	13,900	13,900	18,600	25,400	30,600	35,400
3.현금영업흐름(1-2)		14,450	14,450	34,100	34,100	55,100	55,100	63,900	74,800	89,800	35,000
4.대출금상환			1,404	1,404	2,844	2,844	2,844	12,324	12,040	11,755	11,471
원금								9,480	9,480	9,480	9,480
이자			1,404	1,404	2,844	2,844	2,844	2,844	2,560	2,275	1,991
5.대출상환 후 현금 흐름(3-4)		14,450	13,046	32,696	31,256	52,256	52,256	51,576	62,560	78,045	73,529
6. 고정자산 취득처분		54,800		55,300					63,500		
취득	토지 시설	46,800		48,000					51,000		
	기계장비	3,000		7,300					12,500		
7. 고정자산 취득처분 후 현금흐름(5-6)		-40,350	13,046	-22,604	31,256	52,256	52,256	51,576	-940	78,045	73,529
8. 기타현금지출		24,000	24,000	26,000	26,000	28,000	28,000	30,000	30,000	35,000	35,000
가계생활비		24,000	24,000	26,000	26,000	28,000	28,000	30,000	30,000	35,000	35,000
9. 기타지출 후 현금흐름(7-8)		-64,350	-10,954	-48,604	5,256	24,256	24,256	21,576	-30,940	43,045	38,529
10. 기초현금		12,750	-4,800	-15,754	-16,358	-11,102	13,154	37,410	58,986	28,046	71,091
11. 추가조달자금		46,800		48,000							
12. 최종현금흐름(9+10+11)		-4,800	-15,754	-16,358	-11,102	13,154	37,410	58,986	28,046	71,091	109,620

35. 귀농 컨설팅 - ⑫ 손익분기점 및 투자경제성 분석

9.1. 손익분기점 분석

■ 손익분기 매출량

판매가격(원/kg)	손익분기 매출량(kg)	추정 매출량(kg)	손익분기 대비
23,000	2,516	3,000	484

■ 손익분기 판매가격

매출량(kg)	손익분기 판매가격(원)	추정 판매가격(원)	손익분기 대비
3,000	18,930	23,000	4,070

■ 단위당 소득률 분석

kg당 판매가격(원)	kg당 비용 (원)	kg당 소득 (원)	소득률(%0
23,000	18,930	4,070	17,7

■ 손익분기점 분석 주요 가정
• 창업 5년차의 예상 매출량과 판매가격을 적용함

9.2. 투자경제성 분석

■ 투자경제성 분석

분석도구	분석 결과	자본 회수기간	비고
NPV(순현재가치)	13,492천원	5년	NPV〉0 이면 투제경제성 있음

* NPV(Net present Value) : 미래에 발생할 가치를 할인율을 적용, 현재가치로 환산한 값

■ 투자경제성 분석 주요 가정
• 할인율은 자본조달 시 금리를 말하는 것으로 정책자금(3%) 보다 높은 5%를 적용함.

• 투자경제성 분석 기간은 10년간이며 10년 후 토지만 구입가격의 가치가 있고 나머지 시설은 잔존 가치를 전체 투자비의 1/10으로 가정함.

36. 귀농 컨설팅 - ⑬ 종합 의견

■ 귀농 개요

■ 도시에서 잦은 야근에 따른 과도한 업무로 건강이 악화됨에 따라 부모님께서 농촌 생활 만족과 소득에 대한 자신감을 언급, 귀농을 권유하여 결심함.(귀농한 지 1년됨, 가족과 함께 귀농함)

■ 투자 및 자금조달

■ 건고추 농사를 위한 시설투자는 은행차입금(94,800천원)을 통해 비가림 하우스를 설치하고 본인자금(12,750천원)을 통해 2021년 운영자금 및 건조기와 환풍기를 구입하는 것으로 함. 또한 매출수익(22,950천원)을 통해 2~3차년도 운영자금과 세척기를 구입하는 것으로 설계함.〈기간: 1차 년도(2021년) ~ 3차 년도(2023년)〉

• 시설 형태(규격) : 단동, 아치형(폭 7m x 길이96m = 약 204평 기준 적용), 시설 피해 보상을 고려한 내재해 설계 기준에 맞는 하우스임.

〈고추 비가림 하우스 : 12-고추비가림 2형(농촌진흥청) 설치비 적용함〉

=〉영농 활동 위해 중요한 요소인 토지와 주택 확보된 상태.(시설투자 위한 조건 양호함)

■ 생산 및 매출

■ 함양군 건고추 노지 생산의 경우 평균 0.6kg/평이지만 시설의 경우 평균 1.5~3kg/평 생산, 이를 바탕으로 1~10차 년도에 2.0~2.8kg 생산할 것으로 추정함.

■ 매출 관련 판매방식에 있어 도매시장으로만 집중 판매하는 것은 한계가 있으므

로 해가 지날수록 다양한 판매방식 구축해야 함.(직거래 및 인터넷 판매 비중을 70%까지 목표 설정)

• 기존 임산물 및 농산물 고객을 대상으로 다양한 판매 전략을 구축, 미래 수요 고객 확보 요함.

■ 함양군 건고추 판매 가격의 경우 최근 2년간 평균 12,000~20,000원(상품)/600g 으로 kg으로 환산할 경우 20,000~33,000원까지 적용할 수 있음. 그러나 다소 과소 계상(보수적)하여 추정함. 이는 도매가격 기준이므로 향후 직거래 및 인터넷 판매 비중 확대 등을 고려한다면 판매가격 경쟁력은 충분하다고 사료됨.

37. 귀농 컨설팅 - ⑭ 종합 의견

■ 농업손익 및 현금흐름
■ 농업손익 및 현금흐름은 향후 규모 확대, 단수량 증가 및 판매가격 상승을 감안 하여 추정함.

• 매출원가(경영비)의 경우 항목별로 통계청 농산물생산비(2021, 건고추) 평균 자료를 참고 적용하면 5년차와 10년차 경영비는 1년차 대비 각각 2.9배와 7.5배로 증가함.

• 반면, 매출액(조수입)은 5년차와 10년차의 경우 1년차 대비 각각 3.6배와 6.3배 로 증가함.

=> 농업손익 측면 즉, 순수익률을 살펴보면 1년차의 경우 44%이며 10년차의 경 우 62%로 추정됨. 이는 2021년 건고추 평균 순수익률 51%와 비교했을 때 직거 래 및 인터넷 고객을 지속적으로 유지한다면 달성 가능한 순수익률로 판단됨. 한 편, 최종현금흐름 측면에서 4년차까지는 초기 시설 및 농기계 투자로 인해 (-) 흐름을 보이고 있으나 5년차부터는 (+)로 전환, 10년차에는 약 1억1천만 원까지

나타남.

■ 손익분기점 및 투자 경제성

■ 매출량 : 5년차의 예상 판매가격 23,000원/kg을 적용하면, 최소 2,516kg 이상을 생산해야 손익분기점에 도달할 것으로 추정됨.

■ 판매가격 : 5년차의 예상 생산량 3,000kg을 적용하면, 최소 18,930원/kg 이상이어야 손익분기점에 도달할 것으로 추정됨.

=) 생산 및 매출이 설계서 계획대로 진행된다면 손익분기점에 무난히 도달할 것으로 판단됨.

■ 추정 현금흐름으로 투자경제성을 분석하면 NPV(순현재가치)가 약 13,500천원으로 투자할 가치가 있는 것으로 판단되며, 투자한 자본에 대한 회수는 5년 후에 가능할 것으로 추정됨.

■ 종합 의견

■ 귀농지에서 부모님의 소득원 중 농산물 가공(고추장 제조)을 통한 직거래 판매가 이루어지고 있어 귀하의 시설고추 재배 계획은 긍정적으로 판단됨. 다만, 판매방법에 있어 현대화 및 다양한 이벤트 마련 등으로 기존 충성 고객을 지속적으로 유지시키기 바람.

■ 한편, 고려하는 체험 농장은 현 부지의 경우 방문고객을 위한 각종 편의시설을 갖추지 못했고 농가와도 멀리 떨어져(차량 40분 소요) 있어 이를 위한 별도의 투자는 현재로서 무리가 있다고 판단됨. 오히려 농가의 지역적 위치(지리산 자연휴양림 인접)를 최대한 활용, 농촌 민박과 각종 재배물(밤, 고사리, 곶감, 건고추, 고춧가루 등) 판매를 연계시켜 소득을 안정적으로 마련한 후 장기적 관점에서 체험농장을 준비하는 것이 더 좋을 것으로 사료됨.

9장

귀어·귀촌의 궁금증

1. 귀어란?

■ 귀어란 농어촌 이외의 지역인 도시지역에서 거주하던 사람이 농어촌지역으로 이주하여 어업이나 양식업을 직업으로 하고자 하는 것을 의미합니다. 귀어지역은 어촌뿐만 아니라 농촌도 포함하고 있습니다. 그 이유는 물고기를 잡거나 기르는 것이 바다뿐만 아니라 하천, 호수 또는 육상에 인공적으로 조성된 수면에서도 가능하므로 어업 또는 양식업을 하기위해 농촌으로 이주하여 어업이나 양식업을 하는 경우에도 귀어라 할 수 있습니다. 귀어에는 세 가지 유형이 있습니다.

• 첫째, 농어촌 출신 도시 거주자가 본인의 고향인 농어촌으로 귀어하는 경우를 U턴형이라고 말합니다.

• 둘째, 농어촌 출신 도시 거주자가 본인의 고향이 아닌 다른 농어촌으로 귀어하는 경우를 J턴형이라고 합니다.

• 셋째, 도시에서 태어나 농어촌으로 귀어하는 경우인 I턴형이 있습니다.

■ 이 세 가지 유형 중 U턴형이 제일 쉽다고 할 수 있겠지만 꼭 그렇다고 볼 수는 없습니다. 정착하고자 하는 의지가 가장 중요하다고 할 수 있습니다.

2. 귀어 창업 및 주택구입 지원사업의 주요 내용

구분	내용
사업대상자	※ 아래 자격 요건을 모두 충족하여야 함 - 귀어업인(희망자 포함) 또는 재촌 비어업인 사업신청 연도 기준 만 65세 이하인 자 • 주택구입 및 신축 자금은 연령 제한기준을 적용하지 아니함 - 지원 자격요건을 갖춘 자 중에서 시장·군수·구청장의 심사(심사기준에 따라 60점 이상의 점수를 획득해야 함)를 거쳐 지원대상자로 선발한 자
사업 신청자격	귀어업인이 충족해야 할 요건: 이주기한, 거주기간, 교육이수 실적, 재촌 비어업인이 충족해야 할 요건, 거주기간, 교육이수 실적, 비어업 기간 ① 이주기한 - (농어촌지역에 거주하는 경우) 농어촌지역 전입일로부터 만 5년이 경과하지 않고, 사업신청일 전에 농어촌으로 이주하여 실제 거주하면서 전업으로 수산업(어선어업, 양식업, 소금생산업, 자가생산 수산물의 가공·유통업 등) 및 어촌비즈니스업을 경영하고 있거나 하고자 하는 자(다만, 부부의 경우 1인만 지원 가능) - (농어촌 이외 지역에 거주하는 경우) 사업대상자 선정 후 농어촌으로 이주하여 실제 거주하면서 전업으로 수산업 및 어촌비즈니스업을 경영하고자 하는 자(다만, 부부의 경우 1인만 지원 가능) ② 거주기간 - 농어촌지역 전입일을 기준으로 농어촌지역 이주 직전에 1년 이상 지속적으로 농어촌 이외의 지역에서 거주한 자. 단, 재촌 비어업인은 사업신청일 현재 농어촌지역에 주민등록이 1년 이상 되어 있는 자 ③ 비어업기간 - 재촌 비어업인은 사업 신청일을 기준으로 최근 5년 이내에 어업 또는 양식업 경영 경험이 없는 경우 신청 가능함 ④ 교육이수 실적: 최근 5년 이내에 해양수산부 및 지자체에서 인정하는 교육기관에서 귀어 관련 교육을 5일 또는 35시간 이상 이수한 자(필수) • 사업신청 전에 교육을 이수하지 못한 경우 사업추진실적확인서 발급 신청 전까지 사후교육 필수 - 다만, 사업신청 전에 실제 어업·양식업 경영 및 종사 기간이 3개월 이상인 자(양식장·어선 등 임차를 통해 수산물을 생산·판매한 실적증빙자료, 양식기자재·어구 등 구입에 따른 증빙자료, 어업·양식업 경영 및 종사한 확인서 등 사업시행자가 인정할 수 있는 증빙자료를 제출한 자), 수산계학교(초·중등교육법 제2조제3호 및 고등교육법 제2조) 졸업자(만 40세 미만 신청자에 한함), 어업인 후계자로 선정된 자는 귀어 관련 교육(5일)을 의무적으로 받지 않아도 됨 • 교육 미이수 시 신청자 심사기준 교육이수 점수에는 반영되지 않음 • 수산계학교 졸업 연령이 만 40세 이상인 경우는 졸업일로부터 5년까지만 인정

구분	내용
지원대상	1. 창업자금 - 수산 분야(어업, 양식업, 수산물가공 · 유통업, 소금생산업 등) 및 어촌비즈니스(어촌관광, 해양수산레저) 분야 ※ 수산물 가공 · 유통업의 경우 직접 어획하거나 생산한 수산물인 경우에만 해당함 ※ 어촌비즈니스 분야 창업은 어업 또는 양식업과 병행하는 경우 가능 2. 주택구입 지원 - 주택의 매입, 신축, 리모델링(본인 소유의 노후 주택을 증 · 개축하는 경우 포함)
지원한도	1. 창업자금 - 사업대상자당 3억 원 이내 2. 주택구입 지원: 세대당 75백만 원 이내 * 재촌 비어업인은 주택마련 지원 제외
지원형태	- 금융자금 100%, 대출금리 2%, 5년 거치 10년 분할상환
신청시기	- 매년 말에서 연도 초 신청(신청서 접수시기는 시 · 군 · 구별로 다르므로 사전 확인이 필요함) • 사업신청 전에 수협은행과 대출상담(신용보증 포함)하여 대출자격 여부와 대출 가능 규모 등을 확인하고 신용조사서를 발급받아 제출
접수처	귀어귀촌 지역의 주소지 관할 시 · 군 · 구 수산 관련 부서
구비서류	귀어창업 및 주택구입 지원 신청서 1부 - 귀어창업 및 주택구입 지원사업 계획서 1부 - 신용조사서 1부(수협은행 발급) - 가족관계증명서 1부 - 어업경영체 등록확인서 1부 • 본인을 증명할 수 있는 신분증 지참, 심사 시 가점 반영에 필요한 학력증명서, 국가기술자격증 사본 등은 해당되는 자만 제출 • 대출 과정에서 필요한 준비서류는 귀어귀촌 지역의 수협은행과 상담 후 구비

3. 재촌 비어업인은 어떤 사람을 의미하나요? 재촌 비어업인도 귀어창업 및 주택구입 지원 사업을 신청할 수 있나요?

■재촌 비어업인은 농어촌지역에 거주하면서 어업 또는 양식업을 경영하지 않는 자를 말합니다.

■사업 신청일 현재 농어촌지역에 주민등록이 1년 이상 되어 있고, 사업 신청일 기준 최근 5년 이내 어업 또는 양식업 경영 경험이 없는 경우 창업자금 지원신청이

가능합니다.

- 다만 재촌 비어업인의 경우, 주택구입 지원 신청은 불가합니다.

4. 어촌은 어느 지역을 말하나요?

■ 어촌이란 「수산업·어촌발전 기본법」 제3조에 따라, 하천·호수 또는 바다에 인접하여 있거나 어항의 배후에 있는 지역 중 주로 수산업으로 생활하는 다음의 어느 하나에 해당하는 지역입니다.

· 읍·면의 전 지역
· 동의 지역 중 「국토의 계획 및 이용에 관한 법률」 제36조제1항 제1호에 따라 지정된 상업지역 및 공업지역을 제외한 지역

5. 어업인, 귀어업인, 귀촌인의 개념이 헷갈립니다.

어업인	어업을 경영하거나 어업을 경영하는 자를 위하여 수산자원을 포획·채취하거나 양식업자와 양식업 종사자가 양식하는 일 또는 염전에서 소금을 생산하는 자로 다음 기준 어느 하나에 해당하는 자 1) 어업·양식업 경영을 통한 수산물의 연간 판매액이 120만 원 이상인 사람 2) 1년 중 60일 이상 어업·양식업에 종사하는 사람 3) 「농어업경영체 육성 및 지원에 관한 법률」 제16조제2항에 따라 설립된 영어조합법인의 수산물 출하·유통·가공·수출활동에 1년 이상 계속하여 고용된 사람 4) 「농어업경영체 육성 및 지원에 관한 법률」 제19조제3항에 따라 설립된 어업회사법인의 수산물 유통·가공·판매활동에 1년 이상 계속하여 고용된 사람
귀어업인	농어촌 이외의 지역에 거주하는 어업인이 아닌 사람이 어업인이 되기 위하여 농어촌 지역으로 이주한 사람으로서 아래의 요건을 모두 갖춘 사람 1) 농어촌지역으로 이주하기 직전에 농어촌 외의 지역에서 1년 이상 「주민등록법」에 따른 주민등록이 되어 있던 사람이 어업인이 되기 위하여 농어촌지역으로 이주한 후 「주민등록법」에 따른 전입신고를 한 사람 2) 어업인에 해당하는 사람 * 어업 또는 양식업을 경영하지 않고 있더라도, 익년도까지 '귀어창업 및 주택구입 지원사업' 의 지원자금으로 창업할 자는 어업인으로 봄
귀촌인	농업인과 어업인이 아닌 사람 중 농어촌에 자발적으로 이주한 사람 중 농어촌지역으로 이주하기 직전에 농어촌 외의 지역에서 1년이상 주민등록이 되어있던 사람으로서 농어촌지역으로 이주한 후 전입신고한 사람을 말하며 다음의 사람은 제외함 1) 초·중등교육법 및 고등교육법에 따른 학교의 학생 2) 병역법에 따라 병역의무를 수행중인 사람 3) 직장의 근무지 변경 등에 따라 일시적으로 이주한 사람 4) 귀농어업인

6. 귀어 창업 및 주택구입 지원사업 신청은 어떻게 해야 하나요

■사업신청을 하기 전에 지자체 행정관청(시·군·구 수산관련 부서)과 수협은 행 또는 지구별 수협을 방문하여 사업 신청 및 대출에 관련된 상담을 미리 받으시는 것이 좋습니다.

■이 과정에서 지원 자격과 신청자 심사기준을 확인하셔야 합니다. 사업대상자로 선정이 되실 수 있는지 여부와, 대출이 가능한지 여부 및 대출 가능 규모를 파악하시는 것이 바람직합니다.

■상담을 받으신 다음 사업대상자 선정에 필요한 자격요건 등을 갖추신 후 귀어 귀촌 지역의 시·군·구 수산 관련 부서에 신청서류를 제출하시면 지원사업 절차가 시작됩니다.

7. 귀어 창업 및 주택구입 지원사업은 어디에 신청하나요?

■귀어지역의 주소지 관할 시·군·구 수산 관련 부서에서 접수를 받고 있습니다.

• 지자체 수산 관련 부서를 참조하시면 됩니다

8. 귀어 창업 및 주택구입 지원 신청은 세대주가 해야 하나요?

■귀어 창업 및 주택구입 지원사업 지침상 사업자격을 갖춘 경우 누구나 사업을 신청할 수 있으나, 부부의 경우에는 1인만 신청이 가능합니다.

■따라서 귀어 관련 교육 등도 사업신청자 본인 명의로 준비하여야 하며, 사업대상자로 선정된 후 대출금으로 구입한 어선 또는 양식장 등 수산업 기반시설의 소유권은 본인 명의로 등기하여야 합니다(지분이나 공동소유는 금지).

9. 타인의 명의로 사업 추진을 하는 경우에도 귀어 창업 및 주택구입 지원 신청이 가능한가요?

■사업 완료 후 당해 사업 대출금으로 구입한 어선·양식장 등 수산업 기반시설물이 본인 명의의 것이 아닌 경우에는 자금 지원이 불가합니다.

10. 고향의 부모님 댁으로 귀어를 하고자 합니다. 이 경우에도 귀어창업 및 주택구입 지원 신청을 할 수 있나요?

■ 본 사업 지침에서 정한 사업 신청 자격을 갖춘 경우 신청이 가능합니다. 단, 동일 세대에 2명 이상이 사업대상자로 선정된 경우, 주택구입 자금은 1인만 지원을 받을 수 있습니다.

11. 제가 먼저 귀어를 하여 기반을 다진 후 나머지 가족이 합류하려고 하는데, 귀어 창업 및 주택구입 지원 신청을 할 수 있나요?

■ 본 사업 지침에서 정한 사업 신청 자격을 갖춘 경우 1인 세대도 신청이 가능합니다. 즉, 농어촌 이외의 지역에서 지속적으로 1년 이상 거주한 자로서 귀농어촌으로 이주 이후 5년이 경과하지 않으면 신청할 수 있습니다.

12. 미혼 단독세대의 경우에도 융자 지원이 가능할까요?

■ 단독세대도 사업대상자의 자격 요건을 구비하신 후 심사를 통과하신다면 귀어 창업 및 주택구입 지원사업의 대상자로 선정되실 수 있습니다. 다만, 심사과정에서 점수 산정에 차등이 있을 뿐입니다.

13. 2년 전 먼저 귀어귀촌을 하여 기본적인 기반을 갖추었고, 이제 나머지 가족이 전입하고자 합니다. 그런데 신청자 심사기준에 '농어촌 이주 가족 수' 라는 항목이 있는데, 추가로 이주한 저희 가족들을 포함하여 등급이 산정되나요?

■ 그렇습니다. 귀어 창업 및 주택구입 사업 신청 후 지자체의 심사기준일 시점을 기준으로 심사하기 때문에 사업 신청을 하기 전에 기존의 세대원과 합가하는 경우 이주 가족 인원으로 인정받을 수 있습니다.

14. 해양수산부 관련 지침에 농어촌지역 전입일을 기준으로 1년 이상 농어촌 이외의 지역에서 거주를 하여야 하는 요건이 있는데, 연속해서 1년 이상

거주한 것이 아니라 통산 거주기간이 1년 이상인 경우에도 지원이 되나요?

■ 아닙니다. 농어촌 이외의 지역에서 1년 이상 연속해서 거주하셔야 합니다. 농어촌 이외의 지역에서 거주한 기간을 합산하여 산정하지는 않습니다.

15. 귀어업인으로 농어촌지역으로 이주한 후 다른 농어촌지역으로 이주한 경우에는 어떻게 하나요?

■ 귀어업인의 경우 농어촌 외 지역에서 농어촌지역으로 이주 후 다른 농어촌으로 재이주한 경우, 최초 농어촌지역 전입 시점으로부터 만 5년이 경과(이 경우 최초 농어촌지역 전입일부터 사업신청일까지 농어촌지역 거주기간은 연속되어야 함)하지 않았으면 사업대상자로 신청이 가능합니다.

■ 다만, 농어촌지역 거주기간이 연속되지 않는 경우는 최종 전입일을 기준으로 농어촌지역 이주 직전에 1년 이상 지속적으로 농어촌 외 지역에서의 거주기간이 필요합니다.

16. 귀어 창업자금 지원이 되는 지역이 따로 있나요?

■ 정부에서 시행하고 있는 귀어업인을 대상으로 지원하는 귀어 창업 및 주택구입 지원사업은 지역에 따라 달라지지 않습니다.

■ 다만, 각 지자체는 지방 조례 등에 의하여 귀어업인에게 별도 지원사업이 있을 수 있으므로 지자체별로 내용에 차이가 있을 수 있습니다.

17. 제가 사는 곳과 동일한 시의 농어촌지역으로 귀어를 하려고 하는데, 귀어업인 지원 대상에 해당되나요?

■ 동일 시지역 중 최종 거주지가 농어촌지역이면 지원 대상이 됩니다. 다만, 동일 시내 거주지(읍·면·동)와 거주기간 등에 따라 귀어업인 또는 재촌 비어업인으로 자격조건은 달라질 수 있습니다(재촌 비어업인의 경우 주택구입 지원 제외).

18. 가족 중에 (세대원이) 공무원 등의 직업을 갖고 있어도 지원 제외 대상에 해당하는지요?

■ 세대원이 지원 제외 대상에 해당되더라도 사업신청자(세대주인 본인 등)가 아닌 경우 사업대상자로 신청할 수 있습니다.

19. 사업대상자로 선정되기 전에 사업시행을 한 후 등기 등 소유권의 취득을 완료 하였습니다. 이러한 경우에도 창업자금을 이용할 수 있나요?

■ 이미 취득을 완료한 사업에 대한 자금의 집행은 불가합니다. 자금을 이용하기 위해서는 사업을 신청하실 때 작성하는 창업계획서의 내용에 따라 사업을 진행하셔야 하고, 그 과정에서 사업대상자 선정 이후 신규로 취득하는 것들에 한하여 대출이 가능합니다.

20. 사업대상자로 선정된 후 대출받을 수 있는 기간이 정해져 있나요?

■ 사업자 선정 이후 다음 연도 8월 말까지 지원(대출) 신청 및 대출을 완료하여야 합니다.

■ 다만, 사업기한 내 지원 신청 및 대출이 곤란한 경우, 사업대상자는 관할 사업시행자를 경유하여 해양수산부에 사업기간 연장을 차년도 7월 말까지 요청할 수 있으며, 해양수산부는 안정적인 귀어 지원을 위해 차년도 12월 말 이내에서 사업기간 연장을 승인할 수 있습니다(다만, 사업비가 부족한 경우 사업기간 연장을 승인하지 아니함).

21. 귀어 창업 및 주택구입 자금을 지원받은 자가 타 사업을 운영하거나 일반 회사에 재직해도 되나요?

■ 지원자금 회수 대상입니다. 자금을 받은 자는 지원받은 창업 분야로 전업을 하여야 합니다.

■ 다만, 전업(어업 및 양식업) 경영에 지장이 없는 범위 내에서 농업 또는 본인이

직접 생산한 농수산물 가공 판매업, 어촌비즈니스업을 하는 경우에는 허용이 되고 있습니다.

22. 저는 몇 해 전 귀어했는데, 지원이 가능할까요?

■ 귀어업인의 경우, 귀촌 후 5년 이내에 신청 가능합니다. 또한, 어업인을 대상으로 하는 정책자금은 귀어 창업 및 주택구입 지원사업 이외에도 다양하기 때문에 어업경영체 등록을 한 어업인이라면 수산업경영인 등 경영자금도 이용 가능합니다.

■ 재촌 비어업인의 경우에는 사업신청일 현재 농어촌지역에 주민등록이 1년 이상 되어 있고, 사업신청일 기준으로 최근 5년 이내에 어업 또는 양식업 경영 경험이 없는 경우 지원 대상에 포함되나, 주택구입비는 제외됩니다.

23. 저는 수산물 유통업(개인사업)을 해왔고, 귀어를 준비하고 있습니다. 예전에 수산물 유통업을 하였던 사람도 사업대상자로 신청할 수 있습니까?

■ 신청하실 수 있습니다. 수산물 가공·유통업으로 귀어 창업 및 주택구입 지원을 신청하실 경우, 직접 어획하거나 생산한 수산물을 가공·유통하는 경우도 지원 대상에 해당됩니다.

24. 정책자금의 대출한도, 대출금리 및 대출기간은 어떻게 되나요?

(1) 귀어 창업자금은 사업대상자당 300백만원(3억 원) 이내

(2) 주택구입자금은 세대당 75백만 원(7,500만 원) 이내

• 재촌 비어업인은 주택구입자금 신청 불가

• 상기 금액은 대출한도이며 실제 대출금액은 대출 취급기관에서 어선, 양식장, 건축물 평가 등 대출 심사 및 대출자의 신용 상태에 따라 변경조정될 수 있음.

• 귀어 창업 및 주택구입 지원은 농림수산업자신용보증이 가능하나, 어촌비즈니스 분야의 자금은 농신보 보증 혜택이 없음.

(3) 대출금리는 연 2%, 대출기간은 15년(5년 거치 10년 분할상환)임.

25. 매입, 신축, 리모델링 등 주택마련 지원이 되는 주택은 어떤 것인가요?

■우선, 주택에 포함된 토지는 지원자금으로 구입 가능합니다. 창고 또는 차고 등이 포함된 단독주택도 지원가능하나, 연면적 150㎡를 초과할 수 없으며, 주택면적보다 창고 또는 차고 등 부속시설의 면적이 클 경우는 지원 대상에서 제외됩니다.

■주택구입(매입, 신축, 리모델링 등) 지원이 되는 주택은 다음과 같습니다.

・읍・면・동(농어촌지역에 한함)지역 중 상업지역 및 공업지역을 제외한 지역의 건축법시행령 제3조의5에 해당하는 단독주택(단독주택, 다가구주택) 및 공동주택(아파트, 연립주택, 다세대주택) 등 모두 포함(단, 세대별로 독립적인 주거공간을 확보하고, 세대별 소유권등기가 가능한 경우에 한함).

26 사업기한 내 대출 신청을 하였으나, 예산 부족의 사유로 자금을 대출(융자)받지 못한 경우는 어떻게 되나요?

■다음 연도에 대출금 수령이 가능합니다. 신속한 창업 유도를 위해 사업대상자 중 대출 신청을 먼저 하는 사업자에게 자금을 우선적으로 지원(대출)해 드립니다.

27. 귀어하여 어선어업을 창업하고 싶은데 어선의 가격은 어떻게 되나요?

■어선 가격은 선박의 크기, 선령, 당해 어선에 허가된 어업의 종류, 지역 등에 따라 다르므로 그 가격을 일률적으로 말하기는 곤란합니다. 어선 가격에 대한 좀더 객관적인 정보를 알려면 한국해양교통안전공단에서 운영하고 있는 '어선거래시스템'에서 가격정보를 확인할 수 있으며, 등록된 어선중개업소를 통해 확인할 수 있고, 현지에 가서 실제 가격을 알아보는 방법도 있습니다.

28. 부모 등의 소유 어선 구입자금도 지원이 가능한가요?

■배우자, 본인 또는 배우자의 직계존비속 및 형제자매의 소유 어선, 어장, 양식장, 토지 등은 원칙적으로 지원이 불가합니다.

■다만, 형제자매인데 세대가 분리되어 있고 동거하지 아니하는 경우 등은 정상적인 매매로서 인정된다고 시장·군수·구청장이 판단할 경우 지원이 가능합니다.

29. 어촌체험장을 하고 싶은데, 지원이 가능할까요?

■어촌관광 분야는「도시와 농어촌 간의 교류촉진에 관한 법률」제5조 제2항에 따라 지정된 어촌체험·휴양마을에 채용(사무장 등)되거나, 운영진에 포함 또는 체험 마을 구성원에 해당하는 자가 체험마을 사업과 연계하여 운영하는 어촌관광(식사, 숙박, 체험, 판매 등)사업으로만 지원이 가능합니다.

30. 귀어 후 해양수산레저 분야의 창업을 하고자 합니다. 관련 시설기준은 어떻게 됩니까?

■해양수산레저사업도 어업 또는 양식업과 병행할 경우 지원사업 대상 업종(어촌비즈니스 분야)에 포함됩니다.

■이 경우 귀어업인은 사업 주관기관 및 수협이 통보한 자금의 한도 내에서 어촌비즈니스 분야의 창업자금을 이용할 수 있으나, 농신보 보증지원은 받을 수 없습니다.

■시설은 해양수산레저 체험시설의 건축·구입·리모델링·관련장비 구입 비용 등으로 사용이 가능합니다.

31. 어떤 경우 사업자 선정 제외 대상에 해당하나요?

■병역미필자, 고등학교·대학(방송통신학교 등 온라인 강의가 주된 학교*는 제외) 등 에 재학 중인 자

*「초·중등교육법」제51조의 방송통신고등학교,「고등교육법」제2조제5호의 방송대학·통신대학·방송통신대학 및 사이버대학

■금융기관의 연체중인 자 또는 파산 등으로 법적인 면책을 받고자 회생중인 자

■전국은행연합회의「신용정보관리규약」에 따라 연체, 대위변제·대지급, 부도,

관련인, 금융질서문란 등의 정보가 등록되어 있는 자

■금융기관의 대출(보증)한도 초과로 더이상 대출이 어려운 자

■사업신청일 기준 공무원, 교사, 공기업, 정부 및 지자체 출연기관, 농(축)·수·산림조합 및 일반회사 등 재직자(상근근로자)와 개인사업 운영자, 건강보험자격득실확인서상 가입자 구분이 직장가입자인 자, 전업(어업 및 양식업) 경영에 지장이 없는 범위 내에서 농업 또는 본인이 직접 생산한 농수산물을 가공·판매업, 어촌비지니스업을 하는 경우는 선정 가능

•급여 수준이 낮고 노인요양원, 학교 급식실, 방과 후 학습교사, 공공근로 등 사회봉사 관련 직종에서 종사하는 경우에는 사업시행자의 판단에 따라 선정 가능

•개인사업 운영 및 일반회사에 재직하는 경우는 지원 신청 제외 대상에 포함되지 않으나, 사업지원대상자로 선정된 후 사업계획에 따른 사업추진실적확인서 발급을 사업시행자에게 요청하기 전까지 폐업 또는 퇴직하여야 사업추진확인서 발급 및 대출 신청을 할 수 있음.

■허위 또는 부정한 방법으로 대출을 받거나, 대출자금을 목적 이외 용도로 사용하고자 하거나 사용한 자

■수산관계법령을 위반하여 어업 또는 양식업의 면허·허가 취소 또는 어업정지 60일 이상 처분(과징금 등 준하는 처분 포함) 후 지원 제한 기간이 지나지 않은 자

■사업 신청은 대리 신청할 수 없으며, 신청자가 사업계획에 대한 충분한 설명을 하지 못하는 경우 심사과정에서 제외

■기존에 귀어 또는 귀농 농업·귀산촌인 창업 및 주택구입 지원사업 자금 등을 지원받은 자

•창업자금, 주택구입자금 별도 신청 가능

■어업을 하지 않으면서 「낚시관리법」 제2조제6호의 낚시어선업을 전업으로 하는 경우

•어업을 주로 영위하면서 어한기(漁閑期)에 낚시어선업을 병행하는 경우에 한하여 지원 가능

■ 귀어 창업 및 주택구입 지원(융자)사업대상자로 선정된 후 대출기한 내 대출을 실행하지 않은 자는 2년간 지원 대상에서 제외

• 이때 지원 대상에서 제외되는 기간은 대출기한 종료 시점으로부터 2년으로 함.

• 다만, 사업시행자의 승인을 받아 사업을 추진하지 않기로 하여 대출을 실행하지 않은 자는 지원 제외 대상에 포함되지 않음.

32. 해양수산정책자금 기수혜자도 사업 신청이 가능하나요?

■ 사업 신청 가능합니다. 그러나 정부·지자체 및 정부산하기관으로부터 타정책자금(융자)을 대출받은 경우, 시설성 대출잔액은 지원한도에서 차감하여 대출합니다.

[귀어귀촌 창업 지원 신청 가능액 계산]

■ 지원 신청 가능액 = 3억 원(대출한도액) - 기 시설성 정책자금대출

• 시설성 대출금: 어선, 양식장 및 어구, 기계기구 등 수산장비 구입 등에 지원된 대출기간 5년 이상의 정책자금 대출금 잔액

33. 사업장소 이전승인 없이 이전한 경우 어떻게 되나요?

■ 사업 취소 사유에 해당됩니다.

■ 사업대상자가 사업장소를 이전하여 수산 분야 등을 경영하고자 할 경우에는 시장·군수 등의 승인을 얻어야 하며, 이전 후의 사후관리는 주소지 관할 시장·군수 등이 담당합니다.

■ 지원자금으로 구입한 어선·양식장·시설장비·주택 등의 전부 또는 일부를 사업 시행기관의 승인 없이 임의 매각 또는 임대한 경우에도 부당사용에 의한 회수 사유에 해당됩니다.

34. 사업을 포기한 경우에는 어떻게 해야 하나요?

■ 부도, 폐업, 사업 포기 등 사업을 추진할 수 없는 경우에는 지원받은 대출금을

전액 상환하여야 합니다. 전액 상환하지 않을 시 대출기간이 남아 있다 하더라도 원금 전체에 대하여 연체이자를 포함하여 상환해야 합니다.

■부당사용대상자로 전산 등록되어 금액에 따라 최소 1년에서 최대 5년까지 정책자금 등을 지원받을 수 없습니다.

35. 어업경영체 등록제란 무엇이며, 어업경영체 등록 관련 문의는 어디에서 담당하고 있는지요?

■어업경영체 등록제란 「농어업경영체 육성 및 지원에 관한 법률」제4조에 근거하여 어업인 또는 어업법인이 농어업·농어촌에 관련된 정부 융자 및 보조금 등을 지원받기 위해 등록하여야 하는 제도입니다.

36. 귀어업인 자금 지원의 요건인 교육이수 조건은?

■해양수산부 및 지자체 등이 주관 또는 인정하는 교육기관에서 귀어 관련 교육을 5일(또는 35시간 이상) 이수하여야 하며, 사업 신청 전에 교육을 이수하지 못한 경우 사업추진실적확인서 발급 신청 전까지 사후교육을 필수적으로 받아야 합니다.

■다만, 사업 신청 전에 실제 어업·양식업 경영 및 종사 기간이 3개월 이상인 자(양식장·어선 등 임차를 통해 수산물을 생산·판매한 실적 증빙자료, 양식기자재·어구 등 구입에 따른 증빙자료, 어업·양식업 경영 및 종사한 확인서 등 사업시행자가 인정할 수 있는 증빙자료를 제출한 자), 수산계학교(초·중등교육법 제2조 제3호 및 고등교육법 제2조) 졸업자(만 40세 미만 신청자에 한함), 어업인 후계자로 선정된 자는 귀어 관련 교육(5일)을 의무적으로 받지 않아도 됩니다.

• 교육 미이수 시 신청자 심사기준 교육 이수 점수에는 반영되지 않음
• 수산계학교 졸업 연령이 만 40세 이상인 경우는 졸업일로부터 5년까지만 인정

37. 어업·양식업 경영 또는 종사기간이 3개월 이상인 것은 어떻게 증빙하나요?

■아래와 같은 증빙자료를 제출하시면 됩니다. 다만, 세부적인 사항은 사업 자격

을 심사하는 지자체에 문의해주시기 바랍니다.

- 양식장, 어선 등에서 수산물을 생산 · 판매한 실적증빙자료
- 양식 기자재, 어구 등을 구입한 증빙자료
- 어업 및 양식업의 경영 또는 종사 실적확인서 등

38. 귀어한 후 몇 개월간 어업을 하고 나서 신청을 하려고 하는데, 인정 내용과 조건은 어떻게 되며 사업자 선정 시 유리한 점이 있나요?

■ 귀어업인 중 실제 어업 또는 양식업 경영 및 종사 기간이 3개월 이상이면 귀어 교육을 이수한 것으로 인정하고 있습니다. 이 경우, 경영 및 종사 실적이 사업계획의 창업 분야와 일치하는 경우만 교육 이수로 인정됩니다.

39. 귀어업인을 위한 교육 과정은 어떤 것이 개설되어 있나요?

■ 해양수산부, 귀어귀촌종합센터, 지자체 등에서 주관 또는 지정한 교육기관(귀어귀촌지원센터, 귀어학교 등)에서 귀어가 및 귀어 정착을 위한 교육과정이 운영되고 있는데 교육 신청은 지정된 교육기관에 직접 신청하시면 됩니다.

40. 귀어와 관련된 교육을 받고 싶습니다.

■ 한국어촌어항공단 귀어귀촌종합센터에서는 귀어 희망인 및 귀어가를 대상으로 귀어귀촌 교육을 실시하고 있습니다. 안정적인 농어촌 정착을 위한 귀어창업, 수산 기술 및 경영능력 배양 등의 내용으로 귀어귀촌 기본교육을 실시하고 있습니다.

- 귀어귀촌종합센터 홈페이지 교육공고, SNS 및 문자메시지 등으로 사전에 모집공고 안내 후, 귀어귀촌종합센터 홈페이지를 통해 신청 가능합니다.

분야	교과목	세부 교육 내용
어업 어촌의 이해	수산관례 법령 어업어촌의 가치와 삶의 이해 어업정책 어촌공동체의 이해	• 수산 관련 주요 법령 소개 • 어촌의 생활과 소득 안내 • 어업어촌의 역할 및 가치 안내 • 수산업 가치 이해(연근해어업, 유통, 가공식품 등)
귀어귀촌 설계	귀어귀촌 지원 정책 어촌계 이해 및 가입 조건 귀어귀촌 정책자금 활용 귀어귀촌 우수 사례 귀어귀촌 갈등 관리	• 귀어귀촌종합센터 역할, 운영 • 귀어귀촌 정책 및 지원사업 소개 • 어촌계의 현황 및 정부 정책 안내 • 귀어귀촌 및 어업인 정책자금 해설 (요건, 내용, 유의사항 등) • 유형별 귀어귀촌 성공사례 분석 및 실패원인 파악 • 갈등 이해 및 효과적인 의사소통 방법
어업 (수산업) 이해	어선어업의 이해 양식업의 이해 어촌비즈니스업의 이해	• 어선어업 종류, 준비, 구비여건, 비용 등 안내 • 양식어업 종류, 지역별 현황, 준비 • 구비요건 - 비용, 품종별 특성 · 난이도 설명 • 어촌비즈니스(어촌관광, 어촌체험) 안내
수산관련 창업전략	6차 산업과 수산 관련 산업의 이해 수산업 경영 및 마케팅 전략 귀어귀촌 창업 계획과 사업 타당성 분석	• 6차 산업의 의미와 수산산업 이해 • 수산물 유통과정 이해 • 수산업 경영 의의 • 마케팅 전략 및 인적자원 관리 기법 • 창업계획서 작성 안내 및 업종별 경영정보 제공

41. 즐길 거리 만들기^{주) 한국경제, 2021.10.19, 지면A8에서 인용함}

 2030 서핑 하러 양양으로… 4050 선셋 보러 대천으로!

 넘실거리는 파도, 지평선 위로 탁 트인 하늘…. 바다는 남녀노소 모두 선호하는 매력 있는 여행지다. 하지만 연령대별로 좋아하는 바다는 조금씩 달랐다. 동해와 서해, 남해 등 저마다 갖고 있는 고유의 특색과 인근에 어떤 레저시설, 관광지, 교통수단 등이 있는지가 선호도를 갈랐다. 29일 〈한국경제신문〉이 비씨카드와 함께 지난 1년간(2020년 10월~2021년 9월) 전국 10대 주요 해수욕장 인근의 신용카드 결제 데이터를 연령대별로 분석한 결과다.

주요 바닷가 가운데 20~30대 여행객 비중이 가장 높은 지역은 강원 양양군 일대로 나타났다. SNS 등을 통해 '서핑의 성지'로 입소문을 타면서 젊은 서핑족을 대거 끌어모으고 있다는 설명이다. 아름다운 석양을 감상할 수 있는 서해안 대천(충남 보령)은 40~50대 비율이 가장 높았다. 해양레포츠 등 '즐길 거리'와 이색 카페·음식점 등 인프라가 잘 갖춰진 지역은 청춘들이 몰리고, 잔잔한 바다의 감성을 느낄 수 있는 중소형 도시나 서해안 지역은 '웰니스' 관광을 즐기려는 기성세대와 가족 단위 여행객이 많다는 분석이다.

42. '즐길 거리'가 중요한 2030 주) 한국경제, 2021.10.19, 지면A8에서 인용함

죽도해수욕장이 있는 강원 양양군 현남면·현북면 일대 음식점·카페·주점 등에서 비씨카드로 결제된 금액의 28.44%는 30대, 17.44%는 20대의 지갑에서 나왔다. 2030 비율이 45.88%로 10개 바다 여행지 가운데 가장 높았다. 2015년 서핑 전용 해변을 표방한 '서피비치'가 들어선 이후 전국의 서핑족이 몰리기 시작했다. 2017년 서울양양고속도로가 개통돼 접근성이 크게 향상된 것도 인기에 한몫했다. 30대 직장인 권 모 씨는 "양양에선 서핑 외에도 음식점과 카페, 술집, 클럽 등 이색적인 공간에서 다양한 활동을 즐길 수 있다"고 말했다.

제주도 바다를 찾는 관광객 중 30대가 '큰손'으로 떠오른 것도 같은 맥락이다. 중문해수욕장 인근에서 카드를 긁은 소비자 중 30대가 27.58%로 가장 큰 비중을 차지했다. 함덕해수욕장 인근도 30대가 27.77%로 가장 많았다. 제주지역에서는 서핑과 요트 등 다양한 레포츠를 즐길 수 있으며 고급 호텔과 드라마·영화에 등장하는 관광지, 유명 맛집 등이 즐비하다. 한 여행전문가는 "코로나19로 해외여행길이 막히면서 제주도를 찾는 2030세대가 증가한 영향도 있다"고 설명했다.

부산 광안리해수욕장 일대는 10개 주요 바다 가운데 20대 비중이 가장 높은 유일한 지역으로 나타났다. 광안리 근처에 있는 수변공원이 '헌팅의 메카'로 유명해지면서 전국 각지의 젊은이들이 몰렸기 때문으로 풀이된다.

43. 세대별 바다 선호도

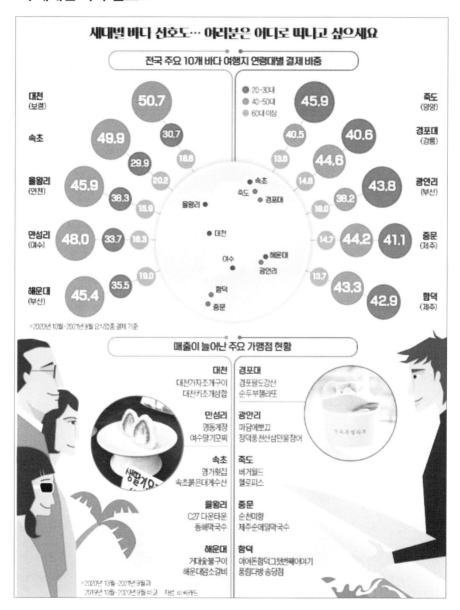

44. 기성세대는 서해안 선호

양양과 불과 30㎞ 떨어진 속초해수욕장의 경우 2030세대(29.91%)보다 4050세대(49.87%)가 압도적으로 많았다. 단풍 구경을 하기 위해 설악산을 찾은 기성세대가 자연스레 바다로도 유입된 것 아니냐는 해석이 나온다. 4050세대 비중이 가장 높은 곳은 대천해수욕장 인근(50.72%)으로 집계됐다. 여수 만성리해수욕장(48.01%), 인천 을왕리해수욕장(45.88%) 등 지방 중소도시와 서해안에 있는 곳도 장년층의 선호가 높은 지역이었다.

기성세대 결제 비중이 높다는 것은 가족 단위 방문이 많다는 것으로 해석할 수도 있다. 코로나19 사태를 거치며 잔잔한 바다를 즐기려는 가족 여행 수요가 늘었다는 평가다. 서해안에서는 낚시나 갯벌 체험 등과 함께 일몰까지 즐길 수 있어 기성세대와 가족 여행객 취향에 적합하다는 평가다. 김철원 경희대 관광대학원 교수는 "젊은 세대는 주위에 액티비티 요소가 많은 바다를 선호하는 데 비해 기성세대는 바다 정취 그 자체를 즐기려는 경향이 있다"고 말했다.

강릉 경포대해수욕장과 부산 해운대해수욕장은 국내 대표 바다 여행지라는 명성에 걸맞게 연령대별로 고른 분포를 보였다. 경포대는 30대 22.18%, 40대 22.41%, 50대 22.15%였으며 해운대는 30대 20.45%, 40대 22.57%, 50대 22.87%로 집계됐다. 가장 대중성을 갖춘 바다 여행지라는 평가다. 성별로 보면 10개 바다 여행지 모두 남성의 결제 비중이 50%를 넘었다. 여성 비중이 가장 높은 곳은 함덕해수욕장(46.2%)인 것으로 나타났다.

45. 바다…가을 · 겨울도 북적

'바다는 여름 여행지' 라는 얘기는 옛말이 되고 있다. 가을 또는 겨울에도 바다의 인기가 여름 못지않게 높은 것으로 나타났다. 29일 〈한국경제신문〉은 비씨카드와 함께 전국 주요 10개 해수욕장 인근의 신용카드 결제 데이터를 바탕으로 각 지역의

'계절지수'를 분석해봤다. 부산 해운대해수욕장 일대의 지난 7월 계절지수는 113.3이었다. 이때 요식업 가맹점 결제 금액이 조사 기간(2020년 10월~2021년 9월) 월평균 금액 대비 13.3% 느는 데 그쳤다는 뜻이다. 지난해 10월 계절지수는 107.0, 올 2월은 93.3이었다. '여름 특수'가 그리 크진 않았다고 볼 수 있다.

다른 바다들도 비슷했다. 강릉 경포대해수욕장 인근의 8월, 10월, 2월 계절지수는 각각 123.0, 112.7, 96.1이었다. 올여름 코로나19 확산세가 커지면서 휴가철 이동량이 줄어든 영향으로 해석된다. 하지만 1년 내내 코로나 사태가 지속된 점을 감안할 때 바다가 '연중 휴양지'로 떠오르고 있다는 분석도 설득력을 얻고 있다.

반면 서핑 명소인 양양 죽도해수욕장 인근은 8월 계절지수가 219.8로 지난해 10월(56.4), 올 1월(44.9), 올 4월(66.7) 등에 비해 월등히 높았다. 날씨가 추울 땐 서핑을 제대로 즐길 수 없다는 점이 반영된 결과라는 평가다.

46. 핫플 찾는 MZ…횟집 찾는 아재

많은 사람이 '여행은 먹으러 떠나는 것'이라고 할 만큼 '현지 맛집'은 여행의 중요 요소다. 〈한국경제신문〉이 비씨카드와 함께 최근 1년간 전국 주요 10개 바다 여행지 인근 음식점들의 매출 데이터를 분석한 결과 예상대로 해산물 식당의 인기가 높은 것으로 나타났다. 이색 카페·디저트 업종도 큰 폭의 매출 증가율을 기록했다.

여수 딸기모찌와 제주 풍림다방 송당점 등은 최근 1년간(2020년 10월~2021년 9월) 비씨카드 결제액이 전년 동기 대비 가장 많이 늘어난 가맹점으로 나타났다. 말랑말랑한 모찌 식감과 상큼한 딸기맛을 동시에 느낄 수 있는 딸기모찌는 SNS 등을 통해 '여수에 가면 반드시 먹어봐야 하는 음식'으로 입소문을 탔으며 어른들 선물로도 인기를 끌고 있다. 2030세대 결제 비율이 59%에 달했다.

제주 구좌읍의 풍림다방은 고즈넉한 시골 감성을 느낄 수 있는 카페로 유명해졌다. 강원 양양의 카페인 헬로피스, 강릉의 아이스크림 가게인 순두부젤라또, 인천 을왕리해수욕장 근처 오션뷰 카페인 C27 다운타운 등도 코로나19 사태 와중에 높은 매출 성장세를 기록했다.

바다를 찾은 만큼 현지의 싱싱한 해산물을 즐기려는 여행객도 많았다. 문어·전복·갈치 요리를 파는 제주 순천미향, 게장정식 등을 파는 여수 명동게장, 속초 대포항에 있는 명가횟집, 보령 대천키조개삼합 등이 최근 1년 새 매출이 많이 오른 주요 식당으로 나타났다. 특히 조개구이, 꽃게, 횟집 등 현지 음식점들이 밀집한 여수와 대천 상권에서 매출이 급증한 가게가 타 지역 대비 많았다.

20대가 가장 많이 찾는 부산 광안리해수욕장 일대에서는 양식집인 마담에 뽀끄가 최근 인기를 끌고 있는 것으로 나타났다. 강릉 경포대해수욕장 근처에서 최근 1년 새 매출 증가율이 가장 높았던 곳은 대게 회 세트 등을 파는 경포팔도강산이었다. 해운대해수욕장 근처에선 횟집보다 거대숯불구이와 해운대암소갈비집 등 고깃집의 매출 증가율이 높았다.

47. 귀어 창업 및 주택구입 지원사업 시행지침

귀어귀촌종합센터 : 홈페이지(https://www.sealife.go.kr)

• 홈페이지 접속 → 우측 중간 '귀어창업 및 주택구입선택'→ '한글파일 다운로드' 선택

48. 지원사업 관련 주요 확인사항 - ❶ 사업 관련 확인사항

■ 귀어 창업 및 주택구입 지원 사업은 수협자금을 활용하여 사업대상자의 신용 및 담보대출을 저금리로 실행하고, 대출금리와 저금리와의 차이를 정부 예산으로 지원하는 이차보전사업입니다.

■ 당해 연도도 배정된 예산이 모두 소진된 이후에는 자금 지원이 불가할 수 있습니다.

■ 어장·양식장·어선·시설장비·주택 구입 등 사업 내용은 사업신청자가 결정하는 것이며, 대출 실행 후 사업대상자와 어장·양식장·어선 매도자·기타 시설 공여자 등과 계약사항 불이행 등으로 마찰이나 피해가 있는 경우에는 사업대상자가 민·형사 등으로 해결할 수밖에 없으므로, 대출금을 활용한 매매·구입 등 계약 시에는 철저한 확인이 필요합니다.

• 사업대상자가 대출을 받았다고 하여 소득 보장까지 지원하지 않음.

■ 이 사업은 정부의 예산으로 대출금 이자의 일부를 지원하는 사업으로서 사업대상자는 「수산사업자금 융자제한 등에 관한 규정」등 관련 규정에 따른 의무사항을 반드시 준수하여야 합니다.

• 대출금 수령 후 상환기간 동안(최대 15년간)은 사업장소(관할 시·군)에 거주하며 전업으로 어업 또는 양식업을 경영하여야 합니다. 시장·군수·구청장의 사전 승인 없이 타 지역으로 이탈하거나 사업장(어장·양식장·어선·시설장비·주택 등)을 매각하는 경우에는 대출금 회수, 연체이자 부과, 제재부가금 부과, 형사 고발, 수산사업자금 지원 제한 등이 이루어질 수 있습니다. 다만, 거치기간(5년) 이후엔 어업을 포함한 수산업 경영이 가능합니다.

• 수산업·어촌 발전 기본법 제3조제1호를 준용

• 거치기간 후 어업·양식업 외 수산업 경영을 위해 본 사업으로 대출받은 사업장을 매각하는 것은 불가

■ 동 사업은 신청자를 대상으로 사업시행자가 사업 계획, 추진 의지 등을 심사하

여 고득점자 순으로 지원하므로, 심사 결과에 따라 선정 여부가 결정되며, 각 사업시행자별로 심사 일정이 다를 수 있으므로 신청 전 일정에 대한 확인이 필요합니다.

■ 사업신청서를 제출하였다고 바로 대상자 선정과 대출이 실행되는 것이 아님.

■ 사업시행자가 사업대상자로 선정했더라도 수협 및 농신보의 대출 심사를 거쳐야 대출이 가능하므로, 사업 신청 전에 수협과 농신보에 신용 상태를 조회하여 적정 대출 규모에 대한 본인 확인이 필요합니다.

■ 수협 및 농신보의 대출 심사 과정에서 대출 가능액이 신청액보다 적거나 없을 수 있습니다. 사전에 충분한 준비 · 상담 등이 필요합니다.

• 압류나 근저당이 설정되어 담보 취득이 금지된 부동산, 보전산지 등 담보가치가 없는 부동산은 대출이 불가할 수 있습니다.

• 1차 대출 신청 후 2차 대출 신청 시에도 농신보 및 수협에서 2차 대출 심사가 다시 이루어지므로, 1차 대출 심사 시 대출 결정이 되었다고 하여 2차 신청 대출 시에도 당연히 대출이 결정되는 것은 아니며 신용등급 하락 등이 발생하는 경우 2차신청 대출 심사 과정에서 대출금이 신청액보다 적거나 없을 수 있습니다.

■ 「귀농어 · 귀촌 활성화 및 지원에 관한 법률」에 따라 거짓이나 그 밖의 부정한 방법으로 지원금을 받거나 타인으로 하여금 지원금을 받게 한 자는 형사처벌의 대상이 될수 있으며, 부정 수급금 및 목적 외 사용 등은 지원금 환수 대상이 됩니다.

• 환수 대상 금액: 지원받은 원금과 환수 사유가 발생한 날부터 납입일의 전날까지 발생한 이자(귀농어 · 귀촌 활성화 및 지원에 관한 법률 시행령 제16조의2)

49. 지원사업 관련 주요 확인사항 - ❷ 용어 정의

■ 귀어업인: 농어촌 이외의 지역에 거주하는 어업인이 아닌 사람이 어업인이 되기 위하여 농어촌 지역으로 이주한 사람으로서, 아래의 요건을 모두 갖춘 사람.

1) 농어촌지역으로 이주하기 직전에 농어촌 외의 지역에서 1년 이상 「주민등록법」에 따른 주민등록이 되어 있던 사람이 어업인이 되기 위하여 농어촌지역으로 이주한 후 「주민등록법」에 따른 전입신고를 한 사람.

· 단, 이 지침에서는 농어촌 이외 지역에 거주하면서 사업대상자로 선정되어 대출 실행을 위한 사업추진실적확인서 발급 전까지 주소지이전확인서 등 확인 자료를 제출하는 경우도 포함.

2) 어업인에 해당하는 사람

· 단, 이 사업에서는 어업 또는 양식업을 경영하지 않고 있더라도, 익년도까지 본 자금으로 창업할 자는 어업인으로 봄.

■ 재촌 비어업인: 농어촌지역에 거주하면서 어업 또는 양식업을 경영하지 않는 자

■ 어촌비즈니스업 어촌관광사업, 해양수산레저사업

· 어촌관광사업: 「도시와 농어촌 간의 교류촉진에 관한 법률」제5조제2항에 따라 지정된 어촌체험 · 휴양마을에 채용(사무장 등)되거나, 운영진에 포함 또는 체험마을 구성원에 해당되는 자가 체험휴양마을 사업과 연계하여 운영하는 어촌관광(식사, 숙박, 체험, 판매 등) 사업

· 해양수산레저사업: 「수상레저안전법」시행령 제2조와 같은 법 시행규칙 제1조의 2에 명시된 수상레저활동, 「수중레저활동의 안전 및 활성화 등에 관한 법률」제2조제2호의 수중레저활동 및 「연안사고 예방에 관한 법률」시행규칙 제2조에 명시된 연안체험활동 등을 위한 해양수산레저사업

50. 지원사업 관련 주요 확인사항 - ❸ 지원 대상자 자격 및 요건

■ '귀어업인(희망자 포함) 및 재촌 비어업인' 으로서, 사업 신청 연도 기준 만 65세 이하(1955. 1. 1. 이후 출생자)인 자.

■농어촌지역에 거주하는 경우: 농어촌지역 전입일로부터 만 5년이 경과하지 않고 사업 신청일 전에 농어촌으로 이주하여 실제 거주하면서 전업으로 수산업(어선어업, 양식업, 소금생산업, 자가 생산수산물의 가공·유통업 등) 및 어촌비즈니스업을 경영하고 있거나 하고자 하는 자(다만, 부부의 경우 1인만 지원 가능)

■농어촌 이외 지역에 거주하는 경우: 사업대상자 선정 후 농어촌으로 이주하여 실제 거주하면서 전업으로 수산업 및 어촌비즈니스업을 경영하고자 하는 자(다만, 부부의 경우 1인만 지원 가능)

■거주 기간: 농어촌지역 전입일을 기준으로 농어촌지역 이주 직전에 1년 이상 지속적으로 농어촌 외의 지역에서 거주한 자. 단, 재촌 비어업인은 사업 신청일 현재 농어촌지역에 주민등록이 1년 이상 되어 있는 자

■비어업 기간: 재촌 비어업인은 사업신청일을 기준으로 최근 5년 이내에 어업 또는 양식업 경영 경험이 없는 경우 신청 가능함.

■교육이수 실적: 최근 5년 이내에 해양수산부 및 지자체에서 인정하는 교육기관에 서 귀어 관련 교육을 5일 또는 35시간 이상 이수한 자(필수)

51. 지원사업 관련 주요 확인사항 - ❹ 사업 선정 제외 대상

■병역미필자, 고등학교·대학(방송통신학교 등 온라인 강의가 주된 학교는 제외) 등에 재학 중인 자

■금융기관 연체중인 자 또는 파산 등으로 법적인 면책을 받고자 회생중인 자

■전국은행연합회의 「신용정보관리규약」에 따라 연체, 대위변제·대지급, 부도, 관련인, 금융질서 문란 등의 정보가 등록되어 있는 자

■금융기관의 대출(보증)한도 초과로 더이상 대출이 어려운 자

■사업신청일 기준 공무원, 교사, 공기업, 정부 및 지자체 출연기관, 농(축)·수·산림조합 및 일반회사 등 재직자(상근근로자)와 개인사업 운영자

・개인사업 운영 및 일반 회사에 재직하는 경우 사업지원 대상자로 선정된 후 사업추진 실적 확인서 발급을 사업시행자에게 요청하기 전까지 폐업 또는 퇴직해야 함.

■ 허위 또는 부정한 방법으로 대출을 받거나, 대출자금을 목적 이외 용도로 사용하고자 하거나 사용한 자

■ 수산관계법령을 위반하여 어업 또는 양식업의 면허·허가 취소 또는 어업 정지 60일 이상 처분(과징금 등 준하는 처분 포함) 후 지원 제한 기간이 지나지 않은 자

■ 사업 신청은 대리 신청할 수 없으며, 신청자가 사업계획에 대한 충분한 설명을 하지 못하는 경우 심사과정에서 제외

■ 기존에 귀어 또는 귀농 농업·귀산촌인 창업 및 주택구입 지원사업 자금 등을 지원받은 자

■ 어업을 하지 않으면서 「낚시관리법」제2조제6호의 낚시어선업을 전업으로 하는 경우

■ 귀어 창업 및 주택구입지원(융자) 사업 대상자로 선정된 후 대출기한 내 대출을 실행하지 않은 자는 2년간 지원 대상에서 제외

52. 지원사업 관련 주요 확인사항 - ❺ 지원금의 사용 용도

■ 창업자금: 수산 분야(어업, 양식업 소금생산업, 수산물 가공·유통업 등)및 어촌비즈니스 분야(어촌관광, 해양수산레저)

■ 주택구입 지원: 주택의 매입, 신축, 리모델링(자기 소유의 노후 주택을 증·개축하는 경우 포함)

53. 지원사업 관련 주요 확인사항 - ❻ 지원 형태 및 지원 한도

■ 지원 형태: 지원대상자로 선정된 자가 사업(일부 완료 또는 완료)후 담보(신용, 물건)를 제공하고, 대출취급기관에서 융자를 받으면, 해양수산부에서 이자 차이(기준금리-대출금리 2.0%)를 지원
- 재원: 금융자금 100% (이차보전사업)
- 대출금리 및 대출기간: 2.0%, 5년 거치 10년 분할 상환
- 대출한도: (창업자금) 사업 대상자당 3억 원 이내, (주택구입 지원 자금) 세대당 7천5백만 원 이내

■ 지급 대상자 의무사항 및 제재 조치
- 대출금 수령 후 상환기간 동안(최대 15년간)은 사업장소(관할 시·군)에 거주하며 전업으로 어업 또는 양식업을 경영하여야 함.
- 시장·군수·구청장의 사전 승인 없이 타 지역으로 이탈하거나 사업장(어장·양식장·어선·시설장비·주택 등)을 매각하는 경우에는 대출금 회수, 연체이자 부과, 제재부가금 부과, 형사 고발, 수산사업자금 지원 제한 등이 이루어질 수 있음.

54. 지원사업 관련 주요 확인사항 - ❼ 청년어촌 정착지원사업 시행지침

귀어귀촌종합센터 : 홈페이지(https://www.sealife.go.kr)

■ 홈페이지 접속 → 우측 중간 '02 청년어촌 정착지원' 선택

■ '한글파일 다운로드' 선택

55. 지원사업 관련 주요 확인사항 - ❽청년어촌 정착지원사업 관련 사항

■지원대상자 자격 및 요건

• 연령: 사업 시행연도 기준 만 18세 이상~만 40세 미만

• 거주지: 어업경영기반 해당 시·군·구에 실제 거주(주민등록 포함)

• 어업경영 경력: 만 40세 미만 어업 경력(양식업 포함, 이하 같음) 3년 이하의 어업 또는 양식업 경영인(예정자 포함)

• 병역: 병역필 또는 병역면제자

• 사업 신청자격을 갖춘 청년어업인 2인 이상이 공동으로 어업법인을 설립한 경우는 각각 사업대상자 선정 가능

■사업 선정 제외 대상

• 경영주(부모)를 도와 함께 어업 경영하는 자

• 농어업(양식업 포함, 이하 같음) 외 분야의 사업체를 경영하는 자

• 공공기관 및 일반회사 등에 상근직원으로 채용되어 매월 보수 또는 보수에 준하는 급여를 받고 있는 자

• 병역미필자

• 주 어업종사 분야가 맨손어업인 자 중 어촌계에 가입되지 않은 자

• 어업 또는 양식업을 하지 않으면서 낚시어선업을 전업으로 하는 경우

• 고등학교·대학교 재학생 또는 휴학생

• 농업 분야 등 타 분야에서 유사한 지원(청년창업농 영농정착지원 등)을 받은 자

• 부부가 각각 독립적인 어업 경영을 하는 경우는 부부 중 1명만 신청 가능

■지원금 사용 용도

• 자금 용도: 어업 또는 양식업 경영비 및 어가 가계자금으로 사용 가능

• 지원형태 및 지원한도: 지원기준 및 한도, 어업경영 경력에 따라 차등 지급

1년차	2년차	3년차
월 100만 원	월 90만 원	월 80만 원
2020.1.1 이후 등록자~ 2021년 예정자	2019.1.1.~12.31 등록자	2018.1.1~12.31 등록자
* 창업예정자의 경우 1년차로 간주		

■ 지급대상자 의무사항 및 제재 조치

 • 정착지원금 수령자는 아래 의무사항을 모두 준수하여야 하고, 위반 시 시·군·구는 지급 중단 또는 환수 조치

 • 사업대상자로 선발된 어업 또는 양식업 창업예정자는 지원금 수령 시점부터 의무 부여

 • 단, 어업 또는 양식업 창업 예정자는 사업 시행연도 12월 말까지 창업을 미이행할 경우 사업대상자 선정을 취소

56. 어업인 일자리 지원센터 www.happybada.co.kr

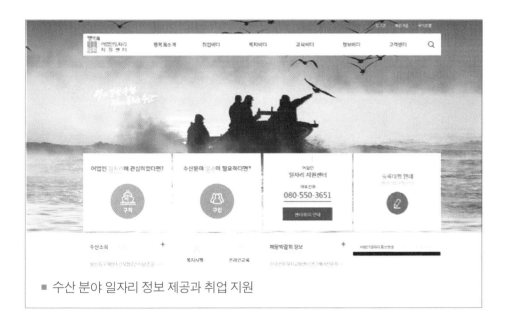

■ 수산 분야 일자리 정보 제공과 취업 지원

57. 수산정보포털 www.fips.go.kr

■ 수산 현황, 수산 통계, 수산 지원사업 및 수산 관련 전문지식 등을 제공

제5부

현장강사 지도

10장
강사의 역할과 자세

1. 현장강사의 역할 - ❶ 학자

1) 100을 알아야 하나를 가르칠 수 있다

가르치는 사람은 학자가 되어야한다. 학자는 쉬지 않고 공부를 하는 사람이 되어야 한다는 것이다. 많은 사람이 '강사가 하나를 가르치려면 하나만 알면 된다' 라고 착각할 수 있다. 그러나 하나를 가르치려면 그 주제와 연관된 다양한 내용을 알고 있어야 연관된 분야를 연결하여 설명할 수 있다.

예를 들어 녹차 재배 방법을 가르치려면 녹차의 번식 방법, 비료의 종류와 퇴비 생산 방법, 녹차가 자랄 수 있는 적정 온도, 채취시기에 따른 녹차 품질의 차이, 녹차의 재배 역사, 적합한 토양, 외국의 녹차 생산 현황, 녹차 생산에 따른 경영수지 예측 등 다양한 정보를 알고 있어야 한다. 이와 같은 기본적인 정보 외에 농산물 수입 개방에 따른 국내 녹차산업의 대응 전략까지도 알고 있어야 다양한 정보를 제공할 수 있어 청중으로부터 신뢰를 받는 실력 있는 강사가 될 수 있다.

2) 강의를 하는 지역에 대한 지식과 정보가 있어야 한다

전국을 순회하면서 30년 이상 국민의 사랑을 받고 있는 TV의 노래자랑 프로그램

사회자의 후일담을 감명 깊게 들은 적이 있다. 그 방송은 지역에서 예심에 합격한 지원자를 대상으로 본선에서 부른 노래를 심사 후 시상을 한다. 사회자는 예심을 하는 동안 마을과 시장을 돌아다니면서 주민과 만나고 시장 상인들의 애로사항을 듣기도 한다는 것이다. 이와 같이 지역의 사정을 알고 준비한 사회자가 본 방송의 사회를 보면 방청객은 이웃집 아저씨와 같은 친밀감을 갖게 되어 프로그램이 성공하는 역할을 톡톡히 하고 있다.

2. 현장강사의 역할 - ❷ 연기자

1) 배역에 적합한 복장

배우는 출연하는 영화에 적합한 복장, 머리모양을 사전에 연구하고 전문가의 도움을 받아 복장을 갖추고 촬영에 임한다. 강사도 수업에 참여하는 청중이 학생인지, 농민인지, 공무원인지에 따라 복장을 달리할 필요가 있다. 청중이 어린 학생일 경우에는 선생님의 위엄을 나타낼 수 있는 정장에 넥타이 차림으로, 농민일 경우에는 농민과 비슷한 편안한 복장으로, 공무원일 경우에는 공무원처럼 단정한 바지에 넥타이를 매지 않은 와이셔츠를 입는 방법이 있다. 청중의 대상과 장소에 따라 이에 알맞은 복장을 착용한다.

단, 구두는 단정하고 깨끗한 상태를 유지할 필요가 있다. 밭에서 일하다가 온 것처럼 흙이 묻은 구두를 신고 강의장에 들어오는 것은 청중에 대한 결례다.

2) 정확한 표현과 시선의 안배는 강의의 성패를 결정한다

가르치는 행위는 청중 앞에 서서 사람을 사로잡는 행위다. 배우는 슬픈 장면이 나오면 관객이 눈물이 나올 수 있는 말투를 사용하고, 급한 상황이 벌어지면 빠른 표현을 한다. 그러나 어떤 상황에서도 배우가 사용하는 언어는 관중에게 정확히 전달되어야 하듯이 강사도 듣는 사람에게 정확히 전달하는 능력이 있어야 한다. 강사가 또렷하지 않은 목소리로 말하면 듣는 사람은 이해하기 어렵다. 강의장 환경과 청중의 강의 몰입도에 따라 목소리의 강약과 말소리의 간격을 조절하면 강의 효과를 높일 수 있다.

또한 시선을 앞에서 뒤로, 오른쪽에서 왼쪽으로 천천히 자연스럽게 옮기면서 청중과 시선을 맞추어 청중과 말없이 교감을 한다. 강의를 하면서 시선을 허공에 두거나 강의장 바닥을 보는 행위는 준비가 되지 않았거나, 강의에 자신이 없는 것처럼 보임으로써 강사에 대한 믿음을 떨어뜨린다.

3. 현장강사의 역할 - ❸ 지휘관

"스트레스를 가장 많이 받는 직업은 무엇일까?"라는 연구에서 1순위가 전쟁을 지휘하는 일선 부대의 지휘관이라는 조사 결과가 있다. 전쟁의 지휘관은 본인은 물론 전투에 참여하는 모든 부대원의 생명까지도 책임지기 때문이다. 전쟁을 앞두고 지휘관은 모든 상황을 가정하고 준비한다. 직접 전투에 참여하는 전투병의 총알, 포탄은 물론 응급 시에 사용할 의약품, 식량, 운송 차량 등 모든 것을 챙겨야 한다.

가르치는 사람은 수업에 참여한 모든 사람이 강의를 듣고 농업 또는 사업 현장에서 성공할 수 있도록 철저한 준비해야 한다. 수업에 참여하는 청중이 강사의 강의를 듣고 어려움을 해결할 수 있도록 전쟁을 지휘하는 지휘관의 심정으로 강의에 임하여야 한다.

4. 강의 교재 - ❶ 논리성

1) 논문 형식
논문은 서론, 본론, 결론의 순서로 작성하는 것이 원칙이다. 강의를 할 때는 강의를 하는 목적, 목적을 달성하기 위해서는 어떤 일을 하여야 하는지, 이와 같은 일을 할 경우에는 어떤 효과가 있는지를 사전에 파악하고 강의 교재를 작성하여야 한다.

논리가 정확하지 않으면 청중의 신뢰를 얻기 어렵고 강의를 하는 강사도 강의 도중에 자신이 무슨 말을 하는지 알 수 없는 경우가 생긴다. 강의 시간이 1시간이건, 2시간이건, 또는 그 이상이어도 강사는 강의 내용을 서론, 본론, 결론의 순서대로 정리하여 강의교재를 작성하여야 한다.

2) 건물의 설계도처럼

아파트를 짓는 설계도면을 보면 첫장에 토지의 용도지역, 주차대수, 기타 건축제한 사항을 열거하고 층별 면적과 용도를 표시한다. 다음의 설계도는 층별 구획과 용도를 기재한 것을 볼 수 있다. 아파트를 지을 때는 전층의 골조를 세운 다음 철근콘크리트로 아파트 형태를 만들고 이후에 층별로 내장 공사, 벽지 부착 등의 공사를 한다.

강의안을 만들 때에도 아파트 공사의 설계도처럼 각 층에 해당하는 큰 제목을 만들고 각층의 구역에 해당하는 제목을 만들고 작은 제목 아래에 설명문을 적는다. 기초 골조를 세우는 작업을 완벽하게 할수록 아파트 공사를 진행하기 쉬운 것처럼 강의 교재를 만들 때에도 제목을 만드는 작업을 한 다음에 서론, 본론, 결론의 순서대로 잘 배열하면 내용을 채우는 데 어려움이 적어진다.

3) 기승전결

TV 드라마를 보다가 끝나면 아쉬움 속에 다음 회를 기다린다. 주인공은 어디로 갔을까, 애인은 왜 마음이 토라졌는지 등의 궁금증이 생기기 때문이다. 강의도 청중이 TV 드라마처럼 다음 강의 시간을 기다릴 수 있도록 구성한다.

즉 기승전결(起承轉結) 기법을 도입하는 것이다. 기승전결은 한시를 작성하거나, 이야기를 구성할 때 사용하는 기법으로, 기(起)는 시작하는 부분, 승(承)은 이야기를 전개하는 것, 전(轉)은 상대방이 알아차릴 수 없도록 상황을 바꾸는 것, 결(結)은

끝맺는 것을 의미한다. 강의의 전체 내용을 옛날이야기처럼 구성하여 청중에게 흥미와 관심을 갖도록 하면 강의의 효과를 극대화할 수 있다.

5. 강의 교재 - ❷ 시사성

1) 즉시 적용 가능한 내용

강의 교재를 논리적으로만 만들면 자칫 딱딱해져 청중이 흥미를 잃을 수 있다. 교과서에서도 볼 수 있는 자료라면 굳이 바쁜 시간을 내서 강의에 참여할 필요가 없다. 농민을 상대로 하는 강의에서는 이론도 중요하지만 현장에 즉시 적용할 수 있는 내용이 필요하다. 본인이 겪은 일과 타인의 실패와 성공 경험에서 나온 강의가 청중의 감동과 공감을 이끌어낼 수 있다. 강사는 본인의 생활은 물론 타인의 경험을 듣고 메모하여 이를 강의에 도입할 수 있도록 항상 준비하여야 한다.

2) 방송 매체의 정보 정리

라디오, TV에서 나오는 내용 중 강의에 필요한 정보가 있으면 즉시 메모하거나 촬영하여 강의 자료로 사용할 수 있도록 준비한다. 그 내용이 정확하게 이해가 안 될 경우에는 인터넷에서 용어를 검색하여 사실관계 확인을 하여야 강의 내용을 충실하게 만들 수 있다. 사실관계를 확인할 때는 인터넷 검색 사이트를 몇 군데 함께 검색하여 비교하면 정확한 정보를 얻을 수 있다. 그 다음에 인터넷 매체에 근거로 삼은 책, 논문 등을 찾아 다시 자세히 읽고 검토한다. 이 과정에서 강사의 실력도 향상된다.

6. 강의 교재 - ❸ 강의 자료 수집

1) 지역 연구

《택리지》의 저자 이중환(1690~1756)은 "충청도 보령의 청라동과 홍주의 광천, 해미의 무릉동, 남포의 화계에는 모두 대를 이어 살고 있는 부자가 많다"라고 하였다. 홍주는 홍성의 옛 지명으로, 1,000년 전인 1018년 홍주로 명명하고 1914년 홍성으로 지명이 바뀌었다. "홍성은 바닷길이 편리하고 가깝기 때문에 이곳을 거쳐 물자를 운반해오는 물류의 요충지이고, 심산유곡은 없어도 바다 옆의 외진 곳이기 때문에 외적의 침입이 없어 사람이 살기 제일 좋은 곳"이라고 하였다. 홍성의 사례에서 보듯이 강사가 지역을 연구하여 청중에게 알려주는 것은 지역을 잘 이해하고 사랑한다는 증거로 청중과 가까워지는 계기가 될 수 있다.

2) 인접 학문 연구

농산물 마케팅을 주제로 강의할 경우 마케팅 전문 서적을 연구하여 이론을 세우는 것은 당연히 해야 할 일이다. 그 외에 마케팅을 추진하는 주체인 법인은 일반회사로 할 것인지, 영농조합법인 또는 농업회사법인으로 할 것인지를 정해야 한다. 법인을 이해하고 강의를 하는 것과 모르고 강의를 하는 것은 강의 수준을 좌우할 수 있다.

회사를 설립하여 운영하면 경영 실적은 매년 국세청에 보고하는 재무제표로 나타난다. 회사를 경영하면서 회계 기본 지식을 알고 있으면 다음해의 사업계획을 수립하는 데 큰 도움이 된다. 생산한 농산물을 판매할 때 상대방과 계약서를 작성하는 기본 원리와 법률을 알면 미래에 발생할 수 있는 사건의 해결 방법도 미리 알게 되어 안정적인 경영을 할 수 있다. 이와 같이 강의 주제와 연결되어 있는 인접 학문과 지식을 습득하는 것은 강의의 수준을 높이는 데 큰 역할을 한다.

7. 강의 교재 - ❹ 정확한 의미 전달

1) 문장은 3줄 이내로 작성

강의 교재를 작성하게 되면 자세한 내용을 설명하기 위해 접속사(그리고, 또한, 그러나 등)를 사용하게 된다. 이 경우 접속사가 계속적으로 나오면 독자는 핵심이 무엇인지 잘 알 수 없다. 설명문은 3줄 이내로 작성하면 청중이 강의의 핵심을 쉽게 알 수 있다. 강사도 핵심을 정확하게 파악하고 설명할 수 있으므로 의미 전달에 효과적이다.

2) 정확한 용어 사용

한국어는 한글로 표기하여도 그 의미는 한자어가 많이 포함되어 있다. 강사가 한자의 본뜻을 모르고 사용하면 틀린 한글을 쓰게 된다. 이와 같은 잘못을 방지하려면 정확하게 모르는 한자어는 한자옥편을 찾거나, 인터넷 매체의 검색란을 이용하면 해결할 수 있다. 글을 쓰는 사람은 잘못 썼는지 모르지만 청중은 알게 된다. 이와 같은 상황을 강의하는 도중에 알게 되면 부끄러움에 강의를 제대로 할 수 없는 사태도 발생한다.

8. 강의 준비 - ❶ 강의 교재 외우기

1) 설교 잘하는 목사의 설교문 작성 방법

설교 잘한다고 소문난 어떤 목사가 일요일에 많은 교인이 모인 자리에서 하는 설교 준비를 하는 과정을 소개한다. 그 목사는 매주 월요일에 설교 제목을 정하고 5일 동안 소제목을 정한 다음 금요일 오후에 원고를 작성한다. 토요일은 설교 준비 외에 외부 일정은 잡지 않고 내용을 전부 외운 다음에 전체 내용을 A4 한 장으로 압축하여 정리한다.

일요일 설교 시간에는 한 장으로 정리한 메모지만 강단에 올려놓고 설교를 한다. 전체 내용을 외우고 있기 때문에 시간도 자연스럽게 조정할 수 있고, 설교를 할 때 교인 한 사람 한 사람과 눈을 맞추면서 눈으로 대화가 가능하여 신도에게 감동을 준다.

2) 농민강사의 강의 준비

처음 강의하는 강사는 떨리는 마음으로 강단에 서는데 이때 알고 있던 것도 잊어버리기도 하고 어떻게 강의를 할지 막막함을 느끼기도 한다. 이를 극복하는 방법은 강의를 할 수 있다는 자신감을 가지는 것이다. 자신감은 강의 내용을 얼마나 정확하게 알고 있느냐에 달렸다. 앞에서 예를 든 유명 목사의 설교 준비 방법을 참고하자.

강의 교재를 만든 다음에 작성한 원고를 외우는 작업을 한다. A4 용지에 12폰트의 크기로 작성한 강의 원고는 보통 10~20매 정도 된다. 외우는 일이 어려울 것 같아도 강의 교재의 제목을 만들고 수정하는 작업을 반복하면 제목 정도는 쉽게 외울수 있다. 강의 교재의 내용은 제목만 알면 쉽게 기억이 나게 된다. 이렇게 외우려면 모든 작업을 강사 자신이 직접 해야만 한다. 원고 작성을 타인에게 맡기면 원고를 외우기 힘들다.

원고를 효과적으로 외우려면 원고를 소리내어 읽으면서 녹음을 하고 USB에 저장하여 차를 운행하면서 들으면 좋다. 이와 같은 방법으로 원고를 외운 다음에 한 장짜리 요약본만 강단에 올려놓고 강의를 한다. 파워포인트를 전면에 띄워놓고 강의하면 기본 내용이 화면에 표시되므로 수월하게 할 수 있다.

9. 강의 준비 - ❷ 파워포인트 만들기

1) 강의 교재를 기초

청중에게 강의할 때 사용하는 파워포인트는 강의 교재의 핵심 자료만 기입하고 그 내용을 쉽게 이해할 수 있는 그림, 사진 등을 넣는다. 큰 제목을 중심으로 핵심 내용을 첫 페이지에 적어 강의 시작 전에 화면에 띄워놓는다. 예를 들어 농지법을 강의할 경우 농지취득과 이용이 주제라면 〈경자유전의 원칙〉을 키워드로 제시한다. 농업진흥지역이 주제일 경우에는 〈식량 안보〉를 키워드로 제시한다. 강사는 강의 내용 중 무엇이 핵심이 되는지를 끄집어내어 청중에게 제시하여야 한다.

2) 파워포인트를 인쇄물로 보관

처음 강의를 할 때에는 파워포인트를 화면에 띄워 놓아도 잘 보이지 않고 다음 내용이 무엇인지 궁금하여 강의에 자신감을 잃을 수 있다. 이럴 때는 파워포인트 내용을 인쇄한 것을 클리어파일에 넣고 강의 교재를 외우는 것처럼 완벽하게 외운 다음에 강단에 올려놓고, 강의하는 도중에 가끔 들여다보면 여유있게 강의를 할 수 있다.

10. 강의 준비 - ❸ 강의 준비 확인

1) 이력서 쓰기

이력서는 강사의 얼굴이므로 사진은 정장 차림의 깔끔한 모습의 사진을 붙이고 강의를 하는 주제에 적합한 이력을 쓰도록 한다. 경력이 다양할 경우 업무와 직접 관련이 없는 경력은 가급적 삭제하고 강의 주제와 적합한 경력을 표시하도록 한다. 요즈음 개인정보보호가 중요시되어 이력서에 주민등록번호의 뒷 자리를 전부 기재하지 않은 경우가 있다. 강의 후 강사료를 지급하는 기관에서는 세무 처리를 위해 강사의 성명, 주소는 물론 주민등록번호를 반드시 표시하여야 하므로 이력서를 작성할 때 반드시 주민등록번호를 기입한다.

2) 강사소개서 작성

  강의를 요청하는 기관에서는 강사를 청중에게 소개할 때 이력서를 보고 소개한다. 이력서만 보고 강사 소개를 할 경우 강사와 강의 주제를 정확하게 알릴 수 없다. 이와 같은 문제점을 해결하기 위해서 강사가 '강사 소개서'를 작성하여 강의 요청 기관에 미리 보내 그 내용대로 읽어주면 청중에게 강사의 정확한 정보를 제공하게 되어 강의 효과를 높일 수 있다.

3) 강의 도구 확인

  파워포인트는 강사와 청중에게 모두 유용한 도구이지만 조심해야 할 것이 많다. 강의 자료는 USB 저장장치에 담아 강의장 컴퓨터에 연결하여 사용하는데, 강사가 가지고 다니는 USB는 다양한 장소에서 사용하고, 강의를 요청하는 기관에도 많은 강사가 USB를 사용함으로 바이러스의 침입에 취약하다. 만일 강사가 가지고 있는 USB가 바이러스에 감염되면 강의가 불가능해진다. 따라서 이런 상황에 대비하기 위해 별도의 보조 USB를 휴대한다. 보조 USB까지 감염될 경우에 대비하여 강의 자료를 강사의 이메일과 클라우드에 보내서 저장하여 비상 시 사용한다

  파워포인트 화면을 가리키는 레이저포인터, 강의를 녹음하여 다시 들어볼 수 있는 녹음기, 강의하는 모습을 촬영할 수 있는 카메라도 준비한다.

11. 강의준비 - ❹ 강의장 입장

1) 강의 요청기관에 30분 전 도착

  30분 전에 강의 기관에 도착하여 인사를 나누고 청중의 숫자, 남녀 비율, 나이 등의 정보를 파악하여 강의를 풀어나갈 계획을 연구하면서 강의실에 15분 전에 입장한다. 이곳에서 청중과 자연스럽게 인사를 하고 강의기관에서 확인한 청중의 인적

사항을 바탕으로 대화를 나누어 강의 시작 전에 강사와 청중의 친밀도를 높이고 신뢰 분위기를 조성한다.

2) 화면이 정상적으로 나오는지 여부

컴퓨터에 강의 자료를 연결하여 화면이 정확하게 나오는지 확인한다. 강의할 파워포인트 화면이 정면에 나타나지 않을 경우 화면을 미리 조정한다.

3) 강의 보조기구 확인

강의 시작 시간과 끝나는 시간을 확인할 수 있도록 강사의 전면에 시계가 걸려 있는지, 시각은 정확하게 맞추어져 있는지 확인한다. 만일 시계가 없을 경우 손목시계를 준비하여 잘 보이는 곳에 놓아둔다. 강사는 시계를 보면서 강의 시간을 조절하는데 강의장에 시계가 없을 경우 핸드폰으로 시간을 확인하면 강의의 집중도가 떨어지므로 시계의 유무와 위치를 확인한다.

강의 도중에 중요한 내용은 칠판에 적어서 설명하여야 하는데 칠판이 더럽거나, 필기구가 오래되어 잘 써지지 않는지도 확인한다. 이와 같은 강의 보조기구의 확인은 강의 요청을 받고 강의 자료, 이력서, 강사소개서를 보낼 때 문서로 요청하는 것도 좋은 방안이다.

12. 실전 강의 - ❶ 강의 시작 전

1) 강사소개서 낭독

강사는 청중을 처음 만나기 때문에 긴장하게 되고 청중은 강사가 어떤 경력과 실력을 갖춘 사람인지 궁금하다. 사회자가 강사의 경력과 전문분야를 기록한 강사소개서를 읽어주면 청중은 강사에 대한 정확한 정보를 알 수 있으므로 궁금증이 해소되어 강사에 대한 신뢰를 바탕으로 강의를 할 수 있다.

2) 인사

정식으로 청중과 인사를 하고 강사소개서에 빠진 부분을 설명하고 강의를 시작한다. 시작하기 전에 강사에 대한 궁금증을 유발할 수 있는 표현과 최근에 화제가 되는 사건 등을 간단히 언급한다.

(예: 제 손이 하얗지요? 저도 농사를 꽤 많이 짓고 있습니다. 오늘 아침 신문을 보니 가뭄으로 농작물에 피해가 많다는데 여러분 농사는 어떻습니까?)

3) 마이크 사용 자제

모든 강의장에는 마이크가 기본 장비로 준비되어 있다. 강사의 강의는 마이크와 스피커를 통해 크게 나온다. 이 경우 강사의 목소리, 마이크와 강사의 입술 간격, 스피커 설치 위치와 품질에 따라 강사의 목소리가 여러 가지 형태로 변형되어 청중에게 들린다. 강사는 스피커로 흘러나온 자신의 목소리를 정확히 들을 수 없으므로 청중에 들리는 소리를 정확히 알 수 없다.

강의는 목소리, 눈맞춤과 몸동작이 어우러져야 전달력이 높아진다. 좁은 강의장에서 마이크를 통해 나온 목소리는 울림이 강하여 강사의 목소리를 제대로 전달하기 어렵고 마이크를 잡고 있는 손은 몸동작을 어렵게 한다.

20~30명 정도의 청중 앞에서는 마이크를 잡지 않고 강의를 하면 강사의 육성과 몸동작으로 강의 효과를 높일 수 있다.

13. 실전 강의 - ❷ 인사 후 핵심 내용 표시

1) 청중끼리 인사하기

옆자리에 앉아 있는 청중이 서로 모르는 사람인 경우에 말을 걸기도 서먹서먹하여 분위기가 딱딱해지는 경우가 많다. 이런 어색한 분위기 속에서는 강의를 이끌고 나가기 어렵다. 이 경우 강사가 옆자리에 앉은 사람끼리, 또는 앞뒤에 앉아 있는 사람에게

서로 악수를 하거나 "안녕하세요" 라는 인사를 시켜 분위기를 부드럽게 한다.

2) 핵심 내용 제시

파워포인트 첫 장에 그 시간에 강의할 내용의 핵심 내용을 표시한다. 마케팅 수업의 경우 '마케팅은 ○○ 이다' 라는 문구를 보여주고 수업을 시작한다.

14. 실전 강의 - ❸ 졸릴 때 분위기 반전

1) 교재와 파워포인트 화면 읽기

학자들의 연구에 의하면 수업 중에 계속하여 집중할 수 있는 시간은 20분 정도밖에 안되므로 강의 후 20분이 지나면 청중은 졸리기 시작한다. 졸음을 쫓고 수업에 집중할 수 있는 방법으로 강의 교재와 파워포인트의 내용을 읽게 하는 방법이 있다. 이와 같은 방법을 사용할 때는 개별적으로 읽거나 단체로 읽게 하는 방법이 있다.

2) 기지개 켜기

졸음은 장사도 견딜 수 없는 생리적인 현상이다. 졸음이 오는 원인은 의자에 앉아 있는 단순한 행동과 환기가 잘 안 되는 교실의 산소 부족에서 온다. 졸음이 오는 현상을 방지하기 위해 기지개를 켜거나 옆자리에 앉아 있는 사람에게 안마를 해주는 방법이 있다. 수업을 마치고 쉬는 시간에 창문과 출입문을 열어놓아 환기를 하는 것도 좋은 방법이다.

15. 실전 강의 - ❹ 기승전결 기법

1) 기승전결

강의 교재를 만들 때는 서론, 본론, 결론의 원칙을 지켜 작성하고 강의를 할 때는 전체를 도입부(기), 이야기 전개(승), 상황 반전(전), 결론(결)의 순서 구상으로 하여야 한다.

처음 강의를 할 때는 강의 내용을 제대로 전달하기도 어렵다. 그러나 강의 내용을 완전히 이해하고 숙지한 다음에는 강의 전체를 하나의 스토리로 엮어야 한다. 교재는 논문의 형식과 같이 서론, 본론, 결론으로 구성하지만 강사의 설명은 TV 드라마처럼 다음 시간이 기다려지도록 스토리를 만들어야 한다.

2) 수업 마침은 핵심 반복

수업을 마치고 인사를 하기 전에 오늘 수업 내용 중 가장 중요한 것을 함께 읽어보고 복창을 하면서 마친다.

16. 목소리 훈련 - ❶ 좋은 목소리는 강사의 재산

1) 복식호흡

좋은 목소리를 내려면 호흡, 발성, 발음이 중요하다. 숨을 쉬는 방법에는 흉식호흡과 복식호흡 두 가지가 있다. 흉식호흡은 가슴의 움직임에 의해 호흡을 하는 것으로 어깨가 고정되어 있는 상태에서 늑골의 확장과 수축에 의해 공기를 흡입하고 밖으로 내보내 호흡을 하는 것이다. 복식호흡은 흉식호흡과는 달리 복부의 움직임에 따라 호흡이 이루어지는 것이다.

복식호흡은 흉식호흡에 비해 공기를 많이 저장할 수 있어 여유 있는 호흡을 할 수 있다. 성악가가 노래를 할 때 가슴은 물론 배까지 움직이는 것은 복식호흡을 통해 성량을 풍부하게 할 수 있기 때문이다. 강의를 할 때도 목에서 나오는 소리로 하는 강의보다 뱃속 깊은 곳에서 나오는 목소리가 전달력이 높으므로 복식호흡을 하면서 소리를 내는 것이 효과적이다.

2) 목을 둥글고 크게 벌리기

목소리를 낼 때 입을 크게 벌리고 둥글게 만들어 소리를 내는 데 충분한 공간을 확보한다. 성악가가 무대에서 입을 크게 벌리고 노래를 하는 원리이다. 입을 크게 벌리면 만들어진 공간에서 공명이 발생하여 시원하고 맑게 울리는 목소리를 만들 수 있다. 입을 크게 벌리지 않고 강의를 하면 목소리가 답답하고 꽉 막힌 느낌을 준다. 반대로 목과 입을 크게 벌려 입에서 입천장 뒤에 있는 부드러운 근육인 연구개가 살짝 올라갈 정도가 된다. 이와 같은 상태가 되면 입과 목 사이의 공간에서 부드러운 울림이 생겨 시원시원한 소리를 낼 수 있다.

3) 얼굴 공명

좋은 목소리는 울림이 좋아야 한다. 목소리의 울림이 좋으려면 입에 바람을 넣은 것처럼 양볼을 볼록하게 만들어 복식호흡으로 숨을 들이마시고 편안한 상태에서 "음~~~"하면서 허밍을 한다. 이렇게 하면 목에서 나오는 소리가 아니라 코와 입의 앞쪽에서 공기가 부드럽게 떨리면서 소리가 난다. 코와 입 주위를 손으로 만졌을 때 손끝에 부드러운 울림이 나는 상태를 말한다.

17. 목소리 훈련 - ❷ 읽기

1) 교재 정독과 외우기

강의 교재를 또박또박 읽어 전체 내용을 파악하고 외운다. 천천히 낭독하면 강의 교재를 만들면서 누락된 내용도 생각나고 문맥이 잘 통하지 않는 문장을 가다듬을 수 있는 기회가 된다. 강의에서 자신감을 가지려면 강의 내용을 얼마나 정확하게 알고 있는지가 관건이다. 강의 내용을 복식호흡을 통해 읽으면 목소리 훈련도 겸하는 기회가 된다.

2) 고전 읽기

좋은 목소리를 만들고 실력을 키우는 방법으로 고전을 소리내어 읽는 것이 있다. 고전에서는 선현의 지혜를 발견할 수 있고, 강의 중에 청중에게 소개를 하여 강의의 수준을 높이는데 효과를 발휘한다. 좋은 문장이나 격언을 소리내어 읽음으로서 머리로 기억하고 입에 익숙하게 만든다. 고전 중에 한시를 읽어 익히면 강의장에서도 적절한 비유로 사용할 수 있다. 또한 저자의 철학과 사상을 마음에 담아 강사의 품격을 높이는 데 도움이 된다.

18. 목소리 훈련 - ❸ 연습과 준비

1) 준비 운동은 운동선수의 기본

운동선수가 경기장에 들어서면 몸 풀기부터 시작한다. 관중이 보면 지나치다 싶을 정도로 머리부터 발끝까지 풀어준다. 머리를 당기고 돌리는 동작부터 가벼운 체조를 하고 제자리에서 뛰기도 하고 앞으로 달려나가는 자세를 하기도 한다. 경기가 없는 날은 혼자서 밤 늦게까지 개인 훈련을 하여 언제든지 경기에 나갈 수 있는 체력과 기술을 연마한다.

2) 강사의 성대 보호

강사는 언제 강의 요청을 받더라도 강단에 설 수 있는 준비를 하여야 한다. 유명 가수가 성대를 보호하기 위해 잠 잘 때 목에 수건을 감고 자고, 세계 정상에 오른 골프 선수가 시합이 없는 날은 하루도 쉬지 않고 연습을 한다는 이야기를 들었다. 강사도 언제나 강단에 설 수 있도록 공부를 하여야 하고 목을 보호하는 노력을 하여야 한다. 맑은 목소리에 해로운 술과 담배는 절제해야 한다. 물론, 강의 전에는 카페인이 든 음료도 멀리하여야 시원시원하고 호소력이 있는 목소리를 유지할 수 있다. 강의 전날은 잠도 푹 자야 한다. 잠이 부족하여 하품을 하면서 강의장에 들어갈 수는 없다.

19. 강의 기법 - ❶ 명강사

명강사는 '어려운 내용을 쉽게 가르치는 사람'이라고 하였고 구체적인 10가지 특징은 아래와 같다.

1. 강의 주제는 물론 인접 학문과 사물에 박식하다.
2. 어려운 내용은 적합한 비유를 들어 설명한다.
3. 청중과 눈 빛으로 통한다.
4. 몸짓으로 말한다.
5. 강의 시간에 늦지 않는다.
6. 실수를 즉시 인정하고 사과한다.
7. 건강한 웃음이 있다.
8. 기승전결 기법을 사용한다.
9. 물고기를 잡는 법을 가르친다.
10. 항상 공부한다.

20. 강의 기법 - ❷ SPOT

1. 앞자리 착석 꺼리는 사람들에게
- "제일 앞 자리에 앉는 교육생에게는 특별히 상품권을 드리겠습니다.

현대 백화점의 엘리베이터를 10년간 무료로 이용하실 수 있는 상품권입니다."

■ "제일 뒷 자리에 앉아 계신 분들은 교육기간 동안 잠만 푹 주무시겠다는 것으로 추정하여 특별히 시험(평가)을 보겠습니다."

2. 오프닝 멘트

■ "제 강의 시간이 09:00부터 10:20분까지입니다. 주무시는 교육생이 없으면 일찍 끝내 드리겠습니다. 만약 조는 사람이 있으면, 조는 사람 한 명당 5분씩 교육시간을 연장하겠습니다. 강의를 일찍 끝내려면, 주무시는 옆사람을 깨워주어야 되겠죠?"

■ "평가도 끝났으니, 편하게만 들어주시면 되겠습니다."

3. 전문적이고 수준 높은 주제

"보시는 바와 같이 (아주) 전문적이고 수준이 높은 주제입니다".

4. 끝 맺음말

■ 간결함과 공손함이 묻어나오도록 한다.

■ "끝까지 관심있게 경청해주서서 (대단히) 감사합니다."

■ "마지막에 장황한 말이나 지나친 디자인 사용으로 오히려 반감을 주는 것은 피해야 한다. 사족의 유혹을 뿌리쳐야 한다."

21. 강의 기법 - ❸ 강의시 집중 요령

1) 사례를 활용하라. (사례가 일반화되면 버려라)
2) 흥미 있는 유머를 구사하라. (지나치면 저급해진다)
3) 변화를 주라. (분위기, 음성, 속도, 복창 등)

4) 체험을 이야기하라.(체험은 신뢰감을 준다)

5) "keep it Simple, Stupid." (단순하고 평이한 표현으로 감동시킬 수 있게 하라)

22. 강의 기법 - ❹ 교수 기법

- 강의 시작전 먼저 개요를 제시한 후에 세세하게 들어간다.
- 풍부한 사례 또는 실례를 제시한다.
- 어떻게 하면 『참여식』으로 유도할 것인가를 고민한다.
- 시청각 활용
- 주의력을 유도 (롤플레잉 보조 교재)
- 강의시 동선이 짧지 않게 한다. ⇒ 움직여라
- 시선을 교육생과 맞추어라
- 제스처는 크게 한다.
- 『판서』의 필요성 ⇒ 주의력 유지가 가능하다.

23. 강의 기법 - ❺ 교육생의 언어로 이야기하라

강연하는 강사들에게는 철칙이 있다. 알게 하지 말고 느끼게 하라는 것이다. 느끼도록 하기 위해서 필요한 것이 바로 공감대다. 공감대를 형성하기 위해서 필요한 것은 '그들의 언어로 말하는 것' 이다.

특정 부류의 사람들에게는 그들만이 쓰는 은어나 비속어가 있다. 은어나 비속어를 쓰는 것은 옳고 그름을 떠나서, 그러한 언어의 친근성은 서로의 공감대를 쉽게 얻어낼 수 있게 한다. 꼭 은어나 비속어를 쓰지 않더라도 그들의 정서를 반영할 수 있는 단어나 언어를 사용해도 공감대를 만들 수 있다.

'그들의 언어로 이야기하라' 는 것은 그들과 함께 느끼고 그들이 가지고 있는 정서로 느끼며 그들의 표현 방법대로 어필해야 한다는 의미다. 그렇게 할 때 강사는 청중과의 거리를 좁힐 수 있다. 그들의 언어로 말한다면 그들은 필연적으로 공감하게 마련이다. 그들의 언어로 말한다는 것은 그들의 정서에 동화되어야 한다는 것이다.

24. 강의 기법 - ❻ 긴장 풀기 방법(슐츠의 자율훈련법)

■슐츠의 자율훈련법: 중요한 순간에 긴장을 풀어줄 수 있는 방법

■몸의 긴장을 풀어줌으로써 심리적인 안정을 찾을 수 있으며, 또한 반수면 상태와 각성 상태를 조절할 수 있다면 몸이 한결 가벼워진다

■소요시간은 10~15분 정도이며, 의자를 이용해도 좋다. 가급적 조용한 장소가 바람직하나 지하철 안이나 사무실에서도 가능하다.

■강의 준비를 끝낸 다음 이 훈련을 하고 나서 실전에 임하게 되면 더없이 좋을 것이다. 직전에 오페라를 듣는 것도 효과적이다.

■평상심을 유지하기 위해서는 호흡을 통하여 자신을 안정시켜야 한다. 자신감이 없을 때에는 반드시 호흡이 불규칙해지기 때문에 복식호흡을 추천한다.

■호흡을 통하여 안정감을 찾게 되면 '자의식 과잉상태' 로부터 서서히 멀어질 수 있다. 그렇게 되면 우리가 '유체이탈' 이라 부르는 상태에 이르게 된다. 즉, 또 다른 자신이 긴장을 하고 있는 자신을 객관적으로 바라볼 수 있게 된다는 말이다.

■자신의 비디오를 볼 때 그 사람의 나르시시스트 정도를 알 수 있다고 한다. 자신의 모습을 보고 너무 심취할 필요도 없으며, 자기혐오에 빠질 필요도 없다. 현실적인 자신의 모습을 객관적으로 바라보지 못하는 사람은 현실에서 탈피하고 싶은 욕망이 강한 사람이라는 사실을 알아야 한다. 그냥 편안하게 자신의 모습을 바라보기 바란다. 그 모습이 우습다면 그냥 웃어 넘기면 되는 것이다.

	마음속으로 하는 말	의식을 집중해야 하는 부분
실행	가슴이 따뜻하다	양어깨, 양다리
	기분이 편안하다	호흡
	배가 따뜻하다	위
	호흡이 편하다	호흡
	심장이 규칙적으로 뛰고 있다	심장의 고동
	머리가 편안하고 시원하다	머리
소거동작	손을 쥐었다 폈다 한다	
	가슴을 굽히거나 편다	
	천천히 눈을 뜬다	
강의 전에 하면 긴장을 풀고 집중력을 높일 수 있다. 실행 후에는 소거 동작을 반드시 한다.		

11장
강사의 명강의 기법

25. 명강의 노하우 - ❶ 효과적인 강의 구성

1. 강의에 시작이 있어야 한다.

(1) 지난번 강의 요약(review) : 무엇을 하였는가?

(2) 새 강의 요약(preview) : 무엇을 하고자 하는가?

(3) 교육 목적(objectives) : 왜 하는가?

2. 강의에 숨 돌릴 여유가 있어야 한다.

한 시간짜리 강의를 들으면 첫 15분 발표된 내용은 75% 정도 기억하고 그 후에는 기억하는 정도가 차츰 떨어져서 맨 마지막 15분에 들은 내용은 20%도 기억하지 못한다. 학습 효과를 높이려면 강의를 단막극으로 생각하지 말고 중간 중간에 막을 내리는 다막극으로 구상하는 것이 필요하다. 매 15~20분마다 변화를 주면 강의 시간 내내 상당히 높은 주의력을 유지할 수 있다.

3. 호기심을 유발한다.

효과적인 강의를 하려면 기똥찬 예, 실질적 응용, 엉뚱한 응용, '칼' 같이 예리한 질문 등으로 학생들을 도전하게 만들거나 학생들의 호기심을 자극하여 배우고 싶어하는 학습동기를 유발해야 한다.

4. 가장 중요한 내용을 부각시킨다.

훌륭한 강의를 하려면 강의의 핵심 메시지를 세 번 반복한다.

5. 강의에 끝맺음이 있게 한다.

연속극은 하나의 큰 이야기가 작은 에피소드로 나뉘어 방송되는 것이지만 각 에피소드에는 나름대로 하나의 완전한 이야기가 실려 있다. 강의도 마찬가지로 전후의 강의 내용과 연결되지만 각 강의마다 매듭을 짓는 것이 좋다. 개념을 설명하거나 수식을 푸는 도중에 "다음 시간에 계속 하겠습니다" 하고 강의를 중단하는 경우는 어설픈 강의의 예이다.

26. 명강의 노하우 - ❷ 교육생은 다양하다

(1) 하버드 대학교 심리학과 하워드 가드너(Howard Gardener) 교수의 연구에 의하면 사회에서의 성공과 대학성적표와는 거의 상관관계가 없는 것으로 나타났다.

그 이유는 학교성적은 대개 두뇌의 극히 부분적인 영역에 지나지 않는 논리/수학 능력이나 언어 능력 정도밖에 측정하지 않는데, 실제로 인간의 두뇌 능력에는 공각 능력, 음악 능력, 내적 통찰력, 대인관계 능력 등 일곱 가지 서로 다른 영역이 있다. 이 능력들은 서로 무관하게 발달할 수 있어서 예들 들어 음치도 야구왕이 될 수 있다.

(2) I.Q는 프랑스의 교육학자 비네(Binet)가 의무교육을 성공적으로 받을 수 있는 아동과 그렇지 못한 아동을 구분하기 위해 개발한 것이다.

(3) 예일 대학교 심리학과 스타인버그(Steinberg)교수는 인간의 두뇌 능력에는 세

가지 영역이 있는데 분석 · 논리 능력, 적용력, 창의력이라고 했다.

(4) 그가 쓴《성공적 두뇌(Successful Intelligence)》에 나오는 이야기이다.

똑똑이(우등생)와 똘똘이(개구쟁이)가 산 속에서 호랑이를 만났다. 똑똑이는 정확히 계산을 해보더니 '17.88초 후면 이제 우리는 죽는구나' 라고 결론지으면서 똘똘이를 쳐다보았다. 그러나 똘똘이는 태연스럽게 운동화 끈을 동여매고 있지 않은가. 그 모습을 본 우등생 똑똑이는 열등생 똘똘이를 비꼬았다. "멍청하긴. 네가 뛰어봤자지. 호랑이보다 빨리 뛸 것 같아?" 그러자 똘똘이는 씩 웃으면서 말했다. "아니야, 나는 너보다만 빨리 뛰면 돼."

(5) 불행하게도 정규교육 과정에서는 분석/논리 능력에만 치우치고 두 영역인 적용력과 창의력에 대해서는 측정 방법조차 개발되지 않아서 많은 인재들을 '공부 못한다' 는 한마디로 능력을 썩히고 있는지도 모른다고 안타까워한다.

(6) 흔히들 학교 우등생이 사회의 열등생이 될 수 있다. 이를테면 논리/수학 능력이 좀 부족해도 반짝이는 기지와 적응력, 응용력, 현실감각, 대인관계 능력이 아주 뛰어나다면 회사든 대학에서든 성공할 수 있다.

(7) 인간의 두뇌는 좌반구와 우반구로 나누어져 있다. 좌측 두뇌는 수학과 논리를 다스리고 우측 두뇌는 언어와 예술 능력을 다스린다.

(8)《창의적인 두뇌(The Creative Braen, 1988)》를 저술한 네드 허만(Ned Hermann) 교수는 인간의 두뇌를 한 번 더 나누어 4등분하였다.

① A쪽 두뇌가 발달한 사람은 수학, 물리, 이론 등 분석을 요구하는 일에 능하다.

② B쪽 두뇌가 발달한 사람은 계획성 있고 꼼꼼하며 정리 정돈을 잘한다.

③ C쪽은 말솜씨와 언어 감각이 뛰어나고 대인관계가 원만하다.

④ D쪽은 호기심이 강하고 모험심이 풍부하며 남과 좀 다르게 엉뚱하거나 삐딱한 행동을 곧 잘 한다.

- 여기서 주목하고 싶은 것은 흔히들 사회에서 개구쟁이, 말썽꾸러기, 괴짜, 돌연변이로 부르는 (체제 불순응형) 사람들이 대개 우수한 D쪽 두뇌를 가졌을 확률이 높다는 점인데 이쪽 두뇌가 바로 높은 창의력과 직결된다는 점이다.

(9) 미시간공대 학장 럼스데인(Lumsdaine) 박사가 공대 학생들을 조사를 해보니 공대생들이 졸업할 즈음에는 A쪽 두뇌, 곧 분석적 두뇌만 불균형적으로 비대하게 개발되어 있는 것을 발견했다(물론 공대 교수들도 마찬가지였다).

(10) 기술 경쟁을 하려면 창의력이 필수인 시대다. 또 서비스 경쟁을 하려면 C와 D쪽 두뇌도 골고루 발달해야 한다.

27. 명강의 노하우 - ❸ 강의 요약 노트를 준비한다.

(1) 전번 강의의 결론
(2) 오늘 강의의 주요 목적
① 이슈(오늘 이룰 강의 목적이 어떤 중요성을 갖는가?, 전번 강의 내용과 무슨 관계가 있는가?)
② 소제목(목적에 도달하는 과정을 순차적으로 적음)
③ 예시, 응용

28. 명강의 노하우 - ❹ 훌륭한 강의의 핵심요소

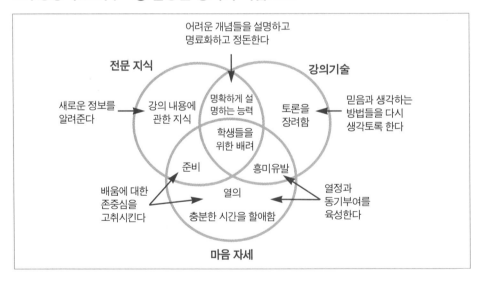

(1) 새로운 정보를 알려준다.

- 강의 내용에 관한 지식에서 비롯한다.

(2) 어려운 개념들을 설명하고, 명료화하고 정돈한다.

- 명확하게 설명하는 능력에서 나온다.

(3) 배움에 대한 존중심을 고취시킨다.

- 철저하게 준비하고 또 수업시간에 열의를 보이면 저절로 고취된다. 교수의 열의가 학생들에게 전달되어 흥미진진하게 진행되면 학생들 역시 수업에 열정을 보일 것이다.

(4) 믿음과 생각하는 방법들을 다시 생각토록 한다.

- 그러기 위해서는 수업시간에 토론을 장려한다.

(5) 더 깊게 연구하기 위한 열정과 동기부여를 육성한다.

29. 명강의 노하우 - ❺ 효과적인 강의가 미치는 영향

(1) 새로운 정보를 알려주면 학생들은 지식을 얻게 된다.

(2) 어려운 개념들을 설명하기 위해서는 학생들에게 배움의 목적이 뚜렷하다는 점을 전제로 한다.

(3) 배움에 대한 존경심과 열정은 학생들의 동기를 말한다.

(4) '믿음과 생각하는 방법들을 다시 생각토록 한다.' 는 말은 고등의식을 나타낸다. 그저 '생각토록 한다' 가 아니고 '생각하는 방법을 다시 생각토록 한다' 이다. 좀 더 높은 차원, 자신이 생각하고 있다는 자체를 의식하는 차원이다.

(5) 훌륭한 강의란 학생들에게 무엇(전문지식)을 어떻게(기술) 배운다는 것과 그것을 배우고 싶어하는 마음(태도)을 전달하는 것이다. 결국 유능한 교수의 핵심인 세 영역이 학생들에게 고스란히 전달되는 셈이다. 이렇게 보면, 교육의 최종 목적은 학생 스스로가 교육의 책임을 갖도록 하는 것이다.

30. 시선 처리 - ❶ 맨 처음 시작할 때의 시선

■ 맨 처음 시작할 때의 시선은 가장 멀리 있는 사람을 향해야 한다.

■ 강사는 먼저 가장 멀리 있는 사람에게 시선을 고정해야 한다.

■ 그때 단순히 바라보는 것이 아니라 그 사람과 눈을 마주치고 약간의 미소를 지으며 인사해야 한다.

■ 멀리 있는 사람에게 먼저 시선을 고정해야 하는 이유는 일부가 아닌 그 강의실에 참석한 모든 사람을 대상으로 강의를 하고 있다는 암묵적인 메시지를 전달하기 위함이다.

■ 가장 멀리 있는 사람을 기준으로 목소리의 톤을 조정해 인사말을 한다.

■ 앞쪽에 있는 사람을 기준으로 시선을 고정하면 뒤쪽에 있는 사람들은 소외감을 느낄 수 있다.

■ 모든 사람에게 시선을 보내어 자신의 이야기에 집중할 수 있도록 유도해야 한다.

31. 시선 처리 - ❷ 시선을 옮기는 포인트

■ 시선을 옮기는 포인트

• 몇 명에게 어렴풋이 고정하는 것이 아니라 그 중 한 사람에게 집중해서 고정해야 한다.

■ 상대의 눈을 보는 시간

• 3~5초 정도면 된다. 우리나라 사람들은 눈길을 마주치는 것에 익숙하지 않기 때문에 너무 오래 바라보면 오히려 집중력이 떨어지거나 눈길을 피하게 된다.

32. 시선 처리 - ❸ 경직되어 집중이 되지 않을 경우

■ 강의장 분위기가 경직되어 있고 집중이 되지 않을 경우에는 먼저 호의적인 태도를 보이는 사람을 찾아내어 그 사람을 바라보며 말을 한다.

■ 강사의 이야기에 맞장구를 쳐주는 사람을 보며 강의를 하면 조금씩 자신감이 생긴다.

■ 기분이 조금 편안해졌다면 이번에는 무표정으로 이야기를 듣고 있는 사람들과도 눈길을 맞춰보자. 시선을 고정하지 않고 막연히 바라보며 말을 하는 사람과, 한 사람 한 사람에게 일일이 눈길을 맞추어가며 말을 하는 사람에 대한 청중의 반응은 천지 차이이다.

■ 사람은 눈을 보며 말을 하게 되면 집중도가 높아진다. 시선이 자신에게 고정되어 있으면 자신의 이야기로서 받아들인다는 말이다. 그렇기 때문에 가급적 많은 사람들과 눈길을 마주쳐가며 말을 하는 습관을 들여야 한다.

■ 반드시 들어주었으면 하는 중요한 부분을 설명할 때는 스크린에서 눈을 돌려 듣는 사람들을 보며 말을 이어나가야 한다. 당신의 진지한 행동은 상대에게도 그 중요성이 자연스럽게 전달될 것이다.

■ 특별히 상대의 주의를 끌어야 하는 부분에서는 더욱 시선 처리가 중요하다. 듣는 사람은 당신이 보고 있는 것에 주목을 하기 때문이다. 당신이 스크린을 보고 있으면 듣는 사람들도 스크린을 보게 된다.

■ 당신이 긴장하면 상대도 긴장을 하게 된다. 당신이 침착하게 친밀감을 나타내면 듣는 쪽도 조금씩 긴장을 풀고 당신에게 친밀감을 느낄 것이다. 상대의 불안과 긴장은 자신의 불안과 긴장이 그대로 반영된 것이라는 것을 명심해야 한다.

■ 분위기를 끌어올리고 싶다면 먼저 자신부터 밝아져야 한다. 당신의 비언어적 표현은 상대에게 전염된다. 그 장소의 분위기는 바로 당신이 연출해야 한다.(강사 책임이다)

■ 손의 위치는 어디가 가장 적당할까? 손은 반드시 시각적인 표현을 하기 쉬운 위

치에 두어야 한다. 몸 측면에 자연스러운 상태로 내려놓는 것이 가장 이상적이다. 이 자세를 뉴트럴 포지션이라 한다. 이 위치는 언제든지 원하는 곳으로 자연스럽게 손을 옮길 수 있다.

• 턱을 끌어당기고 등을 곧바로 펴고 손을 자유자재로 움직이기 위해서는 안정감 있는 자세가 중요하다. 양 다리는 어깨넓이로 벌리고 발뒤꿈치는 바닥에 고정시키고 언제라도 전,후,좌,우로 움직일 수 있는 상태를 취하는 것이 좋다. 한쪽 발에 중심을 두고 서 있는 자세도 역시 안정감이 없기 때문에 피해야 한다.

• 위치는 반드시 참석자 전원이 잘 보이는 곳에 잡아야 한다.

• 전 · 후의 움직임을 능숙하게 활용하면 의외의 효과를 볼 수 있다. 특히 듣는 사람들에게 주의를 끌어야 할 경우나 강조해야 할 부분 또는 결론을 말할 때에 사용하면 효과적이다.

33. 시선 처리 - ❹ 시선 이동법

■ 막연히 바라보지 말고 한 사람에게 시선을 고정한다. 한 사람당 3~5초가 일반적이다.

■ 가장 멀리 있는 사람부터 좌, 중, 우로 또는 전, 후, 전, 후(Z자형, M자형, W자형)로 천천히 자연스럽게 이동한다.

34. 아트스피치[1] - ❶ 스피치 기법 '하나'

- 스피치는 무조건 배우면 된다.
- 스피치할 때 가장 중요한 요소는 말 잘하는 방법이 아니라, 하고 싶은 말을 자연스럽게 전달하는 능력이다. 청중은 진심이 담긴 준비된 말에 공감한다. 청중과 주파수를 맞춘 말은 커다란 에너지를 담아 울려퍼진다. 스피치에서는 청중과의 공감이 제일 중요하다.
- 부모는 아이들의 스피치 멘토는 못 되더라도 최소한 스피치 파트너는 돼야 한다.
- 진정한 프로는 닥쳤을 때 준비하는 자가 아니라 평소 연습과 훈련으로 이미 준비된 자이다.
- 위기 때마다 일어섰던 노하우, 모두가 안 된다고 했을 때 시도해 성공한 신화 같은, 보석과 같은 경험과 노하우 등을 이야기로 강연한다면 많은 사람들에게 좋은 영향을 줄 수 있을 것이다.
- 제대로 준비를 하고 무대에 올라야 한다.
- 전문 스피치에는 삶의 경험, 지식, 지혜가 담겨 있다.
- 전문 스피치는 나만이 할 수 있는 말, 나만의 독특한 콘텐츠를 갖춰야 비로소 할 수 있다. 청중은 들을 만한 말에 귀를 기울인다. 누구나 할 수 있는 말에는 10분만 들어도 지루함을 느낀다. 청중을 귀 기울이게 만들려면 독특한 콘텐츠가 있어야 한다.
- "할 말이 없으면 절대로 나가지 마세요." 할 말이 생길 때까지 기다려야 한다. 준비가 제대로 되지 않았으면 준비될 때까지 기다려야 한다. 대중 앞에 나서는 사람이라면 누구나 지켜야 할 불문율이다.
- 스피치는 건축처럼 설계도를 짜야 한다. 스피치를 설계하지 않으면 강연자도 할 말을 못하고 청중도 들을 말을 못 듣는다. 결국 서로가 피해를 보는 스피치가 된

---

1)《김미경의 아트 스피치》인용(❶ 스피치기법 '하나' ~ ❺스피치기법 '다섯'), 김미경, 21세기북스

다. 스피치는 3분짜리 자기소개든 1시간짜리 강연이든 무조건 설계부터 해야 한다. 하고 싶은 말을 몇 개의 소주제로 나누어 구분하고 앞뒤에 도입부와 종결부를 붙인다. 그렇게 기본적인 설계만 해두면 3분이든 1시간이든 주어진 시간에 맞게 하고 싶은 말을 할 수 있다. 물론 스피치 설계는 사람마다 스타일이 다르다.

■ 내가 만드는 스피치 설계도는 책 목차와 비슷하다. 만약 '창업 성공의 비밀'이라는 주제로 1시간 강연을 한다고 가정해보자.

• 먼저 A4 용지 3장을 책상 위에 펼쳐놓는다. 그 위에 3가지 대주제를 하나씩 쓰고

• 대주제마다 각각의 소주제를 넣으며 에피소드를 끼워넣는다.

• 그리고 종결부를 채워 글을 마무리한다. 그렇게 모든 강의마다 3장짜리 강연안을 작성한다.

35. 아트스피치 - ❷ 스피치 기법 '둘'

■ 스피치 원고는 직접 써야 한다. 고 김대중 대통령은 평소 스피치 원고를 직접 쓰고 다듬었다. 그는 야당의원 시절부터 직접 스피치 원고를 썼다. 대통령으로 재직하는 동안에도 비서가 쓴 원고를 그대로 읽는 법이 없었다. 거울을 보며 연습하다가 매끄럽지 않거나 설득력이 약한 부분은 직접 고쳤다. 그는 그 정도로 스피치 원고에 많은 공을 들였다. 그는 독서광이었기에 무한한 스피치 자원을 가지고 있었다.

■ 스피치에도 황금분할이 있다.

• 도입부에서는 나를 재미있게 소개하면서 청중과 호흡을 맞춘 뒤 할 말의 실마리를 풀어라.

• 마지막 부분에서는 주제에 어울리는 가슴 뭉클한 이야기를 들려주면 그 동안 들은 이야기들이 모두 아름답게 느껴진다.

■ 음악에서 A-B-A' 구조가 기본이듯, 스피치에서도 A-B-A' 구조가 매우 중요하다.

• A에서 주제가 나오고 B에서 설명을 했으면 다시 본 주제로 돌아가야 한다.

• 그래야 '아, 이걸 강조하면서 끝내는구나' 하고 안심하면서 감동과 설득을 당할 마음의 준비를 한다.

• 흥분한 나머지 옆길로 새는 강연자들이 많다. A'로 돌아가지 못하고 원 주제에서 한참 벗어나 C나 D, E로 떠나는 것이다.

■ 2시간짜리 스피치를 음악에 비교하면 오케스트라 같은 대곡이다.

• 도입부 - 파트 1 · 2 · 3 - 종결부로 구성된다.

• 각 파트에는 다시 설득 포인트와 사례가 들어간다.

36. 아트스피치 - ❸ 스피치 기법 '셋'

■ 스피치 원고의 황금 비율(10분)

• 도입부(30초) ⇒ A(2분) ⇒ B(4~5분) ⇒ A'(2분) ⇒ 종결부(30초)

■ 스피치는 한 권의 책을 쓰는 것과 비슷하다.

• 스피치 콘텐츠를 구성하는 일은 책 쓰는 것과 비슷하다.

• 일단 전체 제목을 정하고 목차를 만들 듯 각 파트별로 소제목을 붙인 다음 각각에 맞는 콘텐츠를 만들면 된다.

• 여기서 중요한 게 바로 작명이다. 책처럼 제목 장사만 잘해도 50점은 얻는다. 청중은 스피치를 듣기 전에 먼저 제목부터 보고 판단하기 때문이다. 예를 들어 실패에 관한 강연을 할 때는 '실패는 성공의 어머니'가 좋을지 아니면 '실패학의 비밀'이 더 좋을지 생각해봐야 한다. 여기서 더 나아가 '실패학의 5가지 비밀'이라고 제목을 붙이면 금상첨화다.

■ 스피치 제목은 상품 브랜드와도 같다.

• 과자도 이름에 따라 상품 판매량이 달라지고 영화도 제목이 좋아야 성공하듯 스피치도 제목이 아주 중요하다.

· 다음에는 A - B - A'에 들어갈 제목을 정하고 콘텐츠를 만든다.

· 앞뒤에 붙는 도입부와 종결부는 나중에 마무리하고 우선 본론부터 만든다.

■ 도입부

· 도입부는 그날의 현장 분위기, 청중, 날씨 등에 따라 조금씩 변화를 주면 좋다. 그러나 기본 공식은 지키는 편이 좋다.

· 첫째, 도입부는 듣기 편하고 쉬워야 한다. 처음부터 심각한 이야기를 하면 청중은 부담을 느낀다. 가벼운 칭찬으로 시작하는 것도 좋다.

· 둘째, 청중과 공감대를 형성해 빠른 시간 안에 마음을 열게 해야 한다. 내가 자주 쓰는 방법은 '약점 보이기'다. 무대 위에 있지만 청중과 다르지 않다는 점을 보이려고 낮추는 것이다.

■ 종결부

· 강연은 감동적인 말로 마무리하는 게 제일 무난하다. 감동적인 말이 심장에 콕 박히면 앞에서 했던 말들이 모두 아름답고 감동적으로 기억되기 때문이다.

37. 아트스피치 - ❹ 스피치 기법 '넷'

■ 에피소드의 힘은 세다. 사전에 치밀하게 준비했지만 방금 생각난 듯 친구 이야기를 하고 경험담을 이야기하기 때문이다. 청중은 에피소드의 장면 전환이 무척 자연스러워 이야기가 바뀌는 줄도 모르고 정신없이 따라간다.

■ 책 내용을 발췌 정리하는 것은 하급이다. 남의 경험 이야기는 중급이다. 친구에게 들은 이야기 등 내가 직접 경험하고 판단해 다듬은 에피소드는 상급이다. 상급의 에피소드를 얻는 가장 좋은 방법은 다양한 사람을 만나는 것이다.

■ 스피치 후에는 반드시 반성 일기를 써라. 일기는 이런 식이었다.

"이 부분에서는 '빨간 바지' 대신 '주전자'를 넣었어야 했는데, 역시 '4대 산맥'은 40~50대 남자들에게는 통하지 않아. 다음부터는 '매표소'를 집어넣자."

■ 관찰력을 기르면 에피소드가 보이기 시작한다. 아무 의미 없어 보였던 사물이나 사람, 경험 등이 이제는 의미있게 다가오는 것이다.

• 오랫동안 에피소드 사냥꾼으로 살다 보면 이 이야기는 어떤 콘텐츠에 갖다 붙일 것인지를 직감적으로 안다. 호랑이를 잡으려면 호랑이 굴로 들어가야 하듯 청중의 공감을 얻는 말을 하려면 발품을 팔아 현장을 찾아가야 한다.

• 그곳에서 생생한 목소리를 들어야 사람들은 마음을 움직이기 시작한다.

■ 에피소드 요리하기. 에피소드도 제대로 각색하고 포장하지 않으면 들려주지 않은 것만 못하다..... 상대방이 들으면서 판단하면 그만이지 내가 가진 카드를 미리 보여줄 필요는 없다.

• 청중이 모르게 자연스럽게 에피소드를 들려줘야 효과적이다.

■ 에피소드 활용법에는 기본적인 구조가 있다. 1차적으로 논리적 주장을 편 다음 청중이 모르는 새 드라마로 이끌고 드라마가 언제 끝났는지도 모르게 빠져나와서 '그래 맞아.' '앞으로는 그래야겠네'라고 결심하게 만든다. 어설프게 "제가 눈물 없이는 들을 수 없는 이야기를 들려드리겠습니다"라고 하면 청중은 '네가 얼마나 가슴 아파하는지 한번 보자'며 팔짱을 낀다.

38. 아트스피치 - ❺ 스피치 기법 '다섯'

■ 청중이 누구인지 파악하라.

• 청중은 방어적이다: 청중은 쉽게 마음을 열지 않는다. 누가 단상에 올라가든 '네가 얼마나 잘하는지 한번 보자'는 이들이 많다. 스피커는 콘텐츠를 말하기 전에 청중과 보이지 않는 정서적 싸움에서 이겨야 한다.

• 청중을 내 편으로 만들려면 최초 10분이 중요하다. 처음이 불안하면 청중은 강

연 내내 등을 돌린다.

- • 청중은 보수적이며, 청중은 쉽게 집단화된다.

- ■ 스피커는 청중이 고개를 끄덕이고 박수를 치게끔 하는 오프닝 콘텐츠를 갖고 있어야 한다. 이런 비장의 무기 없이 "제가 오늘 여러 분께 중요한 말씀을 드리려 합니다." 하면 강연은 꼬이기 시작한다. 청중은 빗장을 걸고 셔터를 내리고 문을 닫아 버린다. 자신들끼리 눈짓을 보내며 더 보수적이고 방어적인 태도로 변하는 것이다.

- ■ 첫 10분 동안 청중의 마음을 열면 나머지 50분은 적이 아닌 내 편에게 강의하는 셈이다. 청중이 오히려 도와준다. 스피커가 최적의 상태로 이야기할 수 있도록 거들어 주고 같이 작품을 만든다. 물론 그렇게 되기까지 치열하게 노력해야 한다.

39. 자신감을 업그레이드하는 방법[2]

- ■ 설득력 있고 자신 있는 말을 하기 위해서는 자신감을 가져야 한다. 자신감은 사람의 잠재력을 자극하는 열쇠이다. 자기 암시를 통한 자신감의 회복은 눈에 띄게 큰 성과를 거둘 수 있다.

- ■ 자기 암시를 통해 '할 수 있다' 라는 믿음을 얻는 것이다. 자기 자신에게 스스로 믿음을 주는 것이 자신감 증대를 위한 가장 좋은 방법이다.

- ■ '다른 사람도 다 할 수 있는 일을 나라고 못할 것이냐' 라는 생각으로 자기에게 암시를 걸고 실천하고자 노력하라.

- ■ 성공을 거둔 모델을 주위에서 찾아서 본받는 것이 필요하다.

- • '모방은 곧 창조의 어머니' 라는 말이 있다. 어떤 분야의 최고가 되기 위해서는 부지런히 남의 것을 모방하는 것이 곧 창조를 위한 밑거름이 된다는 것이다. 이는 사회생활에 있어서도 마찬가지다. 성공하는 사람들에게는 성공할 수밖에 이유와 방법이 있는 법이다.

---

2) 《말로 성공하기를 원하십니까》, 김승규, 아이디북, P. 29~33

• 성공한 사람들이 살아온 방법을 살펴보면 분명 자신과 다른 부분을 발견하게 될 것이다. 그러한 점을 고치고 노력하면 삶은 보다 윤택하게 발전한다. 즉 성공하고 싶다면 성공한 사람들에게서 그 방법을 배워야 하는 것이다.

■ 닮고 싶은 사람과 같은 행동을 하기 위해 노력하는 것은 또 하나의 자신을 만드는 방법이다.

• 루스벨트 대통령은 재임 중에 난관에 봉착하면 언제나 자신이 존경하던 링컨 대통령을 생각했다고 한다. '만약 링컨 대통령이었다면 이 문제를 어떻게 풀어 나갔을까' 라고 반복해서 생각함으로써 루즈벨트라는 위대한 대통령의 모습이 만들어졌던 것이다.

■ 자신감을 가지기 위해서는 매사를 긍정적으로 말하고 생각하는 습관이 필요하다

• 부정적 사고를 가진 사람은 부정적인 결과부터 생각하고, 긍정적인 사고를 가진 사람은 매사 긍정적인 결과부터 생각하기 마련이다.

• 사람이 어떤 생각을 하느냐에 따라 그 사람의 표정, 몸가짐, 말투까지도 달라지는 법이다.

• 생각이 말을 만들고, 말이 행동을 만든다. 행동은 곧 그 사람의 습관을 만들고, 습관은 인생을 변화시킨다고 한다. 긍정적으로 생각하고, 자신감 있게 행동할 수 있는 첫 번째 조건은 바로 매사에 긍정적이고 희망적으로 생각할 줄 아는 습관에서 비롯된다.

• 데일 카네기는 "성공한 사람들은 세 가지 말하기 습관으로 '없다' , '잃었다' , '한계가 있다' 는 말은 절대로 하지 않는다"고 말했다. 만약 자신의 운명을 바꾸고 싶다면 가장 먼저 생각을 바꾸고, 그 다음 말을 바꾸어라

■ 말을 하기 전에 미리 말할 내용을 정리해두고 미리 연습을 해두는 것이 좋다

• 실전에 강하려면 무엇보다 연습이 필요하다. 자신감 넘치는 말의 뉘앙스와 톤을 여러 번 연습한 후 그대로 실천해보면 성과를 당장 확인할 수 있을 것이다.

40. 자신감을 기르는 자기암시법[3]

■첫째, 나에게는 충분한 능력이 있다. 그러므로 나는 훌륭한 인생을 만들 수 있다.

■둘째, 무엇이든 내가 마음속으로 강하게 원하고 바라는 것은 반드시 실현될 것이다. 그래서 나는 매일 30분 이상 내가 원하는 바를 성취했을 때의 모습을 상상한다. 그리고 앞으로 나아간다.

■셋째, 나는 자기암시의 위대한 힘을 믿는다. 내가 생각하는 대로 세상은 움직이며, 나는 할 수 있고, 될 수 있다. 고로 나는 성공할 것이다.

■넷째, 나는 인생의 목표를 정확히 알고 있다. 다른 사람이 물어보면 언제든지 '내 인생의 목표는 무엇입니다' 라고 자신 있게 이야기할 수 있으며 한 걸음 한 걸음 그것을 향해 노력하고 있다고 자신 있게 이야기할 수 있다.

■다섯째, 나는 언제나 최선을 다하고 있으며 나의 노력은 반드시 결실을 맺을 것이라고 믿는다. 그것이 지금 당장 아니더라도 기다리는 사람은 반드시 원하는 것을 가질 수 있다는 것을 믿는다.

41. 메러비언 법칙(상대에게 전달하는 자극의 요소)

■상대에게 주는 임팩트는 시각이 55%다.

• 첫 인상의 90%는 시각 정보이며, 80~90%의 확률로 정확하다.

• 머리 모양, 넥타이 색상 등 외모와 자세·표정·말하는 방법의 시각화 중요하다.

• 옷차림이 반듯한 사람은 일도 잘할 것이라는 이미지를 주게 된다.

• 미의식(美意識)이 그 사람의 인상에 많은 영향을 주는 것은 사실이다. 키가 작거나 왜소해도 가슴을 펴고 당당하고 우아하게 걷고 자신감에 찬 행동을 한다면 그 사람의 존재감도 커 보인다.

---

3)《말로 성공하기를 원하십니까》, 김승규, 아이디북, P. 29~33

- 바디랭귀지에 능숙하여야 한다.
- ■ 그 다음은 청각으로 38%를 차지한다.
- 특별히 강조해야 할 부분은 큰 목소리로, 공감을 얻어야 하는 부분에서는 감정을 실어 부드러운 목소리로 하는 것이 이상적이다.
- 뛰어난 스피치의 요소
* 목소리의 밝기, 신선함, 여유, 부드러움
* 때와 장소에 따라 변하는 음량
* 적절한 속도
* 단조로움이 없다
* 인간적인 매력, 따뜻함, 청량감을 느낄 수 있다.
- ■ 단어 사용은 불과 7%에 지나지 않는다.
- 내용으로 승부하기 전에, 시각과 청각의 평가는 끝난다.
- 상대방이 내가 말하고 싶은 내용을 듣게 하려면 시각, 청각의 관문을 통과하지 않으면 안 된다.
- ■ 복식호흡의 실천
- 이 호흡을 훈련하게 되면 말과 말 사이가 자연스럽게 연결되는 효과를 볼 수 있다.
- "에...", "그..."등 의미 없는 단음(單音) 없애기
- 한 문장을 짧게 하여 복식호흡으로 숨 고르기를 한다.
- 한 문장씩 말할 때마다 코에서 배로 숨을 들이쉬면 문장에 리듬이 생겨 불필요한 단어를 생략하게 된다.

42. 친밀감 있는 태도[4]

- ■ 어느 세미나에서 학자적 위엄이라도 한껏 과시하려는 것처럼 시종일관 진지하

---

4) 《인간관계107의 법칙》, 한국인재경영연구회 편저, 경영자료사, P. 205~206

게 강연을 이끌고 있는 젊은 강사에게 백발의 물리학자가 얼굴에 웃음을 활짝 띠면서 물었다.

"자네는 사람들을 좋아하겠지?"

그는 사람을 좋아하기 때문에 사회학을 전공했고, 지금은 인간관계에 관한 원리를 강의하고 있다고 대답했다.

"그렇다면 자네는 강의를 통해 자네가 청중을 좋아하고 있다는 사실을 전달해야 하지 않겠나? 그러기 위해서는 먼저 청중이 당신의 얼굴을 쳐다보기만 해도 복통을 겪는 듯한 그 표정부터 자네 얼굴에서 추방해야 할 걸세. 앞에 있는 청중들을 친구처럼 편안하게 바라보아야 하는 것이지.

많은 청중 가운데서 누구든 한 사람에게 시선을 던지고 잠깐 웃어보이는 거야. 그리고 또 다른 사람에게도 그렇게 하는 것이지. 그리고 강단에 올라가 강의를 할 때에는 친한 친구에게 이야기하는 것처럼 편안하게 강의를 하면 되는 거야.

자네가 먼저 '나는 당신들에게 친밀감을 가지고 있다' 는 태도를 보여준다면 청중의 심리상태는 완전히 바뀌게 될 것이고, 그렇게 되면 자네의 강의도 성공하게 되는 걸세."

■ 그렇다. 친밀감은 전파되는 것이다. 그 명제는 세상의 모든 인간관계에 적용된다.

43. 침착하게 말하기

■ 느긋한 호흡법을 활용한다.
• 말을 시작하기 전에 한 박자 정도 늦게 시작한다.
• 마침표 뒤에는 두 박자
• 쉼표 사이에는 한 박자 정도 쉰다.
• 단락과 단락 사이에는 두 박자를 쉰다.
• 강조와 멈춤 연습을 많이 하라.

* 단전호흡 활용
■ 강의 전 심호흡을 하거나, 주먹을 힘껏 쥐었다 폈다 하면 긴장감을 푸는 데 좋다.

44. 프레젠테이션을 극대화하기 위한 다섯 가지 규칙

■ 슬라이드 하나에 사용하는 단어는 여섯 개로 제한한다. 이것을 지킬 수 없을 정도로 복잡한 프리젠테이션은 존재하지 않는다.

■ 조잡한 이미지는 최대한 줄이고 필요하다면 전문가의 사진 데이터를 구입해서 사용해라.

■ 오버랩이나 회전 등 과도한 효과를 사용하지 않는다.

■ 음향 효과를 몇 번 사용하되 프로그램에 저장된 것이 아닌 음악이나 음향을 따서 사용해 경청자의 기대 심리를 높인다.

■ 화면의 내용을 그대로 프린트해서 나눠주면 안 된다. 화면 내용은 설명 없이는 이해할 수 없는 것들이다.

45. 프레젠테이션의 전문가 되기

■ 회의, 세미나, 강의 등에서 프레젠테이션은 매우 중요하다.

■ 프레젠테이션은 자신이 가진 지식이나 정보를 타인에게 효과적으로 전달하고, 공유하게 하는 기술이기 때문이다.

■ 효과적인 프레젠테이션을 계획할 때는 우선 '그들을 위해 무엇을 해줄 수 있는가?' 를 생각하고 청중이나 고객의 입장을 염두에 두어야 한다. 소크라테스가 '목수와 말할 때는 목수의 말을 사용하라' 고 했듯 수용자를 고려한 커뮤니케이션이 보다 효과적이다.

■ 프레젠테이션에는 연습이 중요하다.

연습의 중요성을 보여주는 예로 영국 수상 윈스턴 처칠을 들 수 있다. 그의 아들인 랜돌프 처칠이 1952년 미국을 방문할 당시 기자들에게 가장 많이 받은 질문은 아버지의 즉흥연설의 비결에 관한 것이었다. 랜돌프 처칠은 "잘하실 수 밖에 없지요. 아버님은 인생의 가장 중요한 시간을 연설원고를 쓰고 외우는 걸로 보내셨으니까요" 라고 대답했다. 이처럼 윈스턴 처칠은 말 한 마디에도 정성을 쏟았던 것이다. 프로일수록 준비하는 데 시간을 많이 투자하도 것도 바로 그러한 이유 때문이다.

■ 효과적인 프레젠테이션을 위해서는 시각화도 중요하다. 말로 장황하게 늘어 놓기보다 시각화된 모형이나 그래프를 제시하면 설득력은 배가된다.

제**6**부

스마트 농업 지도 [5)]

5) 연암대학교(www.yonam.ac.kr) "4차산업혁명시대 우리농업이 가야 할 길 「농업, 스마트를 품다」"에서 인용.

12장
4차 산업혁명과 스마트 농업

1. 농업 미래 전망

온 세상이 4차 산업혁명으로 큰 변화를 겪고 있다. 먹거리 산업인 농업도 마찬가지이다. 이전에 스마트 농업이라고 하면 사람들은 단지 자동화를 떠올렸지만 이제 스마트 농업은 데이터 농업을 의미하기 시작했다. 데이터를 쌓고 분석해서 다양한 농업혁명을 만들고 수익을 창출하게 된 것이다. 그리고 이미 많은 기업들은 이러한 농업의 새로운 가능성에 주목하고 있다. 우리나라 해외 선진국에서 스마트 농업의 4차 산업혁명은 미래가 아닌 현실인 것이다.

2016년 9월 세계적인 바이오 화학기업인 바이엘은 디지털 농업의 선두기업인 몬산토를 무려 74조 원에 인수했다. 유전자변형작물(GMO)과 농약제품 개발 기업이었던 몬산토는 농업용 로봇, 정밀농업, 농장 경영 소프트웨어, 물관리 모바일 플랫폼 기업 등에 투자하며, 클라우드 데이터 기반의 디지털 농업 기업으로 대변신했고, 바이엘이 이 가치를 인정한 것이다.

미국의 정보기술 동향분석 서비스를 하는 'IT업계의 위키피디아' 라고 할 수 있는 크런치베이스(Crunch Base)에 의하면 2015년 농업 벤처투자는 46억 달러(5조 1,900억 원)로 2014년에 비해 2배 가까이 증가했다고 한다. 이제 글로벌 벤처 투자업계에서 농업 벤처는 미래 유망 산업으로 손꼽히고 있다. 4차 산업혁명이 진행되면서, 농업도 첨단기술을 활용해 부가가치를 높이는 새로운 효자 산업으로 부각되고 있다. 빅데이터, 인공지능 같은 4차 산업혁명 핵심기술을 농업에 적용하여 새로운 이익을 창출하고, 이에 따라 대규모의 투자가 이뤄지면서 새로운 소비시장을 창출하는 농업의 혁신이 다가오고 있다.

2. 농업에 적용되는 4차 산업혁명 기술 ❶

새롭게 등장한 농업 비즈니스를 살펴보자. 먼저 미국 뉴저지에 위치한 에어로팜(Aerofarm) 실내수직 농장의 사례이다. 에어로팜은 농사에 필요한 세 요소인 흙, 햇빛, 바람이 없어도 채소를 재배하고, 적도나 극지방에서도 항상 같은 양의 채소를 안정적으로 길러낼 수 있고, 채소의 맛과 색, 강도까지 컴퓨터로 조절할 수 있으므로 맛이나 영양 측면에서 유리하다. 셰프가 주문하는 특정한 맛의 채소도 손쉽게 길러낼 수 있고, 무엇보다 40일 걸리던 재배기간도 보름으로 줄어들어 생산량도 높다. 이런 특징을 가진 에어로팜은 연간 1,000톤의 채소를 생산하고 있다.

다음은 브루클린 주차장의 컨테이너형 농장 사례이다. 미국 뉴욕 브루클린 주차장에서는 보라색 컨테이너에 농작물을 채워넣고 스마트폰으로 관리하는 컨테이너형 농장을 선보였다. 스퀘어 루츠(Square Roots)라는 이름의 이 농장을 분양했는데, 세계에서 젊은이들이 몰려들었다. 이 중에 한 청년은 본업은 회계사이고 농사는 부업이었다. 이제 농업은 중장년 층만의 일이 아니고 농촌만의 일도 아니기 때문에 도시 청년들도 참여할 수 있게 된 것이다.

미국의 필립스 아카데미 급식실 한편에서는 수직농장에서 푸른 채소를 키우고 있다. 이 채소의 주인은 모두 학생들인 것이다. 첨단 농업을 활용해 자신이 먹을 채소를 직접 키우고 있다. 미국의 학생들은 어릴 때부터 전통 농업과 스마트 농업을 함께 익혀 농업의 미래를 책임질 세대가 되고 있는 것이다.

마지막 사례는 가장 핫한 미래형 식재료, 육류 소비자들을 위한 채식 버거이다. 임파서블 푸즈(Impossible Foods)는 실리콘밸리에서 가장 떠오르는 스타트업이다. 빌게이츠를 포함해 세계적인 부자들이 여기에 투자하고 있다. 이곳에서는 고기 향이 나고, 미디엄 레어로 구울 수 있는 채식 버거를 만든다. 채식만으로는 절대 고기 맛을 낼 수 없을 것이라는 편견을 깨고, 모두의 입맛을 속일 만큼 완벽한 고기 맛을 흉내내기 때문에 '임파서블 버거'라는 이름을 가지게 되었다. 그런데, 임파서블 버거는 채소로 만들어졌지만 채식주의자용 버거는 아니다. 육류 소비자들의 육류 소비를 줄이는 것이 더욱 우선적인 목적이다. 곡물 소비량이 급증해 식량이 부족해질 미래에 대비하기 위해 미래형 식재료로 개발되고 있는 것이다. 이렇게 4차 산업혁명 기술을 활용한 농업의 비즈니스 혁신은 글로벌 시장의 추세이며, 글로벌 기업의 투자 대상이 되고 있다.

3. 농업에 적용되는 4차 산업혁명 기술 ❷

첨단정보기술과 농업을 결합한 단어인 'Agriculture Technology'의 줄임말 '어그테크(AgTech)' 분야의 벤처 투자가 급격히 증가하고 있다. 2015년 한 해 동안 어그테크에 45억7,300만 달러가 투자되었으며 2014년 23억6,100만 달러 대비 93.6%나 증가한 것이다.

'투자의 귀재'라 불리는 짐 로저스 '로저스 홀딩스' 회장은 이미 오래전부터 농업의 중요성을 강조해왔다. 식량난과 기후변화로 인해 갈수록 식량 생산 산업이 유망해질 것이라고 판단했기 때문이다. 로저스 회장은 2014년 한국을 방문했을 때에도 서울대 학생들에게 "여기 경운기를 몰 줄 아는 사람이 있냐"고 물으며 "당신들이 은퇴할 때쯤이면 농업이 가장 유망한 산업이 될 것"이라 말하기도 하였다.

이미 유럽, 미국 등 농업 선진국에서는 농업 각 단계마다 첨단기술을 접목시키며 농축산물을 정밀하게 생산하는 것이 가능해지고 있다. 한국은 기술개발이나 벤처 투자자의 진출이 다소 느린 반면, 해외에서는 어그테크 영역이 유망투자 종목으로 부상하고 있다.

2015년 주요 어그테크 각 분야별 투자금액 비중을 분석한 결과, 투자가 집중되는 분야는 식품 전자상거래(food ecommerce), 관개 및 물 기술(Irrigation & Water), 농업용 드론과 로봇(Drones & Robotics) 분야 순으로 나타났다.

식품 전자상거래 부문은 레스토랑 배달을 제외한 분야로, 관련 스타트업에만 2015년 16억 5,000만 달러에 달하는 투자가 집중되었으며, 전년 대비 300% 이상 증가했고, 관개 및 물 기술 관련 분야는 2015년 상반기에 대규모 소수거래가 해당분야에서 이뤄지면서 투자액이 급증했다. 식품 전자상거래와 관개 및 물 기술분야에만 159건의 투자가 집중되었으며, 총 22억 달러의 투자가 이루어졌다.

특히 미국의 여러 기업들은 데이터 농업에 주목하며 투자하기 시작했다. 인공위성 이미지를 분석하여 작물과 토양의 변화를 추적하는 플래닛 랩(Planet Lab)은 1억 2,000만 달러의 투자를 유치했으며, 농업 빅데이터 분석업체인 파머 비즈니스 네트워크(Famers Business Network, FBN)는 구글의 투자지주회사 알파벳으로부터 1,500만 달러의 투자를 받았다. FBN은 빅데이터 분석을 바탕으로 자사 서비스에 가입한 농민들에게 자기 땅에 무슨 작물을 심는 게 좋을지를 알려주는데 가입비용은 연간 500 달러이다.

크런치 베이스에 따르면 2015년 식품 및 농업 스타트업에 투자된 금액은 46억 달러로 전년도의 2배에 달한다고 한다. 농업에 대한 벤처캐피털 투자는 연간 94%씩 증가하고 있고, 타산업 분야 평균 투자 증가율이 44%인 것에 비하면 놀라운 일이 아닐 수 없다.

4. 스마트 농업의 혁신 ❶

현재의 지구는 사막화, 산림 파괴에 따라 위기지역이 늘어나고 있다. 특히 산림 파괴는 종의 다양성을 심각하게 위협하고 있으며 북유럽을 제외하고 거의 모든 대륙에서 문제점이 나타나고 있다. 따라서 미세먼지, 중금속 오염, 토양 황폐화 등으로 더 이상 노지 경작이 힘들어지고 있는 상황인 것이다. 이러한 현재의 농업 문제 해결과 극복을 통해 미래 농업의 시나리오를 준비하는 것이 미래 농업기술이 될 것이다. 지구환경은 점점 악화되고 토양에서 재배하는 농업은 퇴출되어 가는 현실에서 미래농업은 4차 산업혁명 기술을 활용한 무인 로봇 재배인 스마트팜 중심이 된다.

5. 스마트 농업의 혁신 ❷

2030년까지 대기중 이산화탄소 농도가 증가할 것으로 예측하고 있다. 이산화탄소는 식물의 기공을 축소시키는 작용을 한다. 따라서 이산화탄소의 농도가 증가하면 수분 손실이 감소되어 작물 재배에 사용되는 물의 양이 증가한다. 이것은 물 부족 사태와 연동될 수밖에 없다.

전 세계 평균기온은 2030년까지는 0.5~1.0℃, 2100년까지는 1.4~5.8℃가 상승할 것이라고 한다. 이러한 온난화 현상은 온대지방에서 더욱 크게 나타나서 농업 분야에 다양한 이점이 된다. 작물 재배지가 확대되고 생육 가능 기간이 길어지고 가축의 동절기 관리비가 감소하고, 작물 생산량이 증대되는 것이다. 반면, 온난화 현상은 지구 전역의 기후변화를 가져와서 지역적인 강수량의 폭발적인 증가뿐만 아니라 남아시아나 북중미 지역과 같은 일부 열대지역에는 강수량의 감소를 야기할 것으로 예상한다.

평균 기온이 3도 올라가면 그 지역 식물의 절반 이상이 멸종된다. 특정 품종의 재배 가능 지역이 바뀌는 문제뿐만 아니라, 주식인 쌀의 생산량 또한 크게 줄어들 것으로 전망된다. 주식인 곡물이 부족하면 식량 부족 문제가 발생하고 국가 경제 문제로까지 커진다.

이산화탄소 농도 증가, 평균기온 상승과 같은 기후변화 대응은 농업 문제 해결과 인류 생존의 문제이다. 이제 기후변화 대응을 위한 농업 생산기술 혁신이 필요하다.

기온 상승으로 인해 농작물 병해충 발생지역이 확대되고, 동절기를 견뎌내는 해충 집단의 규모 및 개체 수 증가로 봄 작물의 피해가 더욱 심해질 것이다. 이에 대비하기 위해서는 농업재해 조기경보시스템 구축과 기후변화 피해 예방 및 최소화를 위한 기술이 필요하고, 기후변화에 취약한 작물을 대체할 수 있는 아열대 또는 열대 작물을 도입하여 새로운 소득작물로서 지속적으로 육성될 수 있는 친환경 재배 시스템을 개발할 필요도 있다. 기능성 물질을 탐색하여 고부가가치 가공식품 등을 개발하면 시장을 주도해갈 수도 있다.

기후변화에 대응하는 농업기술은 수리시설과 물 관리를 자동 감시/제어하는 기술인데, 미국과 일본이 개발을 주도하고 있다. 최근에는 거대한 유리온실 타워에서 바닷물을 증발시켜 농업용수로 활용하는 신개념 농법인 '해수 하늘 농장'이 아랍에미리트의 두바이 프로젝트 사업으로 추진되었다. 이는 바닷물로 온실 안의 온도와 습도를 조절하고 결로 현상으로 증발된 습기로 물을 만드는 방식으로 식물 생장에 필요한 온도와 습도 그리고 농업용수를 해결하는 획기적인 미래형 농업시스템의 한 사례이다.

도쿄의정서가 만료되는 2012년 이후에 새로운 세계적 온실가스 감축체제가 수립되었다. 이제 전 세계는 금세기 말 지구 온도 상승을 $2°C$로, 농도를 450ppm 이하로 유지하려고 한다. 따라서 온실가스 배출을 억제하는 동시에 지속적인 식량 생산이 가능한 스마트팜 작물재배는 더욱 확대될 것이다.

6. 스마트 농업의 혁신 ❸

농업은 첨단기술인 4차 산업혁명의 핵심기술을 접목하고 융합하며 점점 지능화되고 있다. 그것이 바로 '스마트팜'이다.

첨단기술을 활용하여 농작물 재배를 하는 스마트팜 기술이 전 세계에 보급되면서 우리는 1년 내내 신선한 농작물을 먹을 수 있게 되었다. 4차 산업혁명이 시작되면서 스마트팜은 ICT기술과 융합하며 더욱 빠르게 똑똑해지고 지능화되고 있다. 4차 산업혁명 시대의 스마트팜은 사람이 제어값을 입력하지 않아도 스스로 데이터를 분석해 자율 제어로 모든 환경을 최적화할 수 있다. 그렇다면, 농업에 적용되는 4차 산업혁명의 핵심 기술은 무엇이며 어떻게 활용할 수 있을까?

먼저 사물인터넷(Internet of Things)IOT이다. 여기 자율주행차가 한 대 있다. 스스로 도로를 달리는 자율 주행차는 많은 센서로 주변의 환경을 정확하게 파악한다. 센서들이 네트워크로 정보를 보내면 시스템은 이를 분석해 어떻게 주행해야 하는지를 결정하고 도로를 운행하는데, 이때 가장 중요한 기술은 주변의 상황을 데이터화하고 지식화하는 센싱 기술이다.

이것이 바로 사물인터넷이다. 사물인터넷이란 사람과 사물, 그리고 사물들끼리 데이터를 주고 받으며, 주어진 일들을 해낼 수 있는 기술을 말하는데, 사람의 판단 없이 시스템을 가동하게 하는 센서 네트워킹 기술이다. 이 기술은 4차 산업혁명 기술의 첫 번째 미션을 수행하게 되는 데이터 생성기술로 주변 상황에 대한 정확한 데이터를 생성해서 서버로 보내준다.

사물인터넷은 환경 데이터와 생육 데이터를 수집해야 하기 때문에 스마트팜에서 매우 중요한 역할을 맡고 있다. 환경 데이터는 농장 내외부의 온도와 습도 등에 대한 데이터, 10초에서 1분 단위로 사물인터넷 센서를 통해 수집되며, 생육 데이터는 작물의 생장 상태를 측정하는 데이터, 사람 또는 이미지 장치를 통해 잎의 넓이, 줄기의 굵기, 꽃의 수, 열매의 수, 열매의 크기 등을 정기적으로 수집한다.

현재 스마트팜은 사물인터넷 센서에서 시작된다. 사물인터넷 센서가 농장 내외부 환경의 상태를 정확한 데이터로 수집하고, 수집한 정보를 컴퓨터로 보내면 컴퓨터는 이 정보가 미리 정해진 제한된 범위 내에서 유지되고 있는지 판단한다. 만약 온도/습도 등의 데이터값이 제한된 범위를 넘어가면 액츄에이터를 작동해서 창을 열거나 양액 공급 등 필요한 제어를 수행하는 것이다.

사물인터넷의 센싱 기술이 구현되어야 스마트팜의 환경에 대한 빅데이터가 생성되고, 이를 분석하여 스스로 환경을 제어하는 인공지능 제어 기술로 발전할 수 있다.

다음은 클라우드 컴퓨팅(Cloud Computing)이다. 스마트팜은 정기적으로 데이터를 수집한다. 환경 데이터와 생육 데이터, 양액 성분에 대한 데이터, 에너지 사용에 대한 데이터, 농작물 가격 데이터 등 수많은 데이터가 수집되어 빅데이터로 생성되어야 하는데 이를 위해서는 대용량의 데이터 저장장치가 필요하다. 이렇게 스마트팜에서 생성되는 데이터를 실시간으로 저장하는 기술이 클라우드 컴퓨팅이다.

클라우드 컴퓨팅은 데이터를 수집해서 정리하는 플랫폼, 정보통신 네트워크, 데이터가 모두 서비스로 제공될 수 있는 인터넷 기술로, 스마트팜에서 생성되는 수많은 데이터는 클라우드 컴퓨팅 기술에 의해 분산되어 클라우드에 저장된다. 그리고 철저한 보안을 거쳐 필요한 때에 빅데이터 생성과 분석 등에 활용된다.

7. 스마트 농업의 혁신 ❹

마지막으로 인공지능(Artificial Intelligence, AI)이다. 스마트팜에서 사물인터넷을 통해 수많은 데이터를 수집하고 클라우드에 저장해 빅데이터를 만들고 나면, 이를 분석해서 최적의 농장환경을 유지하도록 판단하고 행동해야 하는데 이 기술이 바로 인공지능 기술이다.

인공지능 기술은 기계가 인간과 같이 기억하고, 지각(인지)하며, 문제를 이해하고, 나아가 이를 해결할 수 있는 지식을 스스로 학습하는 것이다. 이뿐만 아니라 문제의 해결 결과에 대한 연상과 추론도 가능하며 이를 통해 문제해결이 정확하게 이뤄질 수 있도록 판단할 수도 있다. 또한 향후에 어떻게 할 것인지에 대한 계획과 새로운 지식을 창조하는 것 같은 지능적인 행동도 가능하게 한다.

인공지능 기술이 스마트팜에 적용되면 생산량을 높이고, 병충해를 예방할 수 있는 문제해결 중심의 자율제어가 가능해진다. 빅데이터 분석 알고리즘에 의해 현재의 농장 환경에 대해 판단하고, 눈이 온다든지, 바람이 강하게 분다든지 하는 갑작

스런 기후 변화가 생겼을 때, 사람의 판단 없이 인공지능이 제어값을 조정해서 빠르게 대처, 안정된 환경을 유지할 수 있다. 또한 향후에 로봇기술이 발전하면 인공지능 기술을 로봇에 융합하여 사람이 제어하지 않고 로봇이 농장을 관리하는 무인농장으로 발전할 수도 있게 된다.

우리나라 농업의 발전은 4차 산업혁명 기술을 어떻게, 얼마나 잘 활용하느냐에 좌우될 것이다. 4차 산업혁명의 핵심 기술인 사물인터넷과 클라우드 컴퓨팅, 인공지능 기술은 빠르게 스마트팜에 융합되고 있다. 그로 인해 스마트팜 내·외부 환경 자율제어 기술이 만들어지면, 사람의 개입없이 인공지능 알고리즘으로 작물의 최적환경을 만들도록 제어하고 생산량을 극대화할 것이며, 병충해 예측과 시장가격 변동에 대응하는 작물재배 시기 조정도 가능한 작물재배 기술의 혁신이 이루어질 것이다.

8. 스마트 농업의 혁신 ❺

로봇은 우리 생활에 도움을 주고 사람과 대화하는 동반자로 발전하고 있다. 이에 맞추어 농업에서도 로봇이 투입될 수 있도록 활발한 연구가 진행되고 있다. 농촌의 일자리 부족 문제해결과 정밀한 재배를 위해서는 똑똑한 농업 로봇이 하루 빨리 상용화되어 농장 환경에 투입되어야 하며, 농업생산의 혁신을 위한 농업로봇은 친환경 고품질 안전 농산물 생산을 위한 농업의 미래 동력이다. 농업로봇이란 농업 생산과 가공, 유통, 소비의 전 과정에서 스스로 서비스 환경을 인식(Perception)하고, 상황을 판단(Cognition)하여 자율적인 동작(Mobility & Manipulation)을 통해 지능화된 작업이나 서비스를 제공하는 기계를 통칭한다.

로봇산업은 '로봇 부품 및 부분품', '로봇시스템', '로봇 임베디드' 그리고 '로봇 서비스'의 다양한 기술 융합과 시스템 통합 산업이다. 로봇기술에는 센서, 액츄에이터 같은 메카트로닉스 기술의 발달과 인공지능, 사물지능통신 같은 지능화 기술의 진보로 나눌 수 있다. 이러한 첨단기술의 통합을 통해 농업용 로봇기술을 농장에 적용할 수 있도록 많은 연구가 이루어지고 있으며 이제 실용적인 기술 단계로 진화하고 있다. 물론 농업로봇 산업은 아직 크게 확대되고 있지는 않지만 미국, 유로존 등의 선진국에서는 농작물 재배와 농장 관리 등의 작업을 스스로 해결하는 지능화된 로봇 개발에 많은 연구와 투자를 하고 있다. 이유는 무엇일까?

로봇기술은 지능화, 시스템화 기술로서 타 산업 분야에 대한 기술적 파급 효과가 크고, 로봇기술의 활용이 농업의 신기술 분야의 산업화를 촉진할 것이기 때문이다. 또한 농업로봇 산업은 4차 산업혁명의 영향으로 필수적인 산업이 되고 있으며 앞으로 농업로봇의 수요는 커질 것이 명확하다.

9. 스마트 농업의 혁신 ❻

마지막으로 농업로봇 개발이다. 농업용 로봇은 크게 토지에 활용되는 로봇, 스마트팜에 사용되는 로봇, 가축 사육 축사에 활용되는 로봇과 같이 세 가지 용도로 개발될 것으로 보인다. 먼저 토지에 활용되는 로봇인 노지 농업로봇에 대해 알아보면, 트렉터, 콤바인, 관리기 등 전통 농기계와 로봇기술이 융합된 새로운 형태의 로봇 농기계다. 우리나라에서도 2000년 초부터 농촌진흥청의 '인공지능형 자율주행 트렉터 개발'로 농기계 자동화, 지능화 시스템 개발이 되고 있다.

다음은 스마트팜에 사용되는 로봇인 시설 농업로봇이다. 스마트팜에 투입되는 로봇으로 비닐하우스, 유리온실, 식물공장 등에서 시설 자동화와 함께 사용되고 있다. 기후변화와 자연재해의 증가로 시설농업 면적은 더욱 증가하고 있기 때문에 시설농업 로봇을 통해 농장의 자동화·로봇화가 이루어질 것으로 전망하고 있다.

미국은 초기 우주개발 수단의 하나로 우주탐사선에서 사용할 클로렐라 등 미생물을 생산하기 위한 식물공장 개념을 최초로 도입했다. 최근에는 인류의 미래 농업 생산시스템으로 농업용 로봇 시스템을 확장하고 있다. 이제 파종에서 수확까지 대부분의 생산 공정에 로봇기술을 기반으로 한 자동화 기술이 적용되고 있다.

마지막으로 가축 사육 축사에 활용되는 로봇인 축산 로봇이다. 가축 질병이 발생할 때, 적절한 초기 대응으로 질병 확산을 방지해야 하는데 이때 축산로봇의 상용화가 절실히 필요하다. 최적의 가축 사육환경을 지속적으로 제공하여 농가의 생산 효율성을 증대하고, 가축 질병이 발생할 수 있는 상황을 사전에 예방하여 피해를 최소화시킬 수 있기 때문이다.

현재 가장 많이 사용되고 있는 축산로봇은 자동착유로봇으로 1990년대 초에 개발된 이래 세계 30여 개국에서 1만6,000~1만8,000대 가량 보급되어 있으며, 우리나라는 2006년 경기도 지역에 최초로 설치된 이후 2013년 10월말 현재 60여 대가 가동 중이다.

10. 스마트 농업의 혁신 ❼

농업 분야는 육종, 생명공학 기술뿐만 아니라 에너지절감 기술과 지속적 식량생산을 위한 자동화 로봇화, 식물공장, 정밀농업 기반이 2030년까지 조성될 것이다. 2050년대에 이르기까지 위성과 무선센서 네트워크를 이용한 지역별, 작목별 세계 작황정보 시스템이 가동되며 이상 기상과 재해를 예측하고 인공강우 기술을 통해 기후변화에 의한 피해를 사전에 예방할 것이다.

원격제어 농기계에서 출발한 농업로봇은 자율주행로봇, 뇌파제어로봇 등으로 발전하며 자동화된 농업생산이 가능해질 것이다.

또한 2050년대에는 스마트 더스트(Smart Dust)에 의해 모든 농업환경 및 생산 정보가 자동 수집·분석되고 뇌파인식 지능형 로봇에 의해 원격 영농활동이 가능해질 것이다. 또한 기후 및 환경 변화에 영향을 받지 않고 90억 명 세계 인구의 식량을 안정적으로 생산할 수 있는 수직형 식품공장, 우주기술과 접목된 우주농업, 물 부족을 극복한 해수농업이 정착될 전망이다.

11. 미래 농업기술 전망 ❶

4차 산업혁명은 산업 전 분야에 영향을 미친다. 즉 모든 분야가 4차 산업혁명 기술을 적용해야만 경쟁력을 확보할 수 있다. 농업 분야도 다르지 않으며 이런 변화에 대응하여 지능화되고 있는데 이것이 바로 스마트 농업이다.

스마트팜은 농장의 생산성을 높이는 데 그 목적이 있다. 우리나라에는 지금 스마트팜 농업 열풍이 불고 있다. 꼭 필요한 첨단 농업기술이라고 인정하는 사람도 있고, 스마트팜이 우리 농업이 직면한 문제를 해결하기보다는 대기업의 농업 진출 통로가 될지 모른다고 우려하는 사람들도 있다. 하지만 기본적으로 스마트팜이 농업의 큰 변화를 가져온 혁신적인 시스템이라는 것을 부인하지는 못한다.

스마트팜은 농장에 설치된 수분센서, 기상센서에서 오는 정보를 바탕으로 최적의 양분과 수분을 작물에 공급한다. 온도가 높으면 환기를 시키고, 수분이 부족하면 양액 시스템에서 영양분과 물을 공급하고, 병해충이 발생하면 방제로봇이 약제를 살포한다. 이 모든 것은 컴퓨터로 제어된다. 농민은 농장을 떠나서 먼 곳에서도 스마트폰으로 농장의 운영상태를 확인할 수 있다.

이렇듯 스마트팜은 농장 관리에 들어가는 노동력을 획기적으로 줄여준다. 수많은 센서들이 농부의 눈이 되고 자동화 농기계가 농부의 손발이 되고 그럴수록 농장으로부터 더 많은 데이터가 클라우드로 모여 더욱 정교해질 것이다.

12. 미래 농업기술 전망 ❷

4차 산업혁명으로 스마트팜은 기존보다 더 똑똑해지고, 사람이 없는 무인 농장으로 변모할 것이다. 4차 산업혁명으로 인한 농업 재배기술 혁신은 크게 세 가지 영역이다.

첫째, 스마트 센싱과 모니터링은 기후정보, 환경정보, 생육정보를 정밀하고 자동화된 방법으로 측정, 수집, 기록한다.

둘째, 스마트 분석은 수집된 데이터를 빅데이터로 축적, 가공, 분석하여 사람의 지능과 지혜, 경험을 능가하는 정밀한 의사결정을 가능하게 한다.

셋째, 스마트 농기계를 활용하여 농작업을 수행하는 영역은 잡초 제거, 착유, 수확, 선별, 포장 등 농작업자의 노동력에 의존하던 부분부터 점차 지능화 농업로봇으로 대체하고 있다.

13. 미래 농업기술 전망 ❸

스마트 센싱과 모니터링, 스마트 분석, 스마트 농기계 활용, 이 세 가지 영역의 기술이 상용화되고 있기 때문에 스마트팜은 더욱 발전되어 인공지능 알고리즘이 농장의 생산 혁신과 품질 혁신을 가져올 것으로 전망된다. 하지만 대부분 글로벌 기업의 인공지능 농업 시스템이기 때문에 우리 농업의 예속성이 증가되는 것을 경계해야 한다.

미래 농업의 기반은 사물인터넷을 통한 디지털 정밀농업이 될 것이다. 농작물을 재배하기 위해서는 폐쇄된 시설하우스에서 통제된 클린 환경을 만들고 보다 정밀한 센서로 농장의 내·외부 상태를 자율적으로 확인할 수 있어야 한다. 이상 징후 발생시 스스로 문제를 해결하는 자율제어를 통해 작물이 최적 환경에서 계속 자라 생산량을 극대화할 수 있도록 해야 한다. 이를 위한 4차 산업혁명 기술의 적용이 가시화되고 있다.

현재의 자동화된 스마트팜 시스템에서 농작물 재배 빅데이터 기술과 데이터 분석·활용이 실시간으로 이루어지고, 최적 환경에 대한 인공지능 알고리즘의 학습능력이 배가되어, 농작물과 대화하고 최적화를 통합 운영하게 되는 인공지능 자율제어 스마트팜 운영기술이 현실화되고 있다.

14. 미래 농업기술 전망 요약

　하나. 농업과학기술은 첨단 ICT기술의 적용으로 농산물 생산기술의 발전이 가속화 되고 4차 산업혁명의 지능정보기술이 스마트팜 재배기술에 적용됨으로써, 작물 생산의 혁신과 소비자에게 신선하고 안전한 먹거리를 제공하게 될 것이다. 특히 농업용 로봇기술은 부족한 농촌 일손 대체와 작물 생산의 혁신적 개선을 위해 가장 시급히 도입되어야 할 기술이다.

　둘. 스마트 농업은 작물의 생산성을 높이는 데 필요한 시스템을 갖춘 첨단 ICT기술 융합으로 발전하고 있다. 이러한 스마트팜 기술에 스마트 센싱과 모니터링 기술, 스마트 빅데이터 분석 기술, 스마트 농기계 활용 기술 등의 지능정보기술이 적용되어 작물의 최적 재배 환경을 유지하고, 병충해에 대응하는 안전한 작물 수확이 가능하고, 시장에 적기에 공급할 수 있는 작기 조절 재배 등이 가능한 농업 혁신이 실현되고 있다.

　셋. 지구 생태계가 나빠지고 있어, 환경문제 해결과 변화하고 있는 소비자의 까다로운 먹거리 니즈에 부합하는 고품질 안전한 농작물 재배가 현재의 농업 문제 해결과 미래농업을 대비하는 주요 아젠다이다. 심각한 기후변화가 농업에 미치는 영향을 잘 분석하고, 과학기술의 농업 분야 적용과 보급을 통해 4차 산업혁명이 가져다줄 농업의 혁신이 미래 농업을 대비하는 중요한 전략이 될 것이다.

13장
스마트팜 시스템의 현장 적용

15. 스마트팜 시스템이란 ❶

스마트팜은 복잡하고 어려운 첨단기술로 구성되어 있지만, 시스템을 잘 이해하고 잘 다루려고 노력하면 누구나 쉽고 편리하게 작물을 재배하는 데 활용할 수 있다. 스마트팜을 잘 이해하기 위하여 첫 번째 스마트팜 정의를 알아보고, 두 번째 스마트팜 시스템은 어떻게 구성되어 있는지 살펴보고, 세 번째 스마트팜을 제어하는 기술은 어떻게 되어 있는지 살펴보자.

먼저 스마트팜의 정의를 확인해 보겠다. '스마트팜은 똑똑한 농장이다!' 이다. 정보통신기술(ICT)을 비닐하우스 · 축사 과수원에 접목하여 원격 · 자동으로 작물과 가축이 자라는 환경을 적정하게 유지 · 관리할 수 있는 농장을 말한다.

농작물이 자라는 상태에 대한 정보(생육 정보)와 농장 내부/외부의 환경정보에 대한 정확한 샌서 데이터를 받아서 언제 어디서나 작물과 가축의 자라는 환경을 점검하고, 이상이 있는 경우에는 빠르게 처방할 수 있는 것이다. 이제 스마트팜을 통해 힘든 농사일을 스마트팜으로 쉽고 편하게 일을 하면서 농산물의 생산성과 품질은 더 높일 수 있게 되었다.

16. 스마트팜 시스템이란 ❷

스마트팜 시스템은 크게 네 부분으로 구성되어 있다. 농장의 내/외부 환경을 센서로 데이터화해서 볼 수 있는 환경센터와 농작물이 자라는 상태를 영상으로 볼 수 있는 영상시스템, 창을 열고 이산화탄소를 공급하고 온도를 올리고 내리는 제어 장비, 그리고 농장 내·외부 정보를 통합 관리하는 정보관리시스템으로 구성되어 있다.

환경센터는 온실 내부 및 외부의 다양한 환경의 각 요소들의 데이터를 수집하는 파트로, 온실 내부 환경에는 온도, 습도, 토양 수분(토경), 양액센서(양액농도(EC), 산도(PH)), 수분센서(배지)가 있으며, 온실 외부환경은 온도, 습도, 풍향/풍속, 강우, 일사량 등이 있다.

영상시스템은 적외선카메라와 CCTV/DVR(녹화장비)로 실시간으로 농장 환경의 영상을 수집한다. 제어장비는 농장 내·외부의 여러 환경을 컨트롤을 통해 최적의 상태를 유지하는 장치로 환기, 난방, 에너지 절감시설, 차광 커튼, 유동팬, 온수/난방수 조절, 모터제어, 양액기 제어, LED 등으로 온실 내부의 환경을 최적의 상태로 제어한다.

정보관리시스템은 최적으로 작물이 자랄 수 있도록 생육 관리를 하는 시스템으로 실시간 생장환경 모니터링과 시설물 제어환경 및 생육 정보 DB시스템 등으로 구성된다.

17. 스마트팜 시스템이란 ❸

그렇다면, 첨단 스마트팜에 설치된 기기들을 어떻게 하면 잘 사용할 수 있을까? 작물 재배에서 가장 중요한 것은 작물이 항상 쾌적한 환경을 만들어주는 것이다. 무엇보다 사용자가 작물이 잘 자랄 수 있는 환경을 어떻게 만들 수 있는지를 알아야 한다. 토마토 농장을 경영하는 S씨는 스마트팜 사용을 "작물 재배에 가장 중요한 것은 작물에게 맞는 쾌적한 환경을 만들어 주는 것"이라고 생각한다.

　너무 덥거나, 춥지 않도록 하기 위해, 토마토 경우 보통 28도를 유지하고, 밤에는 15도 정도를 만들어 주어야 스트레스를 받지 않고 잘 자랄 수 있으며, 이산화탄소는 보통 450ppm 정도로 유지해서 광합성하는 데 필요한 이산화탄소를 공급해 주어야 한다. 토마토는 보통 해가 뜨기 2시간 전에 활동을 시작하는데, 이 시간부터 온도를 올려주어 해가 뜨면서부터 광합성을 충분히 할 수 있도록 제어해야 한다. 그리고 해가 뜨면 적정한 공기 순환을 위해 천창을 열어주는데, 갑자기 많이 열면 차가운 공기가 작물에게 스트레스를 주기 때문에 보통 5% 내외로 천창을 열고 서서히 공기를 순환시켜 쾌적한 공기를 마시면서 광합성을 할 수 있도록 한다.

　토마토가 잘 자라기 위해서는 이렇게 정밀하고 세심한 관리가 필요하다. 그리고 스마트팜 제어기술이 바로 작물이 스트레스를 받지 않도록 농장 내부의 쾌적한 환경을 유지하는 기술이다.

　토마토는 물론, 작물에게 필요한 쾌적한 환경을 만들기 위해 필요한 기술들을 살펴보면, 작물이 성장보다는 좋은 과일이 맺히도록 제어하는 것이 중요한데, 생장생식이 될 수 있도록 제어하는 것이 필요하다. 농작물이 영양분을 잘 흡수할 수 있도록 양액을 배합하고 공급해야 한다. 생장 시기에 온도 조절이나 습도 유지와 함께 인산과 칼슘 같은 액비의 주성분을 조절하는 양액 배율의 조정 제어가 필요하기 때문에 이 기술은 매우 중요하고 노하우도 필요하다.

　작물이 좋은 품질의 과일을 잘 맺도록 키우는 데 가장 핵심은 광합성 작용인데, 따라서 이를 원활히 할 수 있도록 작물을 관리하는 기술도 매우 중요하다. 작물 재배를 위해서는 병해충 발생 예방 및 생물학적 방제 기술도 중요하며, 광원 및 조명 기술을 통해 햇빛의 부족 부분을 제어하는 기술이 필요하다.

　광합성에 필요한 이산화탄소를 적정하게 공급하고, 온도/습도를 적정하게 유지하고, 햇빛이 잘 투광되도록 관리하고, 양액을 적정하게 공급하는 것이 제어기술의 중요한 요소이며, 스마트팜에 설치된 기기들은 이를 도울 수 있다.

18. 스마트팜 시스템이란 ❹

한국의 스마트팜 발전 모델을 살펴보면, 크게 3세대로 구분할 수 있다.

1세대 모델은 각종 환경센서 및 CCTV를 통해 온실 환경을 모니터링하고, 설정된 환경 기준에 따라 환경을 원격으로 자동 제어하여 농업 작업의 편리성을 향상하는 것이 주된 기능이었다.

2세대 모델은 온실 대기와 토양 환경에 대한 작물의 스트레스를 실시간으로 계측하여, 지능형 환경제어 SW를 적용하고, 농장 내부의 높은 지역(지상부)과 낮은 지역(지하부) 환경을 따로 구분하여 제어하고, 농장의 각종 센서 데이터를 수집하여 빅데이터 분석을 통한 영농의 의사결정을 지원하는 서비스를 제공한다. 작물이 잘 자랄 수 있는 최적 생육환경 제어를 통한 생산성과 품질 향상을 목표로 기술을 개발하고 있다.

제3세대 모델은 복합에너지 최적 제어기술을 적용하고 로봇과 지능형 농기계를 이용하여 농업 작업을 자동화한다. 작물의 영양과 질병 감염 상태를 조기 진단하고 처방하는 서비스를 받을 수 있고, 최적으로 에너지를 관리하여 영농비용을 낮출 수 있는 기술을 적용하고, 완전 자동화와 농장 내·외부 환경 변화에 스스로 적용하는 자율제어 스마트팜 기술이 적용될 것이다.

19. 우리나라 스마트팜 기술 과제

스마트팜 기술은 국산화가 어느 정도 되어 있고, 일부 분야에는 아직도 해외 기술을 사용하고 있다. 제어장치 등의 하드웨어 기술은 90% 정도 국산화이며, 제어장치를 가동하는 소프트웨어 기술은 국내 기술로도 개발하지만 성능에서는 네덜란드 기술의 70% 수준으로, 해결해야 할 과제이다.

스마트팜 제어의 핵심 기술인 최적 생육관리 모델의 경우, 재배 품목이 다양하고 지역별 환경요소도 상이하여 개발에 어려움이 큰 상황이다. 아직은 스마트폰으로 비닐하우스 내부 상황을 확인하고, 스프링클러, 보온덮개, 커튼, 환풍기 등을 원격으로 작동하여 농업 작업의 편리성을 향상시키는 수준이다.

이제 우라나라의 스마트팜은 식물의 생육/생리 상태를 실시간으로 추적하고, 그에 맞게 실시간으로 환경을 제어하는 최적 생육모델을 기반으로, 소프트웨어 중심 정밀 환경제어를 구현하여 생산성 및 품질을 향상시킬 수 있도록 발전해야 한다.

따라서 차세대 스마트팜 시스템의 주요 기능은 3차원/열화상 등에 의한 작물의 측정, 이미지 처리를 통해 작물의 생체정보를 측정하여 진단, 인공지능 기술과 각종 모델을 활용한 전 생육기간의 목표치 결정, 생육, 질병의 진단과 재배 관리를 할 수 있는 지능화된 스마트팜 기술이다.

20. 우리나라 스마트팜 기술 현황 ❶

우리나라 스마트팜 재배 작물로는 가장 대중적인 소비시장을 가지고 있는 토마토, 파프리카, 딸기가 대표적이다. 최근에는 수박, 오이, 멜론, 가지 등의 재배에 스마트팜 시스템이 도입되고 있으며 최근 농작물뿐만 아니라 축산 분야에도 확산되고 있다.

축산 분야에서는 스마트팜 기술을 통해 가축이 최적의 환경에서 자랄 수 있도록 자동제어 하는 기술이 보급되고 있다. 각종 환경 센서 및 CCTV를 이용하여 축사 내외부의 환경을 모니터링하고 가축 사육의 최적 환경을 조절하는 것이다.

21. 해외 스마트팜 기술 현황 ❷

스마트팜 선진국은 최상의 기술을 보유하고 있는 네덜란드이다. 그리고 일본과 미국이 첨단기술을 보유하고 경쟁력 있게 활용하고 있다.

일본은 농촌인구의 고령화, 농업인 감소, 경작 포기 면적 증가 현상이 있는데, 이를 해결하기 위한 첨단 스마트팜 기술 개발에 주력하였다. 일본의 농업은 노동력 부족과 정밀한 농작물 재배 관리의 어려움으로 인해 대규모 농장을 경영하지 못한다. 적은 인력으로 대규모 농사가 가능한 생산기술인 농업작업의 로봇기술 상용화에 집중하였다.

일본 정부의 연구개발 지원으로 스마트팜의 현대화가 이루어지고 있다. 연구기관, 기업 및 생산자 등과 연계하여 컨소시엄을 형성하여 식물공장에서 채소의 생산 비용을 30% 절감하였다. 그리고 시설원예 거점단지를 설립하였다. 작물 종목별 시설원예 단지를 집결하여 대규모하고, 지역의 신재생에너지를 활용하여 에너지공급센터를 통해 에너지를 공급한다. 또한 종묘공급센터에서 종목별 시설원예 단지에 우량한 종묘를 공급하고, 시설원예 거점단지에서 고도 환경제어기술을 통해 생산량 증대와 품질 높은 농작물 출하하고 있다.

일본 후지츠(Fujitsu)는 스마트팜 빅데이터 분석 서비스 아키사이(Akisai)를 개발했다. 후지츠는 농장의 토양을 분석하고 작물의 이미지 데이터를 수집하여, 병충해 방지 정보를 제공하고, 생산량 증대와 판매, 출하 관리 및 경영 분석 등 기업적 농업경영(농업 ERP) 서비스를 하고 있으며, 축적된 데이터 기반으로 아키사이 서비스를 개발하여 2012년부터 제공하고 있다.

아키사이는 일본 최고의 지능화된 스마트팜 서비스 기술이다. 클라우드에 축적된 데이터를 활용하여 재배 기술 향상을 지원하며, 카메라를 이용한 영양 상태를 진단하여 환경을 조절한다. 그리고 생체 정보를 이용한 생육진단 기술은 각종 센서를 탑재한 정보 수집 로봇을 통해 수집하고 광합성 기능을 진단한다.

농업작업 로봇이 투입되고 있는데, 경운기 트렉터, 써레질 트렉터, 이식용 이앙기 및 수확용 콤바인 등이 있다. 농업작업 로봇은 사전에 경로를 설정하여 자율주행을 통해 자동작업을 한다. 일본의 농업의 로봇 개발은 농업인력 고령화 및 감소 및 적극 대응하여 실용적인 기술 개발을 통해 자율주행로봇의 상용화 단계에 진입하여 향후 인력 절감 및 대규모 농업을 지향하고 있다.

22. 해외 스마트팜 기술 현황 ❸

세계 최고의 스마트팜 기술 수출국 네덜란드는 50년간 스마트팜 기술과 데이터를 기반으로 전 세계 70여 개 국가에 수출을 하고 있다. 원예 선진국으로 대표되는 네덜란드는 전체 온실의 99%가 유리온실로 운영되고 있다. 50년간 누적된 데이터로 재배 환경에 최적화된 노하우를 기반으로 제어솔루션을 개발, 특히 파프리카 및 토마토의 작물 환경제어 모델을 개발하여 생산량과 품질의 최적화를 가능하게 하였다.

이러한 기술을 기반으로 세계 최고 수준의 온실환경 제어시스템을 개발해 세계 각국으로 수출하고 있으며, 기업별로 최적 생육 관리를 위한 프로세스가 정립되어 있다. 온·습도, 일사량, 이산화탄소 센서 등 주요 스마트팜 기자재는 규격화되어 있고 내구성과 신뢰성은 우수하다.

네덜란드의 스마트팜은 ICT기술, 에너지 관리 및 재해 방지 기술이 결합된 표준 모델에 복합 환경제어가 가능한 시스템을 운영하고 있으며, 고도화된 유리온실과 같은 대형 시설에서 계획적인 생산을 실시하여 높은 생산 기술과 생산성을 실현하고 있다. 그리고 네덜란드는 로봇 개발 연구가 활성화 되었고 수확로봇 상용화가 진행되었다. 농작물의 재배 작업과 수확 및 포장 단계에서 많은 노동력이 필요하므로 네덜란드에서는 로봇을 개발하여 생산 과정을 자동화하고 있다.

농업 분야에 상용화된 로봇기술은 온실 내의 물류 및 자율이동, 분무로봇, 기계비전 기반의 분류시스템, 화훼산업을 위한 절단로봇, 딸기 수확로봇 및 기계비전 기반의 포기 사이의 제초 등이 사용되고 있다.

오이 수확로봇을 1988~2001년까지 개발하였고 94%의 열매 검출 및 74%의 수확 성공을 거두었으며, 파프리카 수확 로봇은 2010년~2014년까지 1단계 개발을 완료했다. 그리고 브로콜리 수확로봇은 최소 머리 직경을 설정값으로 주어 선택적 수확하는 방법을 개발하였다. 네덜란드 농업로봇 기술 개발은 재배 단계의 기술 개발을 지속적으로 추진하여 적엽 및 적과 등의 자동화를 달성하였고 이들 기술을 활용하여 수확 단계에서 로봇 활용 기술 개발을 통한 자동화 기술 개발을 추진하고 있다.

23. 농업과 인공지능 기술의 동행

2006년 2명의 구글 직원이 클라이밋 코퍼레이션(Climate Corporation)을 창업하였다. 농업 현장에서 발생하는 다양한 데이터를 분석하여 농가의 의사결정을 지원하는 회사이다. 센서를 이용하여 지역별 날씨, 토양의 수분 및 각종 유기물, 농업기계 운용 등의 데이터를 광범위한 지역에서 모으고 있다. 현재 미국 전역의 250만 개의 장소에서 매일 1,500억 건의 토양정보와 10조 건의 기상 시뮬레이션 정보를 실시간으로 수집하고 축적하고 있다. 그리고 그 막대한 양의 데이터를 분석하여, 작물의 생장상황, 건강 상태(영양, 질병 등), 수확량 예측 등의 정보를 실시간 제공한다. 이 서비스는 정말 효과가 있었을까?

조사한 결과 이 서비스를 이용한 농가에서 2년간 평균 5%가량의 수확량 증가를 경험했다. 실제로 이 서비스를 통해 농산물 재배 비용은 줄이고 생산량은 증가시킬 수 있었던 것이다. 비록 아직은 초기 단계이지만 빅데이터 축적이 임계점을 넘을 경우 유료 서비스는 더욱 증가할 것이 확실시 된다.

2016년 유료 서비스 농지 면적은 560만ha에서 2017년 1,010만ha로 증가하였고, 2025년에는 1억6,000만ha가 서비스될 것이라고 하는데 이것은 남한의 16배에 달하는 면적이다.

이런 성과는 기업 가치 상승으로 돌아왔다. 2013년 몬산토는 무려 1조 원에 클라이밋 코퍼레이션을 인수했고, 현재 몬산토는 독일 바이엘과 합병했다. 2020년이 되면 이 회사의 기업 가치는 수십 조 원에 이를 것이라고 한다.

샘 에싱턴 수석연구원은 한 언론사 인터뷰에서 "우리 회사의 센서 네트워크는 전례 없는 분량의 엄청나면서도 세밀한 현장 데이터들을 수집하고 있다. 궁극적으로 우리는 수많은 종류의 센서들을 모두 통합하여 농업 현장을 살아있는 데이터 시스템으로 바꾸고자 한다" 라고 하면서 농업 빅데이터 수집에 대하여 제안했다.

농업 빅데이터 수집 방법에 대한 접근, 농업 빅데이터 기술의 비즈니스 적용 방안 이해, 농업 빅데이터 비즈니스의 시장 가치 증대 현황 학습이 필요하다.

24. 빅데이터 기술의 중요성 ❶

4차 산업혁명의 화두는 바로 빅데이터이다. 농업의 빅데이터는 농업 혁신에 가장 필요한 재료이다. 농업 빅데이터 없는 인공지능 기술 서비스는 불가능하다.

빅데이터란 무엇일까? 1분 동안 구글에서는 200만 건의 검색이 이루어지고, 유튜브에서는 72시간의 비디오가 재생된다. 트위터에서는 27만 건의 트윗이 생성된다. 이처럼 사전적으로 빅데이터란 기존 데이터보다 너무 방대하여 기존의 방법이나 도구로 수집 · 저장 · 분석 등이 어려운 정형 및 비정형 데이터를 의미한다.

세계적인 컨설팅 기관인 맥킨지(Mckinesey)는 빅데이터를 기존 데이터베이스 관리도구의 데이터 수집, 저장, 관리, 분석하는 역량을 넘어서는 규모로서 그 정의는 주관적이며 앞으로는 계속 변화될 것이라고 했다.

빅데이터의 특징으로는 크기(Volume), 속도(Velocity), 다양성(Variety)을 들 수 있다. 크기는 일반적으로 수십 테라바이트 혹은 수십 페타바이트 이상의 데이터 규모를 의미한다.

속도는 대용량의 데이터를 빠르게 처리하고 분석할 수 있는 속성으로 융복합 환경에서 디지털 데이터는 매우 빠른 속도로 생산되므로 이를 실시간으로 저장, 유통, 수집, 분석, 처리가 가능한 성능을 의미한다.

다양성은 다양한 종류의 데이터를 의미하며 정형화의 종류에 따라 정형, 반정형, 비정형 데이터로 분류할 수 있다.

25. 빅데이터 기술의 중요성 ❷

빅데이터 플랫폼은 빅데이터 기술의 집합체이자 기술을 잘 사용할 수 있도록 준비된 환경이다. 기업들은 빅데이터 플랫폼을 사용하여 빅데이터를 수집, 저장, 처리 및 관리할 수 있다.

즉, 빅데이터 플랫폼은 빅데이터를 분석하거나 활용하는 데 필요한 필수 인프라(Infrastructure)인 것이다. 빅데이터 플랫폼은 빅데이터라는 원석을 발굴하고, 보관, 가공하는 일련의 과정을 통합적으로 제공해야 한다. 이러한 안정적 기반 위에서 전처리된 데이터를 분석하고 이를 다시 각종 업무에 맞게 가공하여 활용한다면 사용자가 원하는 가치를 정확하게 얻을 수 있다.

빅데이터를 다루는 처리 프로세스로서 병렬 처리의 핵심은 분할 점령(Divide and Conquer)이다. 즉 데이터를 독립된 형태로 나누고 이를 병렬적으로 처리하는 것을 말한다. 빅데이터의 데이터 처리란 문제를 여러 개의 작은 연산으로 나누고 이를 취합하여 하나의 결과로 만드는 것을 의미한다.

대용량 데이터를 처리하는 기술 중 가장 널리 알려진 것은 아파치 하둡(Apache Hadoop)이다. 하둡을 대표하는 노란색 아기 코끼리는 하둡(Hadoop)을 처음 개발한 더그 커팅(Doug Cutting)이 아이의 장난감 코끼리의 이름을 붙인 것에 기인한 것이다.

분산 데이터 처리 프레임워크인 하둡은 처음부터 대용량 데이터 처리를 위해 개발된 오픈 소스 소프트웨어이다. 야후(Yahoo)의 재정 지원으로 2006년부터 개발되었고 현재는 아파치 재단이 개발을 주도하고 있는데, 구글의 분산파일 시스템(GFS)으로 본격적으로 개발되었다. 그래서 하둡(Hadoop)은 대규모 데이터 처리가 필수적인 구글, 야후, 페이스북, 트위터 등 인터넷 서비스 기업에서 먼저 활용하기 시작했지만, 데이터가 점점 더 기하급수적으로 늘어나는 최근에는 금융 서비스업, 정부기관, 의료와 생명과학, 소매업, 통신업, 디지털 미디어 서비스업 등으로 확장되고 있다.

빅데이터 분석은 데이터 마이닝, 기계학습, 자연어 처리, 패턴 인식 등의 기술을 활용한다. 소셜 미디어 등 비정형 데이터의 증가로 인해 분석기법 중에서 텍스트 마이닝, 오피니언 마이닝, 소셜네트워크 분석, 군집분석 등이 현재 주목 받고 있다. 텍스트 마이닝은 비/반정형 텍스트 데이터에서 자연어 처리기술에 기반하여 유용한 정보를 추출, 가공하는 기술이며, 오피니언 마이닝은 소셜미디어 등의 정형/비정형 텍스트의 긍정, 부정, 중립의 선호도를 판별한다.

소셜 네트워크 분석 기술은 소셜 네트워크의 연결 구조 및 강도 등을 바탕으로 사용자의 명성 및 영향력을 측정하며, 군집분석은 비슷한 특성을 가진 개체를 합쳐가면서 최종적으로 유사 특성의 군집을 발굴하는 기술을 말한다.

26. 빅데이터 기술의 중요성 ❸

빅데이터 분석 기술을 통해 소비자의 니즈를 정확하게 파악하고 그에 맞는 서비스를 제공할 수 있어 기업은 더 큰 수익을 창출할 수 있다. 빅데이터 기술은 기업의 매출 증대와 친밀한 고객 지원에 필요한 기술이다.

아마존은 고객 한 사람 한 사람의 취미나 독서 경향을 찾아 그와 일치한다고 생각되는 상품을 매일, 홈페이지상에서 중점적으로 고객에게 자동적으로 제시하고 있다. 모든 고객의 구매 내역을 데이터베이스에 기록하고, 이 기록을 분석해 소비자의 취향과 관심사를 파악한다. 아마존은 이러한 빅데이터의 활용을 통해 고객별로 '추천 상품' 을 표시한다. 이와 같은 방식으로 구글과 페이스북도 이용자의 검색조건, 나아가 사진과 동영상과 같은 비정형 데이터 사용을 즉각 처리하여 이용자에게 맞춤형 광고를 제공하고 있다.

27. 농업 빅데이터 기술 ❶

농업 분야에도 빅데이터 기술이 반드시 필요하다. 생산성을 높이고 소비자 니즈에 맞는 재배와 시장 유통을 위해서는 농업 빅데이터 기술이 필수적이다. 즉, 농업 빅데이터 기술은 농장의 부를 축적하는 최우선 기술이라고 할 수 있다.

농업 빅데이터는 농장 경영에 필요한 모든 데이터를 의미한다. 데이터를 수집하고, 분석하여 농장 경영에 반영할 수 있다. 첨단기술로 작물의 최적 환경을 유지하는 스마트팜 경영에 빅데이터 수집과 분석 활용이 시급히 요구된다.

농업과 빅데이터의 결합은 농산업의 생산에서 소비까지 모든 과정을 새롭게 변화시킬 것으로 예상된다. 즉, 빅데이터로 농업 생산성을 높일 수 있고, 각종 질병과 자연재해를 예방도 가능하며, 소비자의 행동과 생각까지도 분석할 수 있기 때문이다.

스마트팜은 센서로부터 수집되는 정밀한 데이터를 기반으로 최적 제어시스템으로 작물을 재배하게 하며, 실시간으로 시설하우스의 온도와 습도, 이산화탄소를 측정하여, 빅데이터화를 한다. 이 빅데이터를 분석하여, 작물의 최적 생육 환경을 만들 수 있고, 최대 생산량을 지향하는 정밀 농업이 가능하게 된다.

28. 농업 빅데이터 기술 ❷

스마트팜에서 생성되는 내·외부 환경 데이터와 생육데이터, 에너지 사용 데이터, 양액 데이터 등의 농장 데이터부터 소비자의 농작물 소비 데이터, 시장 가격 데이터, 기후 데이터 등 농업에 연관된 수많은 데이터까지 모두 수집하는 것이 농업 빅데이터이다.

농업에 필요한 빅데이터에는 어떤 것이 있을까? 자동화된 스마트팜 시스템에서 측정한 온실 내·외부의 센서 데이터와 정기적인 생육조사를 통해 생성되는 생육 데이터, 농장 경영의 중요한 비용 발생 부분인 에너지 사용량에 대한 데이터, 양액의 정밀한 성분, 양액의 공급, 작물의 섭취량, 배액량 등에 대한 데이터, 그리고 작업인력 투입 등 농장 경영 관련 데이터, 시장가격 변화에 대한 데이터, 유통 마케팅 데이터, 소비자 소비 형태에 대한 데이터 등의 경영, 유통, 마케팅에 대한 다양한 데이터, 온실 내부 환경과 외부 환경을 1분 단위에서 5분 단위로 정기적, 자동적으로 수집하는 환경데이터가 있다. 환경데이터는 온실 내부 환경과 관련된 온도, 습도, CO_2, 배지(EC/pH, 수분), 양액(EC/pH) 데이터와 온실 외부 환경으로 온도, 습도, 풍향/풍속, 강우, 일사량 센서 데이터가 있다.

그렇다면 위의 빅데이터는 어떻게 수집해야 할까? 센서 데이터는 농장 내부 게이트웨이를 통해서 서버 플랫폼으로 데이터를 전송하고, 클라우드 서버에서 정기적 데이터를 저장하며, 농장주에게 실시간으로 농장 내·외부 환경의 데이터값을 대시보드 형태로 제공한다. 작물의 정상적인 생육 활동에 대한 부분인 생육데이터는 정기적으로 전문가의 인위적인 수작업으로 수집하고, 발육에 대한 데이터로 초장, 경경, 잎 크기, 개화 시기, 화방수를 조사하고, 산출 작물 데이터로 열매의 크기, 당도, 경도, 무게 등을 조사한다.

영농 데이터로 영농인 개별 정보로 나이, 성별, 경력, 농업기술 교육 등의 정보와 농장 정보로 농장의 크기, 구조, 수확량, 출하량을 조사하고, 에너지 정보로 에너지 사용량 등을 조사한다. 그리고 농업 빅데이터 수집은 개별 농장에서부터 지역 단위로 여러 형태의 농장 타입별로 다수 농장을 선별하여 정기적 조사를 통해 지역 동일 작물의 빅데이터 수집을 통해 최적 생육 조건을 발굴하게 된다.

빅데이터는 미래 농업에 꼭 필요하다. 따라서 효율성 있는 데이터 수집이 정말 중요할 수밖에 없다. 이를 위해서는 무엇을 해야 할까? 데이터 클리닝 등의 정밀한 빅데이터 수집 분석 기획 과정을 통해 데이터 형태, 분석 툴에 적합한 데이터 성격 등의 규명화된 작업이 필요하다.

농작물의 재배 전주기 데이터 수집을 위한 적정한 시기 선택이 중요하다. 이를 위해서 사전에 농가의 작물 정식일자를 확인하고, 협조받을 농가 선정 기준을 확립한다. 그리고 적극적인 데이터 수집 대상 농가를 섭외하여 데이터 수집장치를 설치해야 한다. 데이터 수집에 대한 전반적인 프로세스를 매뉴얼화하는 사전 기획 작업이 빅데이터 수집의 성패를 좌우한다고 볼 수 있다.

29. 농업 빅데이터 기술 ❸

농업 빅데이터를 구축하기 위해서는 가능하면 많은 종류의 데이터를 수집하는 것이 중요하다. 수집된 빅데이터는 어떻게 될까?

여러 농장에서 수집된 농업 빅데이터는 클라우드 시스템을 통해 서버 플랫폼에 저장된다. 서버 DB에 수집된 데이터를 정제 및 가공하여 수집된 데이터 유효성 검사와 전처리 작업을 거치게 된다. 농작물의 재배기간 동안의 전주기 환경, 생육, 경영, 이미지 데이터를 수집하여 공통 시간축을 기준으로 각 데이터를 하나로 융합하는 데이터 융합(Merge) 알고리즘을 사용하여 다양한 변수들의 관계를 파악하고 기존보다 많은 양의 데이터를 빅데이터화하여 분석에 활용한다.

빅데이터를 수집·저장하는 인공지능 기술인 딥러닝에 대해 알아보겠다.

30. 농업 빅데이터 기술(딥러닝) ❹

딥러닝 알고리즘은 스마트팜에서 발생될 수 있는 모든 수치 데이터와 이미지 데이터를 각각 하나의 틀에 모두 넣어 타임라인(Timeline)으로 정렬하고, 융합 분석하는 기술이다. 이러한 데이터 융합 분석 기술을 사용함으로써 분석 정확도를 향상시키고 신뢰성 있는 분석 결과를 도출하게 된다. 빅데이터의 활용은 인공지능(딥러닝) 기술로 병해충을 사전에 예측할 수 있다.

농장의 환경과 작물의 생육 데이터, 경영 각 데이터 틀을 분석하는 데는 개별적인 분석이 아닌 딥러닝 기술을 도입하여 작물 재배 전주기에 걸친 융합 데이터를 분석하고, 그 분석 결과를 활용하여 작물의 생장 장애와 병해충을 사전에 예측할 수 있다. 융합 데이터 분석과 이미지 데이터 처리 기술로 빠르고 정확한 분석을 수행할 수 있게 된다.

이전에는 작물의 생육 정보를 수집하는 것이 제한적이었지만 이미지 데이터 처리가 가능해지면서 얼마든지 정보를 수집할 수 있게 되었다. 이미지 데이터 기술을 통해 식물의 상태 및 이상을 파악할 수 있는데, 이때 사용되는 기술은 이미지 딥러닝 기술인 CNN(Convolutional Neural Network) 알고리즘이다. 이미지 분석 기술을 활용하여, 작물의 병충해와 생장장애를 판단할 수 있다.

이미지 정보를 활용한 딥러닝 기술을 기반으로 병충해와 생장 장애 진단·분석기술을 개발할 수 있다. 우선 이미지 분석을 위한 모델을 설계하고, 스마트팜에 설치된 CCTV 영상과 외부 이미지를 통해 학습할 대상의 이미지를 수집한다. 전문가와의 협의를 통해 이미지의 항목에 대해 기준점 및 척도를 정의하면 농작물의 이상 징후를 사전에 판단할 수 있다. 여기서 끝이 아니다. 이미지에 대한 학습 결과를 통해 문제를 파악하고 이를 보완하여 에러가 최하점이 되도록 재학습을 하는 순환 구조의 학습 알고리즘을 개발하여 사용한다.

인공지능 기술 중에 학습 기능의 알고리즘이 딥러닝이다. 빅데이터가 수집되면 분석해서 그 유용한 결과물을 농장제어에 반영하는 기술이 딥러닝 알고리즘이다. 빅데이터로 분석한 결과 농장제어 기준값을 수정하여 제어하게 되면 점점 더 정확하고 좋은 생육 환경을 만들 수 있게 된다.

31. 인공지능 스마트팜의 빅데이터 기술 활용 ❶

스마트팜에 인공지능 기술이 도입되면서 빅데이터의 수집, 분석은 보다 지능화된 작물 생육 기반으로 변화되었다. 빅데이터 분석 결과를 통해 농장의 최적 제어기준을 제시하고 농장 경영의 효율화 검증을 할 수 있는 컨설팅 기능, 농작물의 생산성 향상 모델을 개발할 수 있는 수익성 최적화 기능, 그리고 병충해 및 생리 장애 진단과 예측할 수 있는 진단 기능을 활용할 수 있다.

32. 인공지능 스마트팜의 빅데이터 기술 활용 ❷

첫 번째, 빅데이터 기술 활용은 컨설팅 기능이다. 빅데이터 기술을 통해 농장의 온도/습도 등의 제어 기준값을 최적화하여 작물의 생육에 필요한 최적 환경 기준을 실시간으로 수정 설정할 수 있는 농장 생육환경 조절 기능을 개발할 수 있다. 농업 빅데이터 수집 분석 결과를 통해 최적 환경 제어 기준에 대한 실시간 컨설팅이 가능한 것이다. 이에 따라 농장별/작물별 재배기준을 용이하게 설정할 수 있으며, 작기 기간 중 환경 제어 기준을 실시간 업데이트할 수 있고, 양액 제어 기준과 생육 기준을 정기적으로 최적화되도록 조정할 수 있다.

결국 작물별 수확량 및 품질 기준을 설정하여 보다 생산성 높은 작물 재배가 가능하게 되며 이미지 기반 생육 관리를 통해 목표된 수확량을 달성할 수 있다. 뿐만 아니라 인공지능 기반의 농업 빅데이터 분석 기초를 활용하면 스마트팜 농가의 애로사항별 맞춤 컨설팅이 가능하다.

작물의 생육 상태에 대한 정확한 진단과 스마트팜 환경 제어의 적정성 등을 관리할 수 있기 때문이다. 최소의 에너지를 사용하여 최대의 생산을 할 수 있는 생산성 높은 농장 제어 기술을 농장별로 제시할 수 있는 것이다.

두 번째, 빅데이터 기술 활용은 수익성 최적화 모델이다. 빅데이터 기술을 활용하면 동일 작물에 대한 농장 간 생산성을 비교 분석하여 최적 재배 환경 기준을 도출, 최적 생산성 향상을 가져올 수 있는 모델을 설계할 수 있고, 시기별 판매량을 예측해 초과 생산, 에너지 사용 등 과투입 요소를 제어하여 최적화 가능한 모델을 설계할 수도 있다. 농장의 수익성을 높이기 위해 에너지 사용에 대한 최적화 모델을 제시할 수 있고, 인력 운영 및 농장 경영 제비용을 최적화할 수 있는 것이다. 또한 작기 조정에 빅데이터 분석 결과를 적용하게 되면 시장 소비 변화 패턴을 이해하고 적용하여 작기 조정을 통한 수익 최적화를 이룰 수도 있다.

세 번째, 빅데이터 기술 활용은 진단 기능이다. 농작물 생육 진단 기술로 활용할 수 있다. 농작물의 생육 상태를 이미지 데이터로 전환하여 빅데이터화하고, 딥러닝 기술로 이미지 데이터 처리가 가능하므로 이미지 판독을 통한 농업 전문가 수준의 정확한 진단이 가능하다.

그리고 농약의 사용을 최소화할 수 있다. 농장 경영의 가장 큰 어려움인 병충해에 대한 사전 예측과 정확한 진단이 가능하다. 소비자들이 요구하는 무농약 또는 저농약 재배가 가능하게 되어 농가의 농약 사용량을 현저히 줄일 수 있고, 친환경 농작물 재배 출하를 통해 보다 높은 수익을 얻을 수 있게 된다.

33. 스마트팜 빅데이터 분석에 필요한 요소 기술

마지막으로 스마트팜 빅데이터 분석에 필요한 요소 기술에 대해 알아 보겠다. 스마트팜 빅데이터 수집, 분석, 활용을 보다 효율적으로 수행하기 위해서는 수집 및 분석 방법의 표준화가 필요하며, 영상 기반 정보융합형 상황인지 기술을 개발하여 생육 환경과 병충해, 생장 장애를 실시간으로 진단할 수 있는 고도화 기술 개발이 필요하다. 이를 위해서 딥러닝 기반 병충해 및 생장 장애 사전 인지 기술의 상용화가 전제되어야 한다. 무엇보다 대용량의 데이터 속에서 유용한 상관 관계를 발견하고 필요한 정보를 추출해내는 데이터마이닝(Data Mining) 기술의 농업 적용을 통해 생산성 향상과 수익성 최적화 모델이 다양한 농장에 적용될 수 있는 범용적 연구 개발이 필요하다.

농업 빅데이터 기술을 통해 스마트팜의 생산성 향상 모델을 개발 보급할 수 있게 되면 농가의 생산성 증대와 경영비 절감을 실현할 수 있어 농가의 수익 기반 경영이 가능하게 된다. 또한 타깃 시장을 설정하여 소비자 니즈에 맞출 수 있는 농작물 재배 출하 품질을 높일 수 있어 보다 좋은 가격의 농산품을 공급할 수도 있다.

농업 빅데이터 기술은 생산과 소비가 연계된 시장친화적 농장 경영의 기술이다. 이를 통해 스마트팜 농가는 생산과 경영, 유통에 이르는 전반적인 시스템 혁신을 이룰 수 있다.

34. 스스로 판단하고 제어하는 인공지능 기술

스마트팜에 인공지능 기술을 활용하게 되면 사람의 계산으로 재배하는 것 이상으로 생산량을 올릴 수 있고, 품질 높은 작물을 출하할 수 있다. 일본 후지츠의 아키사이 사례를 보자.

일본은 농업 선진국으로 자동화 농업을 넘어 지능화된 정밀 농업에 많은 투자와 노력을 집중하고 있다. 이 중에서 세계적으로 널리 알려진 것이 후지츠의 아키사이 시스템이다.

아키사이 시스템은 일본의 대표되는 농업 4차 산업혁신 시스템으로 스마트팜 식물공장에 사물인터넷 센서를 설치하여 재배 환경 데이터를 실시간으로 계측하고, 빅데이터를 수집하여 축적·분석한다. 이 시스템을 이용하는 농가는 실시간으로 농장의 재배 상황을 모바일이나 PC로 대시보드를 보며 확인할 수 있으며, 많은 농장재배 작업을 시각적으로 표현하는 인공지능 기반 농업 관리 서비스이다.

스마트팜 내부와 외부 환경의 기온, 수분, 일사량, 토양의 비료 농도 등을 측정하고 1분 내지 3분 간격으로 클라우드 서버에 전송한다. 그리고 클라우드 시스템이 빅데이터의 수집, 분석, 예측 등을 수행한 후 농가에 최적의 물과 비료의 양을 제시한다. 이 시스템은 토마토와 같은 농산물의 생산 관리뿐만 아니라 축산업에서도 클라우드를 이용한 데이터 분석 결과까지 제공하고 있다.

35. 스마트팜에 적용되는 인공지능 기술 이해 ❶

스마트팜에 적용되는 인공지능 기술은 농장의 최적 환경을 알고리즘 시스템이 스스로 판단해서 제어하는 기술이다.

스마트팜에 적용되는 인공지능 기술은 크게 5가지로 구분할 수 있다. 그 기술에는 농장 내외부의 환경에 대한 데이터를 생성하여 클라우드 시스템에 전송하는 서물인터넷 기술, 각종 센서 데이터를 실시간으로 전송받아 데이터를 저장하고 분석하는 클라우드 시스템, 수집된 데이터를 빅데이터화하여 데이터의 유효한 분석과 적용을 실행하는 빅데이터 기술, 빅데이터 분석 결과 스마트팜에 최적 환경 제어에 학습하고 적용하는 인공지능 기술, 그리고 인공지능 기술로 로봇이 투입되어 지능화된 농장 경영이 가능하도록 하는 로봇 기술이 있다.

먼저, 사물인터넷 기술에 대해 알아보겠다. 사물인터넷은 스마트팜 내부/외부의 센서 데이터를 인지하고 최적 환경으로 유지하는 기술이다. 사물인터넷 기술은 모든 사물에 센서를 탑재하여 실시간 데이터를 송수신할 수 있으며, 인터넷을 기반으로 모든 사물을 연결하여 사람과 사물, 사물과 사물 간의 정보를 상호 소통하는 지능형 기술이다.

스마트팜의 내부와 외부의 여러 환경에 대한 정확한 데이터를 계측하기 위해서는 정밀한 센서를 설치하여 데이터를 수집해야 한다. 따라서 사물인터넷 기술을 활용하여 농장 내·외부의 센서에 IoT 소프트웨어를 탑재하여 무선 환경으로 클라우드 서버에 1~10분 간격으로 정기적 데이터 송신을 할 수 있다.

모든 센서에 IoT 소프트웨어가 설치되어 각 구역별로 정확한 환경 상태를 파악할 수 있고, 이에 대응하여 최적 환경으로 유지하기 위한 환경 제어 기준값을 실시간으로 업데이트할 수 있게 된다. 따라서 사물인터넷 기술은 스마트팜의 인공지능 시스템의 가장 기본적인 출발이라고 볼 수 있다.

클라우드 시스템 기술은 스마트팜에서 생성되는 실시간 환경데이터 값과 그 외 다양한 데이터를 저장하고 분류해서 빅데이터로 활용될 수 있도록 운영하는 기술이다. 스마트팜에 운영되는 클라우드 시스템은 게이트웨이를 통해 각종 센서 데이터를 클라우드 서버로 송신하여 실시간 농업 데이터 수집을 할 수 있는 서버 플랫폼 기능이다.

센서 데이터를 빅데이터화하여 분석하는 서버 환경으로 데이터베이스에 분산 저장된 다중/대량 데이터를 분류하고 분석할 수 있는 환경으로 프로그래밍 기술이 요구된다.

농업용 클라우드 시스템은 스마트팜의 환경을 실시간으로 조절하는 제어룰 생성을 제공한다. 초기에 스마트팜에 환경제어 기준 데이터(환경 기준/생육 기준)를 입력하여 제어하는데, 제어룰을 클라우드 시스템에 생성하여 여기에 따라 온실의 천창 개폐, 팬 구동, 스크린 차단 등의 적절한 환경 제어가 뒤따르게 된다.

실시간으로 수집되는 환경데이터 값에 대응하여 제어룰이 온실의 각종 엑츄에이터를 구동하는 제어활동을 하며 최적의 환경을 유지하는 통제망이 된다. 환경 측정 데이터와 생육 측정 데이터 값을 정기적으로 수집·분석하여 새로운 제어룰로 생성하여 최적화된 의사결정 시스템으로 운영하게 된다.

클라우드 시스템은 수집·분석된 환경/생육/농장 경영 데이터 등을 통해 정확한 생육 진단을 하고, 제어 유효성을 분석하며, 분석 결과를 토대로 농장의 생산량을 예측하고 병충해를 실시간 진단할 수 있다. 농장 환경 변화에 능동적으로 대응하는 자율제어 엔진을 탑재하여 사람의 판단 없이 인공지능 시스템에 의한 최적 농장 환경 제어가 가능하게 된다.

36. 스마트팜에 적용되는 인공지능 기술 이해 ❷

농업 빅데이터 기술은 스마트팜에서 생성되는 다양한 종류의 데이터를 수집·분석하는 기술이다. 농업 빅데이터가 수집되어야 인공지능 농업이 가능하다. 스마트팜에 인공지능 기술이 적용되기 위해서는 농장 내외부의 각종 센서 데이터들이 실시간으로 클라우드 서버 플랫폼에 전송되어야 한다. 그리고 클라우드에 전송되는 수많은 데이터를 유효한 데이터값으로 판단하기 위해서는 빅데이터 기술이 필요하다. 그렇다면, 빅데이터화를 위해 스마트팜에서 수집되는 데이터는 무엇일까?

환경 데이터를 수집한다. 농장 내부 및 외부의 온도, 습도, CO_2, EC, pH, 강우, 일사량 등의 센서 데이터를 실시간으로 게이트웨이를 통해 전송받아 빅데이터화한다. 생육 데이터를 수집하는데, 생육 데이터는 환경제어 결과로 인한 작물의 생육 상태를 판단하기 위해서 생육 데이터를 인위적, 기계적으로 수집한다. 그리고 작물의 발육 상태를 체크하기 위한 잎 크기, 줄기의 굵기, 개화 시기, 화방수 등을 수집하고 산출 작물 데이터로 열매의 크기, 무게, 당도, 경도 등을 수집한다.

또한 농장의 경영 상태에 대한 각종 데이터를 수집한다. 영농인 개별 정보와 농장 크기, 형태 등의 정보, 수확량, 출하량 등의 생산 데이터와 에너지 사용량 등의 경영 비용 등의 데이터를 수집하여 빅데이터로 분석하게 된다.

이러한 농업 빅데이터 수집은 개별 농장과 농장 형태별로 군집된 다수의 농장 데이터를 수집하여 여러 가지 팩트에 대해 상관관계 분석을 하게 된다. 그럼으로써 농장 간 제어 형태를 파악하고 최고 생산 농가와 개별 농가 간의 비교분석을 통해 각 농장의 최적 제어 환경 모델을 제시할 수 있다.

스마트팜의 빅데이터 수집·분석으로 농장의 최적 환경에 대한 제어룰이 정립되면 이를 학습하여 알고리즘이 스스로 농장을 제어하는 인공지능 기술로 발전한다. 스마트팜의 센서 데이터가 사물인터넷 기술로 클라우드 서버에 전송되고, 빅데이터 기술에 의한 데이터 수집, 분석이 이뤄지면, 분석된 결과를 활용하기 위해 인공지능(딥러닝) 기술이 필요하다.

스마트팜의 최적 제어 환경에 대한 새로운 제어룰 값이 생성되면 클라우드 시스템을 통해 실제로 재배 환경에 반영할 실증 농장을 선택하여, 인공지능 알고리즘으로 보다 정밀한 제어룰 값을 만들어가는 학습 활동을 한다.

농장 외부 환경의 변화에 대응하고 예측제어하게 되는 자율제어 모델이 딥러닝 알고리즘에 의해 생성되면, 각 농장의 형태와 타입에 맞게 최상의 학습기능을 적용하여 맞춤형 제어룰이 생성된다. 그리고 제어 상태와 환경을 종합 처리하는 디지털 맵핑기술을 적용한다.

이렇게 농장 제어값 자동 설정 기능을 적용한다면 농업인의 기기 조작을 최소화할 수 있다. 그러면 제어값 설정의 어려움을 극복하게 되어 스마트팜 제어 기기의 활용도를 높이고, 동시에 최적 생육 환경을 스스로 찾아줌으로써 농장의 생산성을 증대시키고 수익 목표를 관리할 수 있다.

인공 지능 기술은 빅데이터의 분석 결과에 대한 유효성 검증을 통해 농장별로 최적의 생육 조건을 예측한다. 즉, 농장 맞춤형 자율제어 추천 모델을 제시할 수 있는 것이다.

빅데이터 분석 결과 데이터의 유효성과 적용성을 최적화하기 위해서는 데이터 마이닝 기술이 필요하다. 스마트팜의 환경 제어로 인한 생육 상태의 변화를 실시간으로 파악할 수 있어 농장의 환경은 최적 상태를 유지하고 최대 생산을 달성할 수 있는 목표 관리가 가능하게 된다. 지능화된 스마트팜의 운영은 사물인터넷 기술과 빅데이터 기술, 클라우드 기술을 통합하여 인공지능 기술로 학습하고 자율제어할 수 있는 진화 가능한 농장으로 혁신이 진행되고 있다.

37. 스마트팜에 적용되는 인공지능 기술 이해 ❸

사물인터넷 기술로 빅데이터를 생성 · 수집 · 분석하여 딥러닝으로 학습한 결과를 로봇에 인지시키면 스마트팜에 농업로봇을 활용할 수 있다.

스마트팜에 인공지능 기술이 적용되면 농장을 항상 최적의 환경으로유지할 수 있고 동시에 데이터에 기반한 정밀농업을 구현할 수 있다. 사람의 노동력이 투입되어 작업하던 가지 치기나 수확 등의 작업에 로봇이 투입하여 인간의 노동을 대신하는 농업로봇 재배도 가능하다. 현재 우리나라의 농촌에는 일할 수 있는 인력이 매우 부족한 실정으로, 일부 외국인 노동자가 투입되기도 하지만 상시적인 노동력 확보에 큰 어려움을 겪고 있다.

　스마트팜 재배/수확 로봇은 이러한 노동력 부족을 대체할 수 있고, 작물 재배의 병충해 예방과 저농약 재배 등을 위한 무인농장 경영, 생산량 증대를 위한 24시간 세밀한 작업에 투입할 수 있다. 따라서 그 필요성이 점차 증대되고 있다. 이미 로봇 기술은 인공지능 기술로 상용화가 빠르게 진전되고 있어 농장 환경에 투입 가능한 농업로봇의 상용화도 활발하게 연구 개발되고 있으며, 전문가들은 5년 이내에 농장 투입이 될 것으로 전망한다.

　농업용 로봇의 시스템 구조는 빅데이터가 사물인터넷 센서 데이터를 수집·분석하고 작물의 이미지를 기반으로 생육을 확인하고, 생육 데이터를 분석한다. 정상적인 생육 상태로 판단되면, 매일 반복되는 작물 재배 관리 매뉴얼을 학습하고 인지하여 로봇 스스로 판단하여 작물의 재배 관련 작업을 한다. 지능화된 로봇은 사람의 노동력의 많은 부분을 대체할 수 있을 것이다.

　현재 딸기 수확로봇은 일본과 미국에서 상용화에 가까이 개발되고 있고, 작물의 생장 상태를 이미지화하여 작업 부분을 결정하는 재배관리 로봇이 다양하게 개발되고 있어, 농업용 로봇의 스마트팜 현장 투입은 4차 산업혁명으로 인한 농업의 혁신에서 중요한 결과치가 될 것이다.

　스마트팜의 인공지능 제어 시스템은 현재 재배되고 있는 작물의 환경에 대한 실시간 데이터 수집과 환경제어를 실행한다. 그로 인해 작물의 생육 상태가 어떻게 변하는 지에 대한 데이터를 정기적으로 클라우드에 저장하고, 수집된 데이터의 빅데이터화 작업을 통해 작물의 최적 제어환경 기준값을 도출한다. 그리고 이를 실시간으로 업데이트하여 작물의 최고 생산을 위한 제어 기준값을 적용하고 환경제어 시스템을 운영하게 된다.

이런 인공지능 기술이 농장의 환경을 제어하면 작물 재배 환경에 대한 다양한 제어 기준값 적용을 통해 최고의 생산량을 달성할 수 있는 딥러닝 기반 환경 제어 스마트팜 시스템을 설계할 수 있으며, 로봇이 작업할 수 있는 환경을 만들 수 있다. 로봇은 이미지 데이터 수집을 통해 작물의 웃자람 순 제거, 유인줄 작업, 병충해 대처, 정밀한 작물 생육 상태 관리 작업을 수행할 수 있으며, 작물의 수확 작업에도 로봇이 수행할 수 있다.

이러한 인공지능 스마트팜을 운영하기 위해서는 무엇보다 표준 스마트팜 시스템이 개발 운영되어야 한다. 농작물 재배 관리에 대한 표준 매뉴얼을 마련해야 하는데 특히 인공지능 기술이 적용되는 부분은 더욱 정밀한 표준작업 기준의 검증이 필요하며, 농장 현장에 적용할 수 있는 많은 검증 작업이 선행되어야 실제로 인공지능 기술의 농장 적용이 가능하다.

38. 인공지능 자율제어에 적용되는 빅데이터 활용 기술 ❶

동일한 작물을 대상으로 최신의 제어 시스템이 설치 운영되는 스마트팜에 사물인터넷 기술과 클라우드 기술을 적용하는 것을 커넥티드팜(Connected Farm) 기술이라고 한다.

커넥티드팜 기술은 여러 농장을 연결하여 실시간으로 환경 데이터를 수집하고 더불어 정기적인 생육 데이터를 수집하여 빅데이터를 생성·분석한 다음, 최적의 제어 알고리즘을 개발하여 적용하는 '생육 룰 기반의 자율제어 시스템' 이다. 즉, 커넥티드팜 기술은 작물의 생육 상황을 인지하여 최적의 제어 룰을 실시간으로 생성하고, 농업 클라우드의 제어 명령부가 이 룰에 따라 원격으로 농장 시설을 제어하는 것이다.

이러한 원격 자율제어가 얼마나 효율적인지 작물의 생육 상황에 평가하여 미진한 부분에 대한 원인분석을 통해 최적의 새로운 제어 룰을 자동 생성하게 된다. 이렇게 새로 생성되는 제어룰 기반으로 스마트팜을 제어하는 기술이 인공지능 기반의 자율제어 기술이다.

39. 인공지능 자율제어에 적용되는 빅데이터 활용 기술 ❷

그렇다면, 커넥티드팜을 통한 빅데이터의 수집은 어떻게 이루어질까?

스마트팜의 빅데이터를 수집하기 위해서는 재배 작물에 따른 농장 유형 및 주요 생산지 중심의 농장 선정 기준을 먼저 마련해야 한다. 여러 농장에서 이미 보유하고 있는 작물재배 전주기 동안 수집된 데이터를 정제하고 검토한 뒤 수작업으로 클라우드에 저장하게 된다.

따라서 가능하면 여러 농장의 작물재배에 대한 데이터를 수집하는 것이 좋다. 작기 동안의 데이터뿐만 아니라 여러 작기 재배에서 생성된 데이터의 수집활용이 필요하다. 실시간 빅데이터 수집을 위해서는 가능하면 동일작물 농장 다수를 커넥티드팜으로 연결해야 정밀한 알고리즘을 개발할 수 있다. 커넥티드팜 기술에는 농장 내외부 환경의 데이터를 실시간으로 수집할 수 있는 센서 데이터 전송 기술과 데이터를 실시간 수집 저장할 수 있는 클라우드 기술이 필요하다.

40. 인공지능 자율제어에 적용되는 빅데이터 활용 기술 ❸

커넥티드팜으로 연결된 여러 농장에서 생성된 빅데이터를 수집·분석하여 스마트팜의 최적 생육 조건을 발굴할 수 있다. 각 농장으로부터 수집된 환경 데이터와 생육 데이터, 영농 데이터를 분석하여 농업 데이터 유효성 검증을 하게 되는데 이러한 유효성 검증 알고리즘을 통하여 각 농장의 최적생육조건 예측모델을 개발할 수 있다.

　수확량 예측 모델은 스마트팜의 빅데이터 분석을 통해 최적의 생육조건 예측모델을 통해 작물의 출하 생산 가능성을 추측할 수 있다. 각 농장에서 수집된 환경 데이터와 생육 데이터를 분석하는 기술로는 앙상블 분석과 융합분석 기술이 활용된다.

　앙상블 분석기법이란 데이터의 상관관계를 분석하는 통합 분석 기술인데 서로 성격이 다른 데이터 형식끼리의 상관관계 분석이 가능하다. 스마트팜이 수집 가능한 모든 데이터를 하나의 데이터 프레임에 담아 통합 분석하는 빅데이터 분석 시스템을 융합분석 기술이라고 한다. 모든 데이터를 융합하여 공통 시간 축으로 분석하면 여러 패턴이 나오는데, 여기에 딥러닝 알고리즘을 적용하면 적합한 농장제어 방법을 논리적으로 학습할 수 있다.

　스마트팜 빅데이터 기술은 통계기술의 활용과 인공지능 알고리즘 기술의 발전으로 인해 보다 정밀한 빅데이터 수집 기술과 분석 기술로 진화할 것이다.

　스마트팜 농장의 수익을 증대하기 위해서는 농업 데이터만 필요한 것이 아니다. 그 외에도 사회경제적 환경변화 데이터를 농업 빅데이터와 연동하여 농작물의 재배-생산-출하-시장 유통과 연계할 수 있는 다양한 빅데이터 수집·분석 기술을 개발 적용해야 한다.

　사회경제적 환경 변화란 농작물 소비 인구의 변화나 소비 패턴의 변화 등을 말하는 것으로 요리 방법의 변화, 가공 식품의 변화, 해외 주변국의 소비 패턴과 수출입 변화 등에 대한 빅데이터가 필요하다. 기후 테이터는 어느 정도 빅데이터화되어 있기 때문에 기후변화를 예측하고 생산에 반영하는 것은 현재에도 어느 정도 활용하고 있다.

41. 인공지능 기술의 스마트팜 활용

　스마트팜에 인공지능 기술을 적용하기 위해서는 먼저 농장의 제어시스템에 대한 표준화와 재배 관리기준의 매뉴얼화가 선행되어야 한다. 다행히 스마트팜 제어기술 표준화는 어느 정도 추진되고 있으므로 앞으로 구축되는 스마트팜의 제어시스템에 대해서는 엄격히 국가적 표준화 규격 적용이 필요하다.

스마트팜에 인공지능 기술을 적용하게 되면 각 농장의 환경에 유효한 생산성 향상 모델을 개발할 수 있다. 농장의 생산성 향상 변수를 탐색하고 여러 제어 기능의 상관관계를 파악하여 생산성이 높았을 때의 영향 변수들의 통계치를 활용하게 되면 각 농장에서 활용할 수 있는 생산성 향상 모델이 된다.

농장별 수익성 향상 모델이 적용되면 시기별 수확량, 판매량의 통계치를 기반으로 적정 수확, 판매 시기를 제시하여 시장의 변화에 탄력적으로 대응할 수 있는 작물재배 시기를 조절할 수 있다.

또한 융합 데이터 기반에서는 병해충과 생장장애 분석 알고리즘을 활용해 병충해를 예찰할 수 있다. 이를 위해서는 병해충 발생 조건 인자인 온도, 습도, 지속기간 등의 파악을 위한 실시간 데이터 수집 및 분석 알고리즘 개발이 되어야 한다.

국내외 병충해에 대한 사전 연구를 기반으로 작물 생태별 생장장애 심각도를 정의하고 군집화로 정상/비정상 생장 군집을 구분하여, 군집 간 비교분석을 통해 생장장애 요인을 파악하게 되면, 작물재배 제어데이터의 상관분석을 통해 상관계수(관계정도)를 산출하고,생장장애를 판단할 수 있다. 작물의 생육 이미지 변화를 추적하여 식물의 상태 및 이상을 파악하는 딥러닝 기반의 CNN 알고리즘을 사용하여 병충해 판단을 정밀하게 수행할 수 있다.

딥러닝 모델을 적용한 이미지 데이터 처리기술을 개발하여 적용하면 농업 전문가 수준의 이미지 판독이 가능하고 작물의 생장장애 및 병충해를 판단할 수 있다.

인공지능 스마트팜 제어기술을 활용하게 되면 농장주의 판단과 개입 없이 최적 환경 유지와 농장수익 극대화를 만들어 갈 수 있다. 인공지능 기술은 쉽게 말하면, 컴퓨터가 사람처럼 사고하도록 만드는 기술이다. 스스로 학습하여 어떤 결론에 도달하면 이것을 사람의 언어로 전달하고 최종적으로 시스템이 인간을 대신하여 지시된 작업을 처리하는 것이다.

42. 농업 분야에서의 인공지능

농업 분야에서 인공지능은 사람의 한계를 뛰어넘는 많은 일을 해낼 수 있다. 기상이변을 예측하거나 올해 수확량이 평년보다 적거나 많을지 계산하고, 농업을 더 예측 가능한 과학적인 산업으로 만들어 효율성과 수익성을 높일 수 있다. 또한 트랙터 등 농기계는 산지가 많은 국내의 복잡한 지형에서도 자율적으로 주행하고 작업할수 있다. 비닐하우스에 적용하면 작물의 상태에 따라 실시간으로 일조량, 습도, 영양 상태 등을 자율적으로 조절하는 스마트팜이 가능하다.

이처럼 첨단 인공지능 기술은 작물의 재배환경을 최적화하면서 노동력, 물, 농약 등 농업 필요한 자원의 사용을 최소화하고 생산량은 증대시킨다. 인공지능 기술의 도입은 식량생산 측면 외에도 농업이 현재 직면한 많은 문제를 해결할 수 있는 대안이 되고 있다. 하나부터 열까지 사람의 손이 필요했던 농업이 인공지능과 로봇기술을 통해 자동화·무인화되면서 농업인구의 고령화 문제와 심각한 일손 부족문제에 해법을 제시할 수 있다. 또한 농가 수익의 증가로 농업인이 겪고 있는 경제난 해소에도 큰 도움이 될 수도 있다.

4차 산업혁명의 시대에 빅데이터, 인공지능 기술이 농업을 혁신적으로 변화시키고 있다. 이러한 첨단 기술은 생산성을 향상시키고 자원의 사용은 줄임으로써 지속가능한 농업을 실현할 뿐 아니라 미래 인류의 식량 안보를 강화할 수 있을 것으로 기대된다.

43. 농업 유통, 융합으로 승부

이탈리아를 대표하는 체인형 슈퍼마켓 브랜드 COOP는 액센츄어와 공동으로 2015년 밀라노 엑스포에 4차 산억혁명 기술을 접목한 미래형 슈퍼마켓을 출품해서 큰 호응을 받았다. 호응이 커지자 원래 1회성 팝업 매장으로 출품했던 미래형 슈퍼마켓을 상설매장으로 전환하여 현재 밀라노에서 영업 중이다. 그렇다면 대체 미래형 슈퍼마켓은 어떤 모습일까?

이곳에서는 상품 진열대마다 디스플레이를 설치하여 고객이 상품 선택과정에 필요한 각종 정보를 제공한다. 농산물 생산자의 정보, 상품 정보, 요리법, 영양 정보, 가격 정보 등이 고객의 동선과 몸짓에 따라 표시되고 로봇 점원과 로봇팜이 상품을 진열하고 판매된 매대를 정리한다.

이제 소비자가 선택할 수 있는 농산물의 생산에서 유통, 판매-소비까지 이어지는 유통단계는 데이터 중심의 시스템으로 정비될 것이다. 4차 산업혁명은 농업 유통 혁신 모델을 만들고 있는 것이다.

44. 블록체인 기술을 활용한 농업유통 혁신 ❶

지금까지 산업혁명과는 달리 농업 4차 산업혁명은 새로운 기술이 아니다. 기존 정보혁명에 사물인터넷 디바이스 증가가 더해져 일어나는 변화이다. 즉 정보의 양이 어마어마하게 늘어나면서 초래되는 혁명인 것이다. 정보는 정말 너무 많다. 농업 분야 사물인터넷 기기는 연간 20%씩 증가하고 있는 것으로 추정되며, 2035년이면 지금보다 농장 데이터는 20배 더 증가할 것이다. 이렇게 양적 한계점에 도달하면 농작물 재배에서부터 유통/소비까지 이어지는 질적 변화가 초래되는 혁명이 될 것이다.

더 많은 사물인터넷 센서, 인공위성과 드론에 의한 이미지 영상, 슈퍼마켓의 바코드와 RFID부터 가정의 냉장고까지 유통 정보, 생산 단계부터 소비 단계까지 농산업 전 가치사슬(Value Chain)의 정보가 클라우드에 축적된다.

정보는 인간이 처리할 수 있는 규모를 넘어섰다. 단기적으로는 개별 농장의 생산성을 높이는 스마트팜이 주도하겠지만, 결국에는 아디다스의 스피드 팩토리처럼 개별화된 소비자 농업으로 이행하게 될 것이다. 결국 이런 혁명을 가능하게 하는 것은 유효한 데이터 양과 이를 해석할 수 있는 인공지능이다. 이제 농업 유통 혁신에 필요한 4차 산업혁명 기술에 대해 알아보도록 하겠다.

45. 블록체인 기술을 활용한 농업유통 혁신 ❷

핀테크(Fintech)는 금융(Finance)과 기술(Technology)의 합성어로, 금융과 정보기술(IT)을 융합한 금융서비스를 제공하는 기술이다. 비금융기업이 애플페이, 알리페이 등의 서비스로 지급 결제와 같은 금융 서비스를 이용자에게 직접 제공하는 금융 결제의 혁신을 만들고 있다.

핀테크와 더불어 금융 결제 수단으로 활용되고 있는 것이 비트코인(bitcoin)이다. 가상통화의 대표라고 할 수 있는 비트코인은 일본의 나카모토 사토시(Nakamoto Satoshi)의 논문을 바탕으로 2003년 1월 3일부터 유통되기 시작했다.

2013년 3월 16일 키프로스(Cyprus)가 EU와 IMF로부터의 재정 지원을 받는 대신, 모든 은행 예금에 과세를 결정했는데, 그때 자금이 비트코인으로 유입되어 거래 가격이 폭등하면서 비트코인이 전 세계의 이목을 모았다. 화폐 발행/관리하는 국가가 없는데도 불구하고 비트코인이 기존의 금융기관이나 국가에 대한 신용불안 수용처가 된 것이다. 그런데 이 핀테크 기술이 왜 농업에 필요한 것일까?

농업 핀테크 기술은 농산물 소비시장을 예측하고, 정보의 확장성을 기반으로 농업 관련한 현안을 해결하고, 여기에 플랫폼 중개, 유통 혁신을 지향하는 서비스 기술이라고 볼 수 있다.

우리나라에서는 2017년 3월부터 NH은행이 '농업 핀테크 해커톤' 플랫폼을 구축하여 핀테크 기술을 활용한 농업 부문의 새로운 유통/결제 등의 서비스가 활성화될 수 있도록 지원하고 있다.

46. 블록체인 기술을 활용한 농업유통 혁신 ❸

블록체인 기술은 가상화폐로 거래할 때 해킹을 막기 위한 기술로, 거래에 참여하는 모든 사용자에게 거래내역을 보내주며 거래 때마다 이를 대조해 데이터 위조를 막는 방식을 사용한다.

체인처럼 무수히 데이터 블록이 늘어나는 블록체인은 신뢰성을 단단하게 높인다. 블록체인은 '블록'이라고 불리는 데이터를 시계열로 고리(Chain)처럼 연계시켜 취급한다. 블록은 미리 정해진 데이터 구조로 이루어져 있으며, 일정 시간마다 새로운 블록이 생성되어 블록체인의 최신 블록에 다음 블록으로서 접속된다. 이 블록에는 일정 시간동안 발생한 사건이 기록되며, 시간이 변함에 따라 이 블록은 증가한다.

비트코인인 경우 거래 기록이나 검증에 관한 계산에 막대한 시간/비용이 필요하며 계산에 협력한 사람에게는 그 대가로 비트코인이 지불된다. 비트코인 같은 가상통화 외에 어떤 거래기록도 블록체인 구조에 기록할 수 있다.

블록체인의 가장 중요한 특성은 '신뢰성'이다. 체인처럼 연결된 구조상 블록 하나의 내용을 바꾸려면 그때까지 생성된 모든 블록도 바꾸어야 한다. 하나의 블록만 바꾸어도 검증이 실행되어 바뀌었다는 사실이 드러나기 때문이다. 하지만 모든 블록을 바꾸려면 막대한 계산이 필요하기 때문에 사실상 불가하다. 덕분에 블록체인은 관리자가 없어도 단단한 신뢰성을 유지할 수 있게 되었다.

그래서 몇몇 글로벌 금융기관이 독자적인 가상통화와 프라이빗 블록체인을 이용한 결제시스템을 개발하여 서비스하고 있다. 또한 40개가 넘는 금융기관이 참가하여 만든 글로벌 컨소시엄 R3CEV는 블록체인을 사용한 차세대 금융 서비스를 제공하고 있다.

블록체인 기술 역시 농업에 활용될 수 있다. 인공지능을 활용하여 작황 및 출하시기를 예측하는 로보어드바이저, 블록체인을 활용한 농수산물 안심보증제 등 4차 산업혁명의 혁신적인 기술을 농업에 접목시켜 농업의 효율화를 꾀하려는 시도가 이어지고 있다.

특히 블록체인 기술은 생산자 그룹과 소비자 그룹을 연계시키는 농산물 직접 생산-소비 연계 유통 플랫폼으로 구축 운영할 수 있다. 도시의 대규모 소비자를 대상으로 블록체인 시스템으로 수집 분석할 수 있다.

인공지능은 이렇게 소비되는 농산물의 수요를 실시간으로 집계하고, 이러한 소비수요 데이터를 클라우드 시스템으로 수집 서비스한다. 그러면 이 정보를 받은 농산물 생산라인 스마트팜 그룹은 적합한 농작물의 선행과 그에 필요한 포장을 실시간으로 구분해 각 농장별로 수요량을 배분하고, 마지막으로 생산자 그룹의 간편한 유통 시스템에 의해 분산 배송하게 된다.

이렇게 블록체인 기술을 농업에 사용하면 주문과 배송 등을 위한 특별한 시스템이 필요 없다. 빅데이터와 인공지능, 클라우드 시스템 등이 알아서 소비자의 일상적인 소비량에 맞는 농산물을 유통 배급하고, 이에 따라 다양한 농작물의 소비가 촉진된다. 이것이 농업 생산-소비의 혁신이다. 이러한 농산물 생산-소비 연계 블록체인 시스템을 구축하기 위해서는 Farm-Customer 블록체인 시스템과 농업 클라우드 시스템이 통합 운영되어야 한다.

47. 푸드 혁신을 통한 신소비자 시장 창출 ❶

사람들의 소득 수준이 올라가면서 맛있는 음식을 찾아 먹는 미식의 시대가 다가왔다. 최근 들어 사람들이 음식을 맛있고 간편하게 소비하려는 니즈가 커지면서 정보기술을 바탕으로 한 푸드테크(FoodTech) 시장이 확대되고 있다.

음식과 IT가 융합된 푸드테크는 식품관련 산업에 IT를 접목해 새로운 산업을 창출하는 것을 말한다. 이제 버튼 하나만 누르면 음식 배달부터 맛집 추천, 빅데이터를 이용한 맞춤형 레시피에 이르기까지 원하는 것을 즉시 얻을 수 있다. 푸드테크는 O2O(Online to Offline) 서비스의 증가 및 외식산업의 발전과 함께 급부상하고 있다. 푸드테크는 음식 배달 및 식재료 배송, 음식점 정보 서비스, 스마트팜, 그리고 인공 소고기 같은 차세대 식품까지 포괄하는 개념이다. 〈비즈니스 인사이더〉에 따르면 창업 5년 내에 기업 가치 10억 달러를 넘기는 스타트업 상위 10곳 중 2곳이 푸드테크 기업이었다. 푸드테크 기업에 대한 투자금은 2012년 2억7,000만 달러에서 지난해 57억 달러로 20배 이상 증가했다.

48. 푸드 혁신을 통한 신소비자 시장 창출 ❷

그렇다면 푸드테크 시장은 왜 폭발적으로 증가할까? 결국 4차 산업혁명으로 인한 기술의 발달이 푸드테크 시장이 폭발적으로 성장하는데 바탕이 되고 있다. 온디맨드(On-Demand) 서비스는 푸드테크 분야의 산업지형도를 바꾸어 놓았다.

해외에서는 미국의 '그럽허브(Grubhub)', 영국의 '딜리버루(Deliveroo)', 벨기에의 '테이크 잇 이지(Take Eat Easy)' 등이 대표적인 레스토랑 음식 배달 스타트업으로 꼽힌다. 최근에는 우버가 '우버 잇(Eat)'을 출시하면서 이 시장에 뛰어들었다. 시장조사업체 유로모니터는 2017년까지 테이크아웃 시장이 113억 파운드(한화 약 16조4,800억 원) 규모로 증가하고 매출의 대부분이 온라인 주문에서 발생할 것으로 예상했다.

특히 미국에서는 '키친 인큐베이터'로 불리는 푸드테크 창업 바람이 불며 미국 전역에서 150개 이상의 푸드테크 스타트업 육성기관이 운영되고 있으며, 중국에서도 외식업 관련 O2O 시장이 빠르게 성장하는 가운데 맛집 및 배달 앱 업계가 기업들의 집중 투자를 받고 있다. 국내에서 서비스되고 있는 배달의 민족, 요기요 등 배달 앱은 출시 5년 만에 누적 다운로드 건수가 4,000만 건에 육박하고 거래액도 지난해 기준 약 2조 원에 달한다.

국내에는 현재 약 300여 개의 푸드테크 스타트업이 다양한 분야에서 활동 중이다. 맛집 정보 제공/추천을 해주는 '맛집 정보' 서비스, 음식을 만들어 먹을 수 있는 레시피를 제공하는 '레시피' 서비스, 빅데이터 분석을 통한 맞춤형 서비스 등이 있다.

인프라 서비스로는 첨단 기술을 활용해 농산물을 생산하는 스마트팜, 외식업에 필요한 판매 시점 정보관리시스템(POS)과 비컨(Beacon. 지리적 위치를 파악해 주는 무선통신 기술), 음식점을 위한 '크라우드펀딩', '차세대 식품', '3D 푸드 프린팅', '로봇 요리사' 등이 있다.

현재 우리나라 약 160조 원에 달하는 외식업 시장과 약 110조 원에 달하는 식재료 유통 시장은 푸드테크와 결합되어 훨씬 큰 규모의 새로운 산업 생태계로 성장하게 될 전망이다. 따라서 O2O(온라인과 오프라인 연계) 기반의 서비스와 편리함, 건강함 등을 추구하는 현대인의 식습관 트렌드에 부합하는 푸드테크 서비스는 앞으로도 더욱 활성화될 것으로 기대된다.

앞으로 푸드테크 산업이 발전되기 위해서는 ICT 및 로봇 등을 통해 생산을 자동화시킨 스마트팜을 통한 농산물 생산 혁신, 푸드테크 스타트업이 보편화되는 창업 혁신, 식자재 유통 플랫폼이 활성화되어 누구나 손쉽게 자기 취향에 맞는 식자재를 편리하게 실시간으로 구매하고 소비하는 것이 필요하다.

그리고 정부차원에서 차세대 식품 연구·개발에 대한 로드맵 수립과 지원 정책 현실화, 개인의 식습관을 의료정보와 결합한 푸드·의료 융합 빅데이터 서비스가 상용화되어 유용한 데이터를 지속적으로 제공되어야 한다. 그리고 안전식품 인증 연구기관 등이 한데 모여 있는 농·공·산학연 복합센터가 클러스터로 구축되어 시범 서비스로 검증되어야 한다.

이러한 첨단 푸드테크를 통해 소비자의 니즈에 맞는 개인 맞춤형 소량 푸드 제공 서비스가 활성화된다면 농산물 생산 소비의 확대가 현실화되고 농업의 새로운 혁신 서비스가 다양하게 제공됨으로써 농업의 4차 산업혁명이 실현될 수 있을 것이다.

49. 농업과 신기술 융합을 통한 부가가치 혁신 전략 ❶

농업의 가장 중요한 역할은 인류가 생존하기 위해 필요한 식량을 생산해 공급하는 일이다. 현대에 들어 인구는 폭발적으로 증가했고, 과학문명이 발달하면서 자원은 급속도로 소모되고 있어 지구 생태계는 점차 깨져가고 있고, 환경오염과 파괴도 급속도로 진행되고 있어 농산물 생산 환경은 점점 악화되고 있다.

이러한 환경적 요인과 소비시장의 변화에 대응하는 미래농업 기술은 안전한 농작물의 수확량을 늘리는 첨단기술의 농업 융합으로 가속화되어야 한다. 이러한 첨단 미래 농업 융합 기술을 살펴보고자 한다.

50. 농업과 신기술 융합을 통한 부가가치 혁신 전략 ❷

발게이츠 재단(The Gates Foundation)은 오랫동안 유전자변형곡물 개발 프로젝트를 진행하고 있다. 이 프로젝트가 성공을 거둘 경우 방대한 아프리카 대륙의 먹거리가 해결될 수 있다고 한다. 앞으로 수십 년 간 물, 비료, 토지 가격은 계속 상승할 것이며, 세계 인구는 30억 명이 증가할 것이라고 한다. 이로 인해 자원에 대한 압박은 극심해질 것으로 예상된다. 그러므로 유전공학이 발전하고 많은 작물에서 잉여 수확량이 지속적으로 발생할 것이며, 쌀, 카사바와 같은 작물들도 더 빨리 자라고, 더 신선하며, 영양분이 더 풍부하고, 병충해에 잘 견디도록 유전자 변형이 이뤄질 것이다.

GMO작물은 우리말로는 유전자변형생물체(GMO, Genetically Modified Organism)를 말한다. 유전자변형생물체는 생물체의 유전자 중 유용한 유전자를 취하여 그 유전자를 갖고 있지 않은 생물체에 삽입하여 유용한 성질을 나타나게 한 것이다. 그런데 이와 같은 유전자재조합 기술을 활용하여 재배·육성된 농산물·축산물·수산물·미생물 및 이를 원료로 하여 제조·가공한 식품들이 모두 먹거리가 되는 것이 아니다. 정부가 엄격하게 안전성을 평가하여 입증이 된 경우에만 식품으로 사용할 수 있는데 바로 이를 유전자변형식품이라고 한다.

GMO는 유전공학 기술을 이용하여 인위적으로 유전자의 특성을 바꾼 농산물이기 때문에 사람이 전통적으로 먹어온 농산물과는 다르다. 그래서 이 농산물이 사람에게 어떤 위해성이 있는지, 환경에 어떤 영향을 끼치는지 반드시 확인해야 한다. 따라서, 각국의 정부에서는 유전자변형 농산물의 안전성을 평가하여 기존의 식품만큼 안전하다고 안전성이 입증된 농산물만 식품으로서 생산과 수입을 승인하고 있으며, 향후 지구 환경 파괴에 대비한 GMO작물의 유해성 검증과 더불어 식량난 해결을 위한 많은 연구 개발이 이뤄져야 할 분야이다.

51. 농업과 신기술 융합을 통한 부가가치 혁신 전략 ❸

나노소재, 나노부품, 나노시스템이라는 말을 종종 들을 수 있다. 나노기술(Nano Technology)은 나노미터 크기의 물질을 기초로 하는 기술이다. 눈으로 볼 수 없는 나노 세계를 다루는 최첨단 기술인 나노기술은 첨단 포장은 물론 차세대 센서에서 첨단 축산업 기술에 이르기까지 광범위한 농업 분야에 적용될 수 있다.

나노입자 백신은 단 1회 접종으로 소에게 발생하는 수많은 질병을 예방할 수 있고, 나노기술은 재배, 농작물 관리, 보관 등 모든 부분에 기술을 적용할 수 있다. 나노센서, 나노 스마트 시스템을 이용해 물과 비료 등을 농작물에 최적치로 관리할 수 있으며, 나노 바코드를 이용해 생산된 농작물의 품질을 실시간 평가할 수 있다.

52. 농업과 신기술 융합을 통한 부가가치 혁신 전략 ❹

미국 중서부 북부 지역 낙농가에서는 이미 로봇을 사용하여 소젖을 짜고 있으며, 미국 조지아공대에서는 닭뼈를 발라내는 로봇을 완성하기 위해 연구 중이다. 이처럼 로봇기술이 발전하고, 가격이 저렴해짐에 따라 기업농뿐 아니라 소규모 가족농도 로봇을 농업에 활용할 수 있게 됐다. 특히 스마트팜 농가에서는 부족한 일손을 대신해서 작물재배관리 로봇과 작물이송 로봇, 작물재배 로봇, 생육조사 로봇 등이 상용화되어 투입되고 있다.

앞으로는 보다 정밀한 농작물 재배 작업이 가능할 수 있게 방대한 농작물 재배 빅데이터가 수집 분석되어야 하며, 데이터를 활용하여 인공지능 알고리즘에 의해 학습하여 정확한 로봇 행동에 대한 통제가 있어야 한다. 그리고 이미지 수집 분석기술과 농업 빅데이터에 의한 농작물 재배 전 프로세스에 로봇이 투입된다면 스마트팜의 무인화 농장이 가능해진다. 그렇게 된다면 생산의 혁신과 함께 완전 밀폐형 무농약 재배 농장 시스템을 운영할 수 있게 되어 소비자에게 더욱 안전하고 품질 높은 농산물을 공급할 수 있을 것이다.

53. 농업과 신기술 융합을 통한 부가가치 혁신 전략 ❺

지금 농업은 이미 센서 및 RFID 태그를 활용하여 습도, 기온, pH수치 등을 관리하고 있다. 토지 1에이커(약 $4046m^2$, 1,224평) 당 센서 기술에 20달러만 투자해도 에이커 당 비용 150달러 절감된다고 한다. 굳이 스마트팜이 아니더라도 이미 토지 농업에 수많은 센서가 이용됨으로써 환경 변화에 대응하는 과학적인 재배 환경이 만들어 지고 있는 것이다.

센서 기술은 풍향, 풍속, 온도, 습동 등의 감지기와 일사량계의 센서를 이용해 측정된 기상요소의 기초 자료를 토대로 자동 온도 조절 등의 시스템이 완성되어 있다. 그래서 사람들의 일손을 덜어주고, 생산량을 증대시키는 과학농업기술의 기본시스템으로 자리 잡았다. 센서 기술과 같은 첨단기술은 컴퓨터를 이용해 작물을 키우기에 시행착오를 줄이고 생산량을 증대시킨다. 보다 정밀하고 저렴한 센서보급으로 농작물 재배지역의 환경 제어가 원활해지면 농업의 생산량이 증대되고 소비자에게 유익한 안전한 먹거리를 제공하게 된다.

54. 농업과 신기술 융합을 통한 부가가치 혁신 전략 ❻

스마트팜은 일반적으로 정보통신기술을 농업의 생산, 가공, 유통 및 소비 전반에 접목하여 원격·자동으로 작물의 생육환경을 관리하고 생산 효율을 높일 수 있는 농장을 의미한다. 넓은 의미로는 노지 농업, 시설 원예, 축산 등 농업 분야에서 농산물 생산·유통·소비의 전 주기적 과정을 농업·ICT 융합기술 적용을 통해 농촌의 삶의 질 향상을 도모하는 농업 형태까지 포함한다. 스마트팜 기술 적용은 분야별로 스마트 온실·과수원·축사·양식장 등에 적용된다.

해외의 경우, 정밀 농업 분야에 대한 연구 역량 및 회원국 간의 연구협력 네트워크 강화 등을 위해 EU 차원의 국제공동연구프로젝트(EU ICT-AGRI 프로젝트)를 진행하고, 1단계(2009.5~2014.9) 7개 프로젝트에 421만 유로 투입하였고, 2단계(2014.1~2017.12) 8개 프로젝트에 562.6만 유로 투자하고 있다.

농업 선진국인 네덜란드는 산·학·연 협력을 통해 그린포트(Green ports)와 시드밸리(Seed Vally)라는 원예산업 클러스터 단지를 조성하여 기업, 연구기관, 정부가 협업을 이루며 기술 혁신 추진 및 기반 시설을 제공하며 스마트팜 기술의 세계시장 선도를 지원하고 있다.

국내 스마트팜은 우리나라가 가진 세계적 수준의 ICT 기술이 농업과 접목하여 농촌 경쟁력 확보를 통해 관련 산업의 육성 및 일자리 창출 등의 경제적 파급 효과가 크게 나타날 것으로 기대되며, 그동안 정밀 소재, 자동차 분야 위주로 적용되던 인공지능이 농업과의 결합을 통해 인공지능 기반 로봇공법으로 농업에 적용될 것으로 예상된다.

향후 지속적인 연구 개발을 통해 주요 장비의 국산화, 국내 기후 및 환경 조건에 적합한 한국형 스마트팜 기술의 확보가 시급하다. 특히 센서, 계측기 및 복합환경 제어시스템 등 핵심 기술의 해외 의존을 극복하기 위해 우리나라 농업 생산 기반을 고려한 스마트팜 모델 정립이 필요하며, 스마트팜 시스템이 단순히 생산시설 영역에서 벗어나 생산, 유통, 서비스에 이르는 농업 가치사슬 전반의 효율성 강화 및 새로운 부가가치를 창출할 수 있도록 확대 · 발전시켜야 한다.

농업의 첨단기술 융합으로 부가가치 혁신을 이루고자 하는 시도가 글로벌기업의 새로운 먹거리 전략으로 추진되고 부가가치의 창출에 대한 많은 실험이 계속되고 있으며, 지구 환경의 점진적 파괴/오염과 미세먼지 등의 환경 악화로 노지에서 재배되는 먹거리 생산은 이제 제한된 공간에서 정화된 시스템으로 정밀 농업 형태로 재배하는 미래 농업으로 전환되고 있다.

첨단기술이 농업 재배 시스템과 유통 시스템에 융합되고, 로봇에 의한 무인재배 농장이 대두되며, 우주 농업을 지향하는 미래 농업에 대한 변화 혁신의 속도가 타 산업과 유사하게 빠르게 진전될 것으로 전망된다.

55. 농업과 신기술 융합을 통한 부가가치 혁신 전략 ❼

농업의 부가가치 증대는 이러한 첨단기술과 깨끗한 환경에서의 재배 생산, 유통 혁신 기술의 적용 등으로 크게 개선될 것이고, 타 산업과 유사한 혁신의 문제 속에서 누가 시장을 선도해나갈 것인가에 대한 동기 부여가 될 것이다. 결국은 구글, 바이엘 등의 거대 기업이 4차 산업혁명의 농업 시장 적용으로 새로운 재배-유통-소비 플랫폼으로 제공하고, 신선하고 차별화된 먹거리 문제를 해결해나가며, 선도시장을 거두어 가는 것을 지켜봐야 하는 것이 미래 농업의 모델이다.

먹거리 산업에 근원적인 농업의 산업화와 미래 농업에 대한 심각성을 우리나라 정부 차원에서 대비하고 육성해나갈 혁신적인 정책을 고민하고 만들어야 한다. 농업인의 어려움을 지원하는 정책에서 미래농업을 대비할 수 있는 과학영농을 실현할 수 있는 마일스톤을 마련하여 집중적인 투자와 시장 환경을 만들어야 하며, 농업인은 4차 산업혁명을 두려워하지 말고 전문가와 협력하여 스마트팜 시스템을 개선해서 적용하는 도전이 필요하다.

데이터를 생성하여 농장 제어에 반영할 수 있는 농업 빅데이터 기업이 우리나라에도 탄생하여, 스마트팜의 빅데이터가 실제로 구현되고 이를 통해 수익이 증대되는 구조가 만들어져야 한다.

큰 규모의 스마트팜에 빅데이터를 활용한 인공지능 자율제어가 가능하고, 이를 바탕으로 로봇이 작물재배와 수확에 투입되는 농업의 4차 산업혁명이 먼 이야기가 아니라 바로 우리 코 앞에 다가오고 있다. 피부에 와닿게 집행되어 농업의 변화를 크낄 수 있어야 한다.

ICT와 SW 전문가들이 농업 현장에서 적용할 수 있는 인공지능 알고리즘을 포함한 첨단 시스템 개발에 보다 적극적으로 참여할 수 있도록 기술개발 정책을 성과 중심으로 지원하는 것이 필요하다.

더불어 대학 졸업생 등의 젊은이들이 농업에 진출하여 혁신적인 아이디어를 실현하고 비즈니스로 이어지도록 과감한 육성 지원 정책이 절실히 필요하다.

농업 혁신은 정부 주도의 지원 정책만으로 해결될 문제가 아니라 농업 현실을 놓고 허심탄회하게 논의할 수 있는 커뮤니케이션 장이 마련되어, 전문가의 의견이 정책에 반영되고, 정책 우선순위를 신중하게 결정하는 현실적인 농업 정책을 통해 가능하다.

스마트팜의 혁신에 대한 기술과 재배, 유통 등에 대한 강의를 통해 스마트팜을 보다 잘 이해하고, 앞으로 진행될 인공지능 알고리즘이 적용되는 4차 산업혁명의 도구들이 농업 현장에서 하나씩 구현되는 현상을 잘 이해하고 참여할 수 있는 농업 전문가가 되기를 간절히 소망한다.

영농조합법인 및 농업회사법인 정관(예)

영농조합법인 정관(예)

[시행 2015.10.1] [농림축산식품부고시 제2015-141호, 2015.10.1, 일부개정]

농림축산식품부 농림축산식품부(경영인력과) 044-201-1534

제1장 총칙

제1조(명칭) 본 조합법인은 농어업 경영체 육성 및 지원에 관한 법률 제16조에 의하여 설립된 영농조합법인으로서 그 명칭은 ○○영농조합법인(이하 "조합법인"이라 한다)이라 한다.

(비고)

명칭 중에는 반드시 「영농조합법인」이라는 명칭을 사용하여야 한다.

제2조(목적) 본 조합법인은 협업적 농업경영을 통하여 생산성을 높이고 농산물의 출하·유통·가공·수출 및 농어촌관광휴양사업 등을 통하여 조합원의 소득증대를 도모함을 목적으로 한다.

(비고)

조합법인의 목적을 구체적으로 표현할 수 있으나, 농어업경영체 육성 및 지원에 관한 법률 제16조 제1항의 규정에 부합되어야 한다.

제3조(사무소의 소재지) 본 조합법인의 사무소는 ○○(시·도) ○○(시·군·구) ○○(읍·면) ○○(도로명)에 둔다.

(비고)

별도의 (분)사무소를 두는 조합법인은 「본 조합법인의 사무소는」을 「본 조합법인의 주된 (주)사무소는」으로 고치고 제1항으로 하며 제2항을 다음과 같이 한다.

② 본 조합법인의 분사무소는 ○○(시·도) ○○(시·군·구) ○○(읍·면) ○○(도로명)에 둔다.

제4조(사업) 본 조합법인은 생산성 향상을 위한 협업적 농업의 경영과 ○○사업을 주사업으로 하며 다음 각 호의 사업을 부대사업으로 한다.

1. 집단재배 및 공동작업에 관한 사업

2. 농업에 관련된 공동이용시설의 설치 및 운영

3. 농기계 및 시설의 대여사업

4. 농작업의 대행

5. 농산물의 출하·가공 및 수출

6. 농어촌 관광휴양사업

(비고)

1. 각 사업별 용어의 정의는 다음 각 호와 같다.

가. 농업의 경영 : 조합법인이 직접 농산물을 생산하여 생산지에서 판매하기까지의 전과정을 포함함.

나. 집단재배 및 공동작업에 관한 사업 : 조합법인의 농업경영에 부수하여 조합원 또는 조합원 이외의 자의 농작업을 협력하고 수수료를 받는 경제활동을 말함.

다. 농업에 관련된 공동이용시설의 설치 및 운영 : 조합법인이 공동경영을 위하여 농사·창고·축사·퇴비사 등 공동이용시설을 설치하여 운영하고, 부수적으로 조합원 이외의 자에게 이용하게 하여 사용료 등을 받는 경제활동을 말함.

라. 농기계 및 시설의 대여사업 : 조합법인이 농기계·농기구·건조시설 등을 보유하여 이용하면서 부수적으로 조합원 이외의 자에게 대여·사용하게 하고 사용료 및 임대료를 받는 경제활동을 말함.

마. 농작업의 대행 : 조합법인이 조합원 이외의 자로부터 농작업의 전부 또는 일부를 위탁받아 이를 대행하고 수수료를 받는 경제활동을 말함.

바. 농산물의 출하·가공 및 수출 : 조합법인의 조합원(혹은 조합법인)이 생산한 농산물 또는 지역 농가로부터 수매한 농산물을 조합법인을 통하여 판매하거나, 가공 또는 수출하는 경제활동을 말함.

2. 제1호 내지 제6호에 열거한 사업 이외의 사업도 제2조의 목적과 부합되는 것은 적절히 열거할 수 있으며 부대사업을 명기할 수 있다.
예) 6. 관광농원

제5조(협동조합에의 가입) 본 조합법인은 ㅁㅁㅇㅇ협동조합에 준조합원으로 가입한다.
(비고)
가입하는 협동조합은 농어업 경영체 육성 및 지원에 관한 법률 시행령 제15조에서 규정된 협동조합중에서 사업실시와 관련하여 적당하다고 인정되는 조합을 선택하여 정한다.

제6조(공고방법) ① 본 조합법인의 공고는 본 조합법인의 사무소 게시판에 게시하고 필요하다고 인정할 때에는 서면으로 조합원과 준조합원에게 통지하거나 일간신문 등에 게재할 수 있다.

② 제1항의 공고기간은 7일 이상으로 한다.

　　제7조(규정의 제정) 이 정관에서 정한 것 이외에 업무의 집행, 회계, 직원의 채용 기타 필요한 사항은 별도의 규정으로 정할 수 있다.

제2장 조합원 및 준조합원

　　제8조(조합원의 자격) ① 본 조합법인의 조합원이 될 수 있는 농업인은 다음 각 호의 요건을 갖춘 자로 한다.

　　1. 1천 제곱미터 이상의 농지를 경영 또는 경작하는 자나 농업경영을 통한 농산물의 연간 판매액이 120만원 이상인 자 또는 1년중 90일 이상 농업에 종사하는 자

　　2. 만○○세 이상의 성년으로서 본 조합법인의 설립취지에 찬동하는 자

　　3. ○○만원 이상의 현금 또는 이에 상응하는 농지, 농기계, 가축, 기타의 현물을 출자한 자

　　② 본 조합법인의 조합원이 될 수 있는 농산물의 생산자단체는 ○○협동조합, ○○○○법인으로 한다.

　　(비고)

　　1. 제1항 제1호의 경우는 조합법인의 실정에 따라 그 요건을 강화할 수 있음.

　　2. 제1항 제2호의 ○○은 19세 이상으로 하되 조합 실정에 따라 자율적으로 결정한다.

　　3. 제1항 제3호의 경우 조합법인이 출자를 허용하고자 하는 것만을 기재한다.

　　4. 제2항의 협동조합, 법인은 농업·농촌 및 식품산업 기본법 시행령 제4조에 의한 농산물 생산자단체임.

　　제9조(준조합원의 자격) 본 조합법인의 준조합원이 될 수 있는 자는 다음 각호의

요건을 갖춘자로 한다.

1. 본 조합법인에 생산자재를 공급하거나 생산기술을 제공하는 자

2. 본 조합법인에 농지를 임대하거나 농지의 경영을 위탁하는 자

3. 본 조합법인이 생산한 농산물을 구입·유통·가공 또는 수출하는 자

4. 그 밖에 농업인이 아닌 자로서 영농조합법인의 사업에 참여하기 위하여 영농조합법인에 출자를 하는 자

(비고)

준조합원의 자격은 제1호 내지 제3호 중에서 조합 실정에 따라 정할 수 있으며 그 범위 내에서 구체적으로 기술할 수 있음.

제10조(가입) ① 본 조합법인에 조합원으로 가입하고자 하는 자는 다음 각호의 사항을 기재한(혹은 증명할 수 있는 서류를 첨부한) 가입신청서를 본 조합법인에 제출하여야 한다. 단, 생산자단체의 경우는 제3호 및 사업자등록증(혹은 법인등기부등본)을 제출한다.

1. 주소, 성명, 생년월일

2. 납입 혹은 인수하고자 하는 출자좌수 및 출자의 목적인 재산 〈종전의 제3호에서 이동〉

3. 경영규모(경지면적, 농산물의 연간판매액) 및 연중 농업종사일 수 〈종전의 제4호에서 이동〉

② 본 조합법인에 준조합원으로 가입하고자 하는 자는 제1항제1호 내지 제2호 및 제9조에 의한 준조합원의 자격에 해당함을 증명할 수 있는 서류를 제출하여야 한다. 단, 사업자 등록이 된자(법인 포함)는 제1항제1호 대신 사업자등록증(혹은 법인등기부등본)을 제출한다.

③ 조합법인은 제1항 및 제2항에 의한 조합원 또는 준조합원의 가입신청서를 접수 하였을 경우에는 총회에서 그 가입 여부를 결정하고, 가입을 승인한 때에는 가입신청자에게 통지하여 출자의 불입(출자의 목적인 재산을 양도하고 등기·등록 기

타 권리의 설정 또는 이전이 필요한 경우에는 이에 관한 서류를 완비하여 교부하는 것을 말한다. 이하 같다)을 하게 한 후 조합원 또는 준조합원 명부에 기재한다.

④ 가입신청자는 제3항의 규정에 의하여 출자를 불입함으로써 조합원 또는 준조합원의 자격을 갖는다.

⑤ 출자좌수를 늘리려는 조합원 또는 준조합원에 대해서는 제1항 내지 제4항의 규정을 준용한다.

(비고)

조합원 또는 준조합원 가입허용 여부를 이 조에서 특별히 규정하고자 하는 경우에는 제3항의 내용을 적절히 수정 기입할 수 있다.

제11조(권리) ① 본 조합법인의 조합원의 권리는 다음 각호와 같다.

1. 조합법인의 공동작업에 종사하여 노동에 대한 응분의 대가를 받을 권리
2. 지분 환불에 대한 청구권
3. 조합법인 해산시 잔여재산 분배청구권
4. 조합법인의 임원의 선거권 및 피선거권
5. 조합법인의 제반회의에 참석하여 의결할 권리
6. 조합법인의 운영에 참여하여 의견을 제시할 권리
7. 조합법인의 업무집행에 대한 감독 및 감사의 권리

② 제1항 제1호의 조합원의 노동과 대가에 대한 사항을 별도의 규정으로 정한다.

③ 조합원은 출자의 다소에 관계없이 1개의 의결권과 선거권을 가진다.

④ 본 조합법인의 준조합원은 제1항 제2호, 제3호 및 제6호의 권리를 갖는다.

(비고)

조합원의 의결권을 출자의 비율에 따라 가지도록 정하고자 하는 조합법인은 제3항을 다음과 같이 수정한다.

⑤ 조합원은 출자지분에 따라 그 비례대로 의결권과 선거권을 가진다.

제12조(의무) ① 본 조합법인의 조합원의 의무는 다음 각호와 같다.

1. 정관 및 제규정을 준수할 의무

2. 조합법인에 대한 출자의무

3. 조합법인의 제반 노동에 참가하고 노동규정을 준수할 의무

4. 총회에 출석할 의무와 총회의 의결사항을 준수할 의무

5. 조합법인의 발전을 위하여 노력할 의무

② 본 조합법인의 준조합원의 의무는 제1항의 제1호, 제2호 및 제5호와 같으며 제4호중 총회의 의결사항을 준수할 의무도 있다.

(비고)

조합법인의 사업, 규모 등에 따라 의무사항을 적절히 추가하여 정할 수 있다.

제13조(탈퇴) ① 탈퇴를 원하는 조합원 또는 준조합원은 60일전에 탈퇴의사를 서면으로 본 조합법인에 예고하여 탈퇴하며 그에 따른 모든 정산은 당해 회계년도 말에 한다.

② 조합원 또는 준조합원은 다음 각호의 1에 해당하는 사유가 발생하였을 때에는 자연탈퇴된다.

1. 제8조에 의한 조합원 및 제9조에 의한 준조합원의 자격을 상실하였을 경우

2. 사망

3. 파산(법인의 경우 파산 또는 해산)

4. 금치산 선고

5. 제명

6. 지분을 전부 양도하였을 경우

③ 제2항제1호의 자격상실은 총회의 결의에 의한다.

④ 조합원 또는 준조합원은 제1항의 규정에 불구하고 부득이한 사유없이 조합법인이 경영상 어려움에 처해 있는 시기에 탈퇴하지 못한다.

제14조(제명) ① 조합원 또는 준조합원이 다음 각호의 1에 해당하는 경우에는 총회의 의결로써 제명할 수 있다.

1. 제12조에서 규정한 의무를 이행하지 아니한 경우

2. 고의 또는 중대한 과실로 조합법인에 상당한 손해를 입힌 경우

3. 조합을 빙자하여 부당이익을 취한 경우

② 조합법인은 제1항 각호의 사유로 인한 제명대상 조합원 또는 준조합원에게 총회 개최 10일 전에 제명의 사유를 통지하고, 총회에서 변명할 기회를 주어야 하며, 제명을 결정한 때에는 서면으로 통지하여야 한다.

(비고)

제명의 사유를 추가로 정하고자 하는 경우에는 제1항에 제4호부터 추가하여 열거한다.

제3장 출자와 적립금 및 지분

제15조(출자) ① 본 조합법인에의 출자는 농지 · 농기계 · 현금 · 기타 현물로 할 수 있다.

② 농지 · 농기계 등 현물의 출자액 산출은 이사회(설립시는 창립총회)에서 정하는 평가율에 의하여 환가한다.

③ 1좌의 금액은 1만원으로 한다.

④ 조합원 1명이 출자할 수 있는 출자액은 ㅇㅇ만원으로 한다.

⑤ 조합원은 ㅇㅇ좌이상의 출자를 불입하여야 하며, 준조합원은 ㅇㅇ좌이상의 출자를 불입하여야 한다. 〈종전의 제4항에서 이동〉

⑥ 제1항의 규정에 의하여 본 조합법인에 농지를 출자하는 조합원 및 준조합원의 성명, 출자대상 농지 및 그 평가액과 농지출자 좌수를 별표와 같이 한다. 〈종전의 제5항에서 이동〉

⑦ 현물로 출자한 농지는 해당 농지를 출자한 조합원 또는 준조합원의 동의가 없으면 처분하지 못한다. 〈종전의 제6항에서 이동〉

(비고)

축산업을 주업으로 하는 조합법인은 제1항 중「기타의 현물」을 가축(축종 명시), 초지, 축산, 축산기계 등으로 적절히 규정할 수 있으며, 그 외의 조합법인도「기타의 현물」을 구체적으로 정할 수 있다.

제16조(출자증서의 발행) ① 조합법인은 출자를 불입한 조합원 및 준조합원에게 지체없이 출자증서를 발급하여야 한다.

② 출자증서는 대표이사 명의로 발급하고 출자좌수, 출자액, 출자재산의 표시(토지의 경우 지번, 지목, 면적을 말한다) 등을 기재하여야 한다.

③ 조합법인이 토지 등을 취득하여 조합원과 준조합원에게 증좌 배분하는 경우에 대해서도 제1항과 제2항의 규정을 준용한다.

(비고)

출자증서의 발행은 출자지분의 상속공제 등 세금과 관련되어 있으므로 반드시 출자재산 특히 토지의 경우는 지번, 지목, 면적 등이 기재된 출자증서를 발행하여야 한다.

제17조(출자의 균등화) 조합원의 출자를 균등화할 목적으로 소액 출자자에게는 그 사정을 고려하여 총회의 의결로써 회계년도 말에 증좌를 허용할 수 있다.

제18조(법정적립금) 본 조합법인은 출자총액과 같은 금액이 될 때까지 매회계년도 이익금의 100분의 10 이상을 법정적립금으로 적립한다.

(비고)

법정적립금으로 출자총액의 2배를 적립하고자 할 경우에는「출자총액과 같은 금액이 될 때까지」를「출자총액의 2배에 달할 때까지」로 수정한다.

제19조(사업준비금) 본 조합법인은 장기적인 사업확장 및 다음년도의 사업운영을 위하여 매회계년도 이익금의 100분의 ○○을 사업준비금으로 적립한다.

(비고)

○○은 10 이상 50이내에서 정한다.

제20조(자본적립금) 본 조합법인은 다음 각호의 1에 의하여 생기는 금액을 자본적립금으로 적립한다.

1. 재산 재평가 차익
2. 합병에 의한 차익
3. 인수재산 차익
4. 외부로부터 증여된 현물 및 현금
5. 국고 보조금 등
6. 감자에 의한 차익
7. 고정자산에 대한 보험차익

제21조(적립금등의 사용 및 처분) ① 제18조의 규정에 의한 법정적립금(이하 "법정적립금"이라 한다)과 제20조의 규정에 의한 자본적립금(이하 "자본적립금"이라 한다)은 조합법인의 결손을 보전하는 데 사용한다.

② 법정적립금과 자본적립금은 조합원 또는 준조합원의 탈퇴나 제명시 지분으로 환불할 수 없다.

③ 제19조의 규정에 의한 사업준비금(이하 "사업준비금"이라 한다)은 조합원 또는 준조합원이 가입한 날부터 5년 이내에 탈퇴하거나 제명되는 경우에는 환불할 수 없다.

제22조(지분의 계산) 본 조합법인의 재산에 대한 조합원과 준조합원의 지분은 다음의 기준에 의하여 계산한다.

1. 납입출자금에 대하여는 납입한 출자액에 따라 매회계년도마다 이를 계산한다. 다만, 그 재산이 납입출자액의 총액보다 감소되었을 경우에는 각 조합원과 준조합원의 출자액에 따라 감액하여 계산한다.

2. 사업준비금은 매회계년도마다 전조합원과 준조합원에게 분할하여 가산하되 제35조 제2항의 규정을 준용한다.

(비고)

제2호의 사업준비금 배분을 출자지분에 비례하여야 할 경우에는 제2호를 다음과 같이 한다.

2. 사업준비금은 매회계연도마다 전조합원 과 준조합원에게 분할하여 가산하되 조합원의 출자지분의 비율에 따라 배분한다.

제23조(지분의 상속) ① 조합원 또는 준조합원의 상속인으로서 조합원 또는 준조합원의 사망으로 인하여 지분환불권의 전부 또는 일부를 취득한 자가 즉시 조합법인에 가입을 신청하고 조합법인이 이를 승인한 경우에는 상속인은 피상속인의 지분을 승계한다.

② 제1항의 규정에 의한 상속인의 가입신청과 조합법인의 가입승인은 제10조 제1항 내지 제4항의 규정을 준용한다.

제24조(조합의 지분취득금지) 본 조합법인은 조합원 또는 준조합원의 지분을 취득하거나 또는 담보의 목적으로 수입하지 못한다.

제25조(지분의 양도, 양수 및 공유금지) 조합원 및 준조합원은 총회의 승인의결 없이는 그 지분을 양도·양수할 수 없으며 공유할 수 없다.

제26조(탈퇴시의 지분환불) ① 조합원 또는 준조합원이 탈퇴하는 경우에는 그 조합원의 지분을 현금 또는 현물로 환불한다.

② 환불재산 가운데 토지나 건물 등이 조합법인의 공동경영조직을 깨뜨릴 염려가 있어 환불이 곤란한 경우에는 그에 상당하는 다른 토지 및 현금으로 지불할 수 있다.

③ 탈퇴 조합원 및 준조합원이 출자한 토지가 공동경영의 결과로 인하여 지력이 증대되었거나, 노력과 자본의 투자로 인하여 가치가 상승하였을 경우에는 이에 상당하는 금액을 토지를 환불받는 자로부터 징수한다.

④ 탈퇴 조합원 또는 준조합원이 조합법인에 대하여 채무가 있는 경우에는 환불해야 될 지분에서 상계할 수 있다.

⑤ 지분의 환불은 당해 회계년도 말에 한다.

제27조(출자액의 일부 환불) ① 조합원 또는 준조합원은 부득이한 사유가 있는 경우에는 조합법인에 대하여 출자액의 일부의 환불을 요구할 수 있다.

② 제1항의 규정에 의하여 환불요구를 받은 조합법인은 총회의 의결이 있는 경우에 회계년도 말에 환불할 수 있다. 다만, 부득이한 사유가 있는 경우에는 회계년도 중에 환불하고, 회계년도 말에 정산한다.

제4장 회계

제28조(회계년도) 본 조합법인의 회계년도는 매년 1월 1일에 시작하여 12월 31일에 종료한다.

(비고)

조합법인의 사업성격에 따라 「매년 4월 1일에 시작하여 다음해 3월 31일에 종료한다」로 정하는 등 회계년도를 다르게 정할 수 있다.

제29조(자금관리) 본 조합법인의 여유자금은 다음 각호의 방법에 따라 운용한다.

1. 농업협동조합, 축산업협동조합, 수산업협동조합, 은행, 신용금고에의 예치
2. 국채, 지방채, 정부보증채권 등 금융기관이 발행하는 채권의 취득

(비고)

제1호의 경우 주로 거래하고자 하는 금융기관을 구체적으로 정할 수 있다.

제30조(경리공개) 본 조합법인의 모든 장부는 사무소에 비치하여 항상 조합원 및 준조합원에게 공개하며 주요계정에 대한 내역은 정기적으로 게시한다.

(비고)

주요계정에 대한 내역의 정기적 게시시기를 구체적으로 정하고자 할 경우에는 「정기적으로」를 「매월」, 「분기마다」 등으로 정한다.

제31조(사용료 및 수수료) ① 본 조합법인은 조합법인이 행하는 사업에 대하여 사용료 또는 수수료를 징수 할 수 있다.

② 제1항의 규정에 의한 사용료 및 수수료에 관하여는 별도의 규정으로 정할 수 있다.

(비고)

조합법인의 사업에서 조합원이 아닌 자가 부수적으로 사업을 이용하는 경우, 조합법인이 농작업을 수탁하여 대행한 경우와 농기계 및 시설의 공공이용 등에 대하여 사용료 및 수수료를 징수하고자 하는 조합법인은 반드시 규정하여야 한다.

제32조(선급금제) 조합법인은 조합원에게 지불할 노임을 회계년도 말 결산 전에 선급금으로 지불할 수 있다.

제33조(차입금) 조합법인은 제4조의 사업을 위하여 필요한 경우 자금을 차입할 수 있다.

제34조(수익배분순위) 본 조합법인의 총수익은 다음 각호의 순서로 배분한다.

1. 제세공과금

2. 생산자재비, 임차료, 고용노임 및 생산부대비용(제잡비를 말한다)

3. 차입금에 대한 원리금 상환

4. 조합원 노임

5. 자산설비에 대한 감가상각

6. 이월결손금 보전

제35조(이익금의 처분) ① 조합법인의 결산결과 발생된 매회계년도의 이익금은 제18조의 규정에 의한 법정적립금, 제19조의 규정에 의한 사업준비금을 공제하고 나머지에 대해서는 조합원과 준조합원에게 배당한다.

② 제1항의 배당은 배당할 이익금의 총액을 전조합원과 준조합원의 출자지분의 비율에 따라 배당한다.

(비고)

제2항의 배당을 달리 하고자 할 경우에는 제2항을 다음과 같이 한다.

② 제1항의 배당은 배당할 이익금의 100분의 30은 전조합원에게 배당하고 나머지 100분의 70은 전조합원 및 준조합원의 출자지분의 비율에 따라 배당한다.

제36조(손실금의 처리) 조합법인의 결산결과 손실이 발행하였을 경우에는 사업준비금으로 보전하고 사업준비금으로도 부족할 때에는 법정적립금 및 자본적립금이 순서로 보전하며 그 적립금으로도 부족할 때에는 차년도에 이월한다.

제5장 임원

제37조(임원의 수) 본 조합법인은 다음 각호의 임원을 둔다.

1. 대표이사 1인

2. 이사 ○인

3. 감사 ○인

4. 총무 ○인

5. 부장 ○인

(비고)

1. 조합법인의 조합원 수, 사업 규모 등에 따라 이사 및 감사의 정수를 정한다.

2. 제5호의 부장은 조합법인의 사업에 따라 영농부장, 축산부장, 구매부장, 판매부장, 가공부장 등으로 명기한다.

제38조(임원의 선출) 임원은 총회의 의결로 조합원 중에서 선출한다.

제39조(이사회) ① 이사회는 대표이사, 이사 및 총무로 구성하며 대표이사가 그 의장이 된다.

② 이사회는 대표이사가 필요하다고 인정하는 경우 또는 이사 2인 이상의 요구가 있는 경우 소집한다.

제40조(이사회의 기능) 이사회는 다음 각호의 사항을 재적이사 과반수의 찬성으로 의결한다.

1. 총회의 소집과 총회에 부의할 안건

2. 업무를 운영하는 기본방침에 관한 사항

3. 고정자산의 취득 또는 처분에 관한 사항

4. 총회에서 위임된 사항의 의결

5. 기타 조합법인의 운영상 필요한 사항

(비고)

조합법인의 형편에 따라 이사회의 의결사항을 추가하여 정할 수 있다.

제41조(이사회 의사록) 이사회에서 의결된 사항은 총무가 기록하여 이사회에 참석한 이사가 기명 날인한 후 보관한다.

제42조(임원의 임무) ① 대표이사는 본 조합법인을 대표하고 조합법인의 각종회의의 의장이 되며 조합의 업무를 총괄하고 조합법인의 경영성과에 대해 책임을 진다.

② 감사는 회계년도마다 조합의 재산과 업무집행 상황을 1회이상 감사하여 그 결과를 총회 및 대표이사에게 보고하여야 한다.

③ 이사는 이사회에서 미리 정한 순서에 따라 조합장 유고시 그 직무를 대리하고 궐위된 때에는 그 직무를 대행한다.

④ 총무는 이사 중에서 선임하며 조합법인의 일반사무와 회계사무를 담당한다.

⑤ 각 부장은 조합장과 총무를 보좌하며 각 부의 업무를 관장 · 집행한다.

(비고)

제5항의 경우 각부의 업무 관장의 범위를 구체적으로 정할 수 있다.

제43조(임원의 책임) ① 본 조합법인의 임원은 법령, 법령에 의한 행정기관의 처분과 정관 · 규정 · 사업지침 및 총회와 이사회의 의결사항을 준수하여 본 조합법인을 위하여 그 직무를 성실히 수행하여야 한다.

② 임원이 그 직무를 수행함에 있어 태만, 고의 또는 중대한 과실로 조합법인이나 다른 사람에게 끼친 손해에 대하여는 단독 또는 연대하여 손해배상의 책임을 진다.

③ 이사회가 불법행위 또는 중대한 과실로 조합법인에 손해를 끼친 경우에는 그 불법행위 또는 중대한 과실에 관련된 이사회에 출석한 구성원은 그 손해에 대하여 조합법인에 연대하여 책임을 진다. 다만, 그 회의에서 명백히 반대의사를 표시한 구성원은 그러하지 아니한다.

④ 제2항내지 제3항의 구상권의 행사는 이사회에 대하여는 대표이사가, 대표이사와 이사에 대하여는 감사가, 임원 전원에 대하여는 조합원의 3분의 1 이상의 동의를 얻은 조합원 대표가 이를 행한다.

(비고)

제4항의 경우 조합법인의 형편에 따라 「조합원의 3분의 1 이상」을 적절히 정할 수 있다.

제44조(임원의 임기) ① 임원의 임기는 3년으로 하되, 감사의 임기는 2년으로 한다.

② 제1항의 임원의 임기는 전임자의 임기만료일의 다음날부터 기산한다.

③ 보궐선거에 의한 임원의 임기는 전임자의 잔임기간으로 한다.

(비고)

임원의 임기는 조정할 수 있으나, 감사와 감사 이외의 임원 임기는 다르게 하여야 한다.

제45조(임원의 해임) 조합원이 임원을 해임하고자 하는 경우에는 조합원 3분의 1 이상의 서면동의를 얻어 총회에 해임을 요구하고 총회의 의결로써 해임한다.

제46조(임원의 보수) 임원에 대한 보수는 지급하지 아니하며 여비 등 필요한 경비는 별도 규정에 의하여 실비로 지급할 수 있다.

제47조(서류비치의 의무) ① 대표이사는 다음 각호의 서류를 조합법인의 사무소에 비치하여야 한다.

1. 정관 및 규정
2. 조합원과 준조합원 명부 및 지분대장
3. 총회의사록
4. 기타 필요한 서류

② 대표이사는 정기총회 1주일 전까지 결산보고서를 사무소에 비치하여야 한다.

제6장 회의의 운영

제48조(총회) 총회는 조합원으로 구성하며 정기총회와 임시총회로 구분한다.

제49조(총회의 소집) ① 정기총회는 회계년도마다 1회 ○월에 대표이사가 소집하며 대표이사는 총회소집 5일 전까지 회의내용과 회의자료를 서면으로 조합원에게 통지하여야 한다.

② 임시총회는 조합원 3분의 1 이상의 소집요구가 있거나 이사회가 필요하다고 인정하여 소집을 요구한 때, 대표이사가 필요하다고 인정한 때 대표이사가 소집한다.

③ 감사는 다음 각 호의 1에 해당하는 경우에는 임시총회를 소집한다.

1. 대표이사의 직무를 행할 자가 없을때

2. 제2항의 요구가 있는 경우에 대표이사가 정당한 이유없이 2주일 이내에 총회소집의 절차를 취하지 아니한 때

3. 감사가 조합법인의 재산상황 또는 사업의 집행에 관하여 부정사실을 발견하여 이를 신속히 총회에 보고할 필요가 있을 때

제50조(총회의 의결사항) 다음 각호의 사항은 총회의 의결을 얻어야 한다.

1. 정관의 변경

2. 규정의 제정 및 개정

3. 해산 · 합병 또는 분할

4. 조합원 및 준조합원의 가입 · 탈퇴 및 제명

5. 사업계획 및 수지예산의 승인 · 책정과 변경

6. 사업보고서, 결산서, 이익금 처분 및 결손금 처리

7. 출자에 관한 사항

8. 임원의 선출

9. 임기 중 임원의 해임

(비고)

조합법인의 운영을 위하여 반드시 총회의 의결이 필요한 사항은 추가로 열거한다.

제51조(총회의 개의와 의결정족수) ① 총회는 조합원 과반수의 출석으로 개의하고 출석조합원 과반수의 찬성으로 의결한다.

② 다음 각호에 해당하는 사항은 총조합원 3분의 2 이상의 출석과 출석조합원 3분의 2 이상의 찬성으로 의결한다.

1. 정관의 변경

2. 해산·합병 또는 분할

3. 조합원 및 준조합원의 가입 승인

4. 제14조의 규정에 의한 조합원 및 준조합원의 제명

5. 제45조의 규정에 의한 임원의 해임

③ 제1항의 총회소집이 정족수 미달로 유회된 경우에는 10일 이내에 다시 소집하여야 한다.

제52조(의결권의 대리) ① 조합원은 대리인으로 하여금 의결권을 행사하게 할 수 있다.

② 대리인은 조합원과 동일세대에 속하는 성년이어야 하며, 대리인이 대리할 수 있는 조합원의 수는 1인에 한한다.

③ 제1항의 규정에 의한 대리인은 대리권을 증명하는 위임장을 조합법인에 제출하여야 한다.

제53조(의사록의 작성) 총회의 의사에 관하여는 의사의 경과 및 결과를 기재한 의사록을 작성하고, 대표이사 및 총회에 참석한 조합원 3분의 2 이상이 서명날인 한다.

제54조(회의내용 공고) 총회의 의결사항은 제6조의 공고방법에 의하여 공고한다.

제7장 해산

제55조(해산) 본 조합법인은 다음 각호의 1에 해당하는 경우에는 해산된다.

1. 총회에서 해산 및 합병을 의결한 경우
2. 파산한 경우 및 법원의 해산명령을 받은 경우
3. 조합원이 5인 미만이 된 후 1년 이내에 5인 이상이 되지 아니한 경우

(비고)

조합법인의 해산에 관하여 특별히 정하고자 하는 경우에는 제4호부터 구체적으로 열거한다.

제56조(청산인) 본 조합법인이 해산하는 경우에는 파산으로 인한 경우를 제외하고는 청산인은 대표이사가 된다. 다만, 총회에서 다른 사람을 청산인으로 정한 경우에는 그러하지 아니한다.

제57조(청산인의 직무) ① 청산인은 취임 후 지체없이 재산상황을 조사하여 재산목록과 대차대조표를 작성하고 재산처분의 방법을 정하여 총회의 승인을 얻어야 한다.

② 청산사무가 종결된 경우에는 청산인은 지체없이 결산보고서를 작성하여 총회의 승인을 얻어야 한다.

③ 청산인은 그 취임 후 3주일 이내에 해산의 사유 및 연월일과 청산인의 성명 및 주소를 등기하여야 한다.

(비고)

조합법인이 해산하였을 경우에는 반드시 해산등기를 하여야 한다.

제58조(청산재산의 처리) 해산의 경우 조합법인의 재산은 채무를 완제하고 잔여가 있는 경우에는 다음 각호의 방법에 의하여 조합원과 준조합원에게 분배한다.

1. 출자금액은 출자조합원과 출자준조합원에게 환급하되 출자총액에 미달시는 출자액의 비례로 분배한다.

2. 자본적립금, 법정적립금, 사업준비금은 출자지분의 비율에 따라 분배한다.

본 정관은 창립총회의 의결을 얻은 날부터 시행한다.

부칙 〈제2015-141호,2015.10.1〉

제1조(시행일) 이 고시는 2015년 10월 1일부터 시행한다.

제2조(재검토기한) 농림축산식품부장관은 「훈령·예규 등의 발령 및 관리에 관한 규정」에 따라 이 고시에 대하여 2016년 1월 1일 기준으로 매3년이 되는 시점(매3년째의 12월 31일까지를 말한다)마다 그 타당성을 검토하여 개선 등의 조치를 하여야 한다.

농업회사법인 주식회사정관(예)

[시행 2015.10.1] [농림축산식품부고시 제2015-139호, 2015.10.1, 일부개정]

농림축산식품부 농림축산식품부(경영인력과) 044-201-1534

제1장 총칙

제1조(상호) 본 회사는 농어업경영체 육성 및 지원에 관한 법률 제19조에 의하여 설립된 회사로서 그 명칭은 농업회사법인○○주식회사라 칭한다(註1).

(비고)

상호는 반드시 「농업회사법인」과 「주식회사」라는 명칭을 사용하여야 한다.

제2조(목적) 본 회사는 기업적 농업경영을 통하여 생산성을 향상시키거나, 생산된 농산물의 유통·가공·판매와 농어촌 관광휴양사업을 통해 농업의 부가가치를 높이고 노동력 부족 등으로 농업경영이 곤란한 농업인의 농작업의 전부 또는 일부를 대행하여 영농의 편의를 도모함을 목적으로 한다.

제3조(주주의 자격) 본 회사의 주주는 농업인, 농업관련 생산자단체로 하되 제10조에서 정한 출자한도 내에서 출자한 농업인이나 농업관련 생산자단체가 아닌자(이하 "비농업인"이라 한다)도 주주가 될 수 있다(註2).

제4조(사업) ① 본 회사는 생산성 향상을 위한 기업적 농업경영과 ○○사업을 주 사업으로 한다.

② 본 회사는 다음 각 호의 사업을 부대사업으로 한다(註3).

1. 농산물의 유통 · 가공 · 판매

2. 농작업의 전부 또는 일부 대행

3. 영농에 필요한 자재의 생산 · 공급

4. 영농에 필요한 종묘생산 및 종균배양사업

5. 농산물의 매취 · 비축사업

6. 농업기계 기타 장비의 임대 · 수리 · 보관사업

7. 소규모 관개시설의 수탁 · 관리사업

8. 농어촌 관광휴양사업

제5조(본점의 소재지 및 지점의 설치) ① 본 회사의 본점은 ○○(시 · 도) ○○ (시 · 군 · 구) ○○(읍 · 면) ○○(도로명)에 둔다.(註4)

② 본 회사는 필요한 경우에 주주총회의 결의로 지점, 영업소, 출장소를 둘 수 있다(註5).

제6조(공고방법) 본 회사의 공고사항은 ○○시도에서 발간되는 ○○신문에 게재한다(註6).

제7조(존립기간) 본 회사의 존립기간은 회사성립일로부터 만 ○○년으로 한다 (註7).

[유례] 본 회사는 ○○특허권의 기간이 만료할 때까지 존속한다.

제2장 주식과 주권

제8조(회사가 발행할 주식의 총수 및 각종주식의 내용과 수) 본 회사가 발행할 주식의 총수는 ○○만주로서 보통주식으로 한다.

[유례]본 회사가 발행할 주식의 총수는 10만주로서 그중 보통주식은 6만주, 우선주식은 2만주, 후배주식은 2만주로 한다.

제○조(우선주식의 내용) 우선주식의 이익배당률은 연 1할로서 당해결산기의 이익배당률이 그에 미달할 때에는 다음 결산기에 그를 우선하여 배당받는다.

제○조(후배주식의 내용) 후배주식은 보통주식에 대하여 연○푼의 이액배당을 하고 잉여가 있는 경우에 한하여 이익배당을 받을 수 있다.

제○조(의결권 없는 주식) 우선주식의 주주는 의결권이 없는 것으로 한다.

제○조(상환주식) 상환주식은 주식발행 후 ○년 이내에 주주에게 배당할 이익으로서 상환할 수 있다. 이때 상환가액은 1주당 금○○원으로 한다.

제9조(1주의 금액) 본 회사가 발행하는 주식 1주의 금액은 금 ○○만원으로 한다(註8).

제10조(비농업인의 출자한도) 비농업인이 출자하는 출자액의 합계는 본 회사의 총출자액의 100분의 90을 초과할 수 없다(註9).

제11조(회사설립시 발행하는 주식의 총수) 본 회사가 회사설립시에 발행하는 주식의 총수는 ○만주로 한다.

제12조(주권) 본 회사의 주식은 기명주식으로서 주권은 1주권, 10주권, 100주권 3종으로 한다.

제13조(주권의 명의개서) 주식의 양도로 인하여 명의개서를 청구할 때에는 본 회사 소정의 청구서에 주권을 첨부하여 제출하여야 한다. 상속, 유증 기타 계약이외의 사유로 인하여 명의개서를 청구할 때에는 본 회사 소정의 청구서에 주권 및 취득원인을 증명하는 서류를 첨부하여 제출하여야 한다.

[유례] 명의개서대리인을 두기로 한 때

제○조 본 회사는 주주명부의 기재에 관한 사무를 처리하기 위하여 명의개서대리인을 둔다. 명의개서대리인은 이사회의 결의에 의하여 선정한다.

제14조(주식의 양도제한) ① 본 회사의 주식은 이사회의 승인이 없으면 양도할 수 없다.

② 전항과 관련 비농업인인 주주에게 양도하여 비농업인의 총출자액이 제10조에서 규정한 제한을 초과하는 경우에는 그 양도는 효력이 없다.

③ 상속 또는 유증에 의하여 비농업인의 총출자액이 제10조에서 규정한 한도를 초과하는 경우에는 그 초과지분을 지체없이 농업인에게 양도하여야 한다.

제15조(주권의 재발행) 주권의 재발행을 청구할 때에는 본 회사 소정의 청구서에 다음 서류를 첨부하여 제출해야 한다.

1. 주권을 상실한 때에는 확정된 제권판결정본
2. 주권을 훼손한 때에는 그 주권, 다만 훼손으로 인하여 그 진위를 판별할 수 없는 때에는 전호에 준한다.

제16조(주주의 주소신고 등) 주주나 등록질권자 및 그 법정대리인은 성명주소 및 인감을 신고해야 한다. 그 변경이 있는 때에도 역시 같다.

제17조(주주명부의 폐쇄) 본 회사는 매 결산기 종료일 익일부터 그 결산에 관한 정기 주주총회 종료일까지 주주명부기재의 변경을 정지한다.

제3장 주주총회

제18조(정기총회와 임시총회) 정기주주총회는 매 결산기 종료 후 1월 내에 이를 소집하고 임시주주총회는 필요한 경우에 수시로 이를 소집할 수 있다.

제19조(의장) 주주총회의 의장은 대표이사가 된다. 대표이사가 유고인 때에는 이사회에서 정한 순서에 따라 다른 이사가, 다른 이사 전원이 유고인 때에는 출석한 주주중에서 선임된 자가 그 직무를 대행한다.

제20조(결의사항) 주주총회는 법령에서 정한 사항 이외에 다음 사항을 결의한다.
 1. 신주발행사항의 결정
 2. 주식의 분할
 3. 영업의 전부 또는 일부의 양도

제21조(결의) 주주총회의 결의는 법령에 별도의 규정이 있는 경우를 제외하고는 발행주식총수의 과반수에 해당하는 주식을 가진 주주의 출석과 그 의결권을 과반수로 한다.

제22조(의결권의 대리행사) 주주는 본 회사의 주주 중에서 정한 대리인으로 하여금 대리행사하게 할 수 있다. 이 경우에는 총회 개회 전에 그 대리권을 증명하는 서면을 제출해야 한다.

제4장 이사와 감사

제23조(이사와 감사의 수) 본 회사의 이사는 3인 이상, 감사는 1인 이상으로 한다(註10).

제24조(선임) 이사와 감사는 주주총회에서 선임하되 이사의 3분의 1이상은 농업인으로 한다.

제25조(업무집행과 회사대표) 본 회사의 업무집행과 회사대표는 이사회의 결의로 이사 중에서 선임한 대표이사가 행한다(註11).

제26조(임기) 이사와 대표이사의 임기는 3년, 감사의 임기는 3년내의 최종의 결산기에 관한 정기총회 결산시까지로 한다. 다만 재임중 최종결산기에 관한 정기주주총회 이전에 그 임기가 만료될 때에는 그 총회 종결시까지 그 임기를 연장할 수 있다(註12).

제27조(보선) 이사와 감사에 결원이 생긴 경우에는 임시주주총회에서 그를 보선한다. 다만 그 법 정원수를 결하지 아니하는 때에는 그러하지 아니할 수 있다. 보선된 이사나 감사의 임기는 전임자의 잔여기간으로 한다.

제28조(보수) 이사와 감사의 보수는 주주총회에서 이를 정한다.

제5장 이사회

제29조(이사회) 본 회사의 이사회는 정기이사회와 임시이사회로 한다. 정기이사

회는 매월 최초의 월요일에, 임시이사회는 필요에 따라 수시로 이를 소집한다.

제30조(지배인의 임면) 이사회의 결의로 회사의 영업 전반에 걸쳐 포괄적인 대리권을 갖고 보조하기 위한 지배인(혹은 지점장, 영업부장)을 둘 수 있다.

제31조(소집권자와 의장) 이사회는 대표이사가 소집하고 그 의장이 된다. 다만 대표이사의 유고 중에는 제19조의 순서에 따라 다른 이사가 의장의 직무를 대행한다.

제32조(결의) 이사회의 결의는 이사 전원의 과반수로 하고 가·부 동수인 때에는 의장이 결정한다.

제33조(고문) 본 회사는 이사회의 결의로 고문 약간명을 둘 수 있다.

제6장 계산

제34조(영업년도) 본 회사의 영업년도는 매년 ○월 ○일부터 ○월 ○일까지로 하여 결산한다.

제35조(이익배당) 이익배당금은 매 결산기 말일 현재의 주주명부에 기재된 주주 또는 등록질권자에게 이를 지급한다.
위 배당금은 지급개시일로부터 3년 이내에 지급청구를 하지 아니한 때에는 그 청구권을 포기한 것으로 간주하고 이를 본 회사에 귀속시킨다.

제7장 해산

제36조(해산사유) 본 회사는 다음 사유로 인하여 해산한다.
1. 제7조에서 정한 존립기간의 만료
2. 합병
3. 파산
4. 법원의 명령 또는 판결
5. 주주총회의 결의

제37조(해산의 결의) 해산의 결의는 발행주식 총수의 과반수에 해당하는 주식을 가진 주주의 출석으로 그 의결권의 3분의 2 이상의 다수로써 하여야 한다.

제38조(회사계속) 회사가 존립기간의 만료, 주주총회의 결의에 의하여 해산한 경우에는 제37조의 규정에 의한 결의로 회사를 계속할 수 있다.

제39조(해산의 통지) 회사가 해산한 때에는 파산의 경우 외에는 대표이사는 지체 없이 주주에 대하여 그 통지를 한다.

제40조(합병계약서와 그 승인의결) 회사가 합병을 함에는 합병계약서를 작성하여 주주총회의 승인을 얻어야 한다.

제8장 청산

제41조(청산방법) 본 회사가 해산한 경우, 회사 재산의 처분은 주주총회의 동의로써 정한 방법에 의한다.

제42조(청산인의 임면) 청산인의 선임 및 해임은 주주총회의 결의에 의한다.

제43조(잔여재산의 분배) 잔여재산은 각 주주가 가진 주식의 수에 따라 주주에게 분배한다.

[유례] 현물출자가 있는 경우 제ㅇ조(현물출자) 본 회사의 설립 당시 현물출자를 하는 자의 성명, 출자목적인 재산, 그 가격과 이에 대하여 부여하는 주식의 종류와 수는 다음과 같다.

1. 출자자발기인 ㅇ ㅇ ㅇ (   ) 주민등록번호 :   -

2. 출자재산 ㅇㅇ(시ㆍ도) ㅇㅇ(시ㆍ군ㆍ구) ㅇㅇ(읍ㆍ면) ㅇㅇ(도로명)대 ㅇㅇ ㎡ 위 지상 철근 콘크리트 3층 사무소 1층 ㅇㅇ ㎡ 2층 ㅇㅇ ㎡ 3층 ㅇㅇ ㎡

3. 출자재산의 평가액 : 금 ㅇㅇㅇ 원

4. 이에 부여하는 주식의 종류와 수 : 보통주식 ㅇㅇ주

※ 위 성명 다음의 (   ) 내는 농업인인 경우 '농업인', 생산자단체인 경우 생산자단체명, '비농업인' 인 경우 '비농업인' 을 기재하고, 주민등록번호란에는 사업자인 경우 사업자등록번호를 기재

제44조(적용범위) 본 정관에 규정되지 않은 사항은 농어업 경영체 육성 및 지원에 관한 법률과 상법 및 기타 법령에 정한 규정에 따른다.

제45조(세부내규) 본 회사는 필요에 따라 주주총회의 결의로써 업무추진 및 경영상 필요한 회사 세부내규를 정할 수 있다.

제46조(최초의 영업년도) 본 회사의 제1기 영업년도는 본 회사 설립일로부터 ㅇㅇ ㅇㅇ년 ㅇㅇ월 ㅇㅇ일까지로 한다.

제47조(최초의 이사 및 감사의 임기) 본 회사의 최초의 이사와 감사의 임기는 그 취임 후 최초의 정기주주총회의 종료일까지로 한다.

제48조(발기인의 성명과 주소) 본 회사 발기인의 성명과 주소는 이 정관 말미의 기재와 같다.

부칙 〈제2015-139호, 2015.10.1〉

제1조(시행일) 이 고시는 2015년 10월 1일부터 시행한다.

제2조(재검토기한) 농림축산식품부장관은 「훈령·예규 등의 발령 및 관리에 관한 규정」에 따라 이 고시에 대하여 2016년 1월 1일 기준으로 매3년이 되는 시점(매 3년째의 12월 31일까지를 말한다)마다 그 타당성을 검토하여 개선 등의 조치를 하여야 한다.

청년농업인 공모사업 신청서(예시)

신청자	성명		(남 · 여)	생년월일 (성별)		(만 세)
	자택전화 (휴대전화)			영농 종사경력	년	월
	자택주소					
	영농형태	□ 부모협농, □ 독립경영(□ 승계, □ 독자창업), □ 법인				
신청 내용	사업명	분야 : 1. 경쟁력 제고 사업 2. 영농정착 기술지원 사업				
	사업예정지					
	사업유형			사업작목		

본인은 청년농업인 경쟁력 제고사업을 신청함에 있어서 제출된 서류나 내용이 사실과 다를 경우 어떠한 불이익도 감수할 것을 서약하고 신청서를 제출합니다.

월   일

사 업 신 청 자 :   (인)

○ ○ 시(군)농업기술센터소장 귀하

개인정보 수집 · 이용에 대한 동의서

- (수집 · 이용목적) 청년농업인 경쟁력 제고 사업 선정
- (수집항목) 성명, 생년월일, 주소, 전화번호, 이메일 등
- (보유 · 이용기간) 수집 · 이용에 관한 동의일로부터 5년(보유), 3년(이용)
- (동의 거부권리안내) 본 개인정보 수집 · 이용에 대한 동의를 거부할 수 있으나,
  이 경우 불이익이 발생할 수 있음.

신청(고)인   (서명 또는 인)

구비서류	1. 사업자 일반현황 1부 2. 사업계획서 1부

사업자 일반현황(예시)

□ 인적사항

성 명	
연 락 처	
주 소	

□ 학력사항

○

○

○

□ 경력사항

○

○

○

○

□ 관련자격증

○ 식물보호기사(2015.12월, 산업안전관리공단) *자격증 관련 증명서류 첨부

○

□ 수상실적

○ 우수4-H회원상(2016. 12, ○○군수) *수상 관련 증명서류 첨부

○

□ **영농규모** * 영농규모 관련 증빙서류(농지원부 등)

			계	전(ha)	답(ha)	○○	○○
농장명(경영체명)							
농장 주소							
주요생산품목							
경영규모	구분		계	전(ha)	답(ha)	○○	○○
	면적	소유					
		임차					
	재배현황	시설(계)	딸기	○○	○○	○○	
		노지(계)	배추	○○	○○	○○	
	가축보유 (두,수)	한우번식우	한우비육우	젖소비육우	젖소착유우	모돈	
		비육돈			○○	○○	
시설현황(㎡)		창고	축사	온실	비닐하우스	○○	
보유농기계							
경영인력		명(자가 : 명, 고용 명)					

○ **부모와 협농인 경우(영농기반 별도 기재)**

			계	전(ha)	답(ha)	○○	○○
농장명(경영체명)							
농장 주소							
주요생산품목							
경영 규모	구분		계	전(ha)	답(ha)	○○	○○
	면적	소유					
		임차					
	재배현황	시설(계)	딸기	○○	○○	○○	
		노지(계)	배추	○○	○○	○○	
	가축보유 (두,수)	한우번식우	한우비육우	젖소비육우	젖소착유우	모돈	
		비육돈	산란계		○○	○○	
시설현황(㎡)		창고	축사	온실	비닐하우스	○○	
보유농기계							
경영인력		명(자가 : 명, 고용 명)					

340

사업 계획서(양식을 참고 최대 5쪽이내 작성)

사업명 :

□ 사업 배경
서술식 기재 또는 개조식

□ 사업 개요
○ 목적, 사업비, 규모, 핵심 내용

- 아이템은 기술 개발뿐만 아니라 기존 자원을 활용하여 사업화할 수 있는 아이디어를 포함.

□ 사업 추진 내용(현재 여건을 고려한 구체적인 방법)
○

-

○

-

○

-

□ 기대효과(향후 발전된 미래상 포함)
○

○

□ 사업 계획

1) 사업기간

전체 사업기간	착수 예정일	완료 예정일
2022년 월 ~월	2022년 월 ~월	2022년 월 ~월

2) 시기별 추진계획/추진시기

추진시기	내용
월 일~ 월 일	
월 일~ 월 일	○
월 일~ 월 일	○

※ 추진시기는 예측하지 못한 변수 발생을 감안하여 여유 있게 수립

□ 사업비 소요내역

품 명(소요항목)	규격	단위	수량	단가(원)	금액(원)	비고
○						
○						
계						

□ 자산 및 부채 현황

	구분	계	부동산	동산
자산	평가액			
부채	구분			
	금액			

귀농 농업창업 및 주택구입 지원사업 신청서

신청자	성명		전 ○○ (한자 全 ○○)		생년월일 (성별)	0000.00.00 (남)	
	주소	귀농 전	경기 고양시 화중로 000		전화번호 및 전자메일	TEL :	
		귀농 후	전북 진안군 동향면 ○○			H.P :	
						e-mail :	
	학력		졸업	귀농 전 직업	(근무처/기간 : 00/00년00개월)		
	영농경력		- 년	교육 실적	농업창업분야 분야(3월,12주) *교육 실적이 많은 경우 별지 작성		

가족상황	부모 명, 배우자 : 55세, 자녀 : 1(28세)	영농분야(작목)
주거상태	자가, 전세, 월세, 기타(무상임대 등)	과수(사과)

현재 영농 규모	- 농지규모 : ㎡ 사육두(마리)수 : - 저장시설 : 시설규모(하우스 등) : ㎡ - 농기계 :

사업 신청 내용	사업별 규모(량)	농업창업자금	6,833㎡(2,067평)					
		주택구입비	150㎡(45평)					
		농촌비즈니스						
	사업비 (천원)	사업별	합계	정부지원(재원명 기재)			지방비	자부담
				계	보조	융자		
		농업창업자금	266,000	200,000		200,000		66,000
		주택구입 신축	100,000	50,000		50,000		50,000
		농촌비즈니스						

농림축산분야 재정사업관리 기본규정 26조제1항의 규정에 의하여 신청하며 신청사업과 관련하여 사업대상자 선정기관이 본인의 아래의 개인정보를 처리하는 것에 동의합니다.
☑사업신청과 관련된 개인정보의 수집·이용에 동의합니다.
☑사업신청과 관련된 개인정보의 제공에 동의합니다.

2022 년 월 일
신청자 : 성 ○○ (서명 또는 인)

시장(군수) 귀하

* 첨부서류 1. 귀농 농업창업계획서 1부 2. 기타 증빙자료
* 담당공무원 확인사항 1.주민등록표등본 2. 가족관계등록부 3. 국민건강보험카드

귀농 농업창업계획서

1. 현 황

성명	성 ○ ○		생년월일	
주소	전북 진안군 동향면 ○ ○		전화번호	
주 영농분야(작목)	경종(사과)			

2. 영농기반

① 영농규모(㎡)

	계	논	밭	과수원	사료포	목초지	비고
소유	5,800			5,800			매입계약체결
임차							
계	5,800			5,800			매입계약체결

② 시설현황(동/㎡)

	창고	축사	온실	비닐하우스	버섯재배사				기타
소유	/	/	/	/	/	/	/	/	/
임차	/	/	/	/	/	/	/	/	/
계	/	/	/	/	/	/	/	/	/

③ 농기자재(대/연식)

트랙터	경운기	이앙기	콤바인	관리기	건조기	선별기	차 량	컴퓨터
방제기								기 타

④ 재배현황(㎡)

계	벼	보리	사과	배	포도			

⑤ 가축사육

한우	젖소	돼지	닭				기타

⑥ 기타 특기사항 : "[붙임-3] 세부귀농사업계획서" 참조

3. 기 정책자금 대출 현황

자금명	사용내역	대출현황				기 타
		대출총액	대출금리	상환기간	대출잔액	
		〈해당사항 없음〉				

4. 사업계획

① 사업비 투자계획

세부사업명	규격 (단위)	단가	사업량 (㎡, 대)	사업비(백만원)					
				계	계정부지원(재원기재)			지방비	자담
					계	국고	융자		
계									
농지구입									
하우스 신축									
축사신축(개보수)									
농기계구입									
축사구입									
과원조성비									
주택구입(신축)									

※ 농기계 구입 세부내용 : "[붙임-1] 농기계구입 세부 내용" 참조
※ 주택구입 융자금은 정책자금(농업창업자금, 주택구입자금) 중 "주택구입자금" 으로 충당코자 함.

② 세부사업 추진계획(육하원칙에 의거 상세하게 작성) :

"[붙임-2] 세부사업추진계획" 참조

③ 자금조달 계획

(단위 : 천원)

조달		조달방식을 상세하게 작성
항목	금액	
합 계	377,000	• 자체자금
• 자체자금	137,000	- 아파트 전세금 :
• 신규출자	-	- 예금 :
• 외부차입	240,000	- 군인연금수령액 :
• 기 타	-	• 외부차입(귀농자 지원 정책자금)
		- 농지구입, 농기계구입 및 과원조성비 :
		- 귀농주택 구입자금 :

※ 본인의 자산은 상기 외에도 (   )천원 보유하고 있음.

④ 향후 사업(신청사업 분야)계획

(단위 : 평, 마리, 만원)

작목명	현재				사업비 투자(준공)후			
	재배면적	사육두수	연간판매수입	경영비	재배면적	사육두수	연간판매수입	경영비
수도작								
화훼								
한우								
돼지								
과수(사과)								
·								

※ 투자 후 판매수입 및 경영비는 신청당시의 물가 적용
※ 과수(사과)는 신규 식재로 5년후를 상정하여 계상함

⑤ 단기 및 중 · 장기 영농계획 : "[붙임-3] 세부귀농사업계획서" 참조

  본 사업계획서는 본인의 제반 정보 및 사업의지를 바탕으로 사실 그대로 작성한 것으로써 향후 사업계획서대로 사업을 추진할 것을 확약합니다.

작성일 : 2022년   월   일

신청자 : 성명　　　　　　(인)

  확인자 : 소속　　　　　　직위(급)　　　　　성명　　　　　　(인)

[붙임-1]

농기계 구입 세부내용

구분	금액	기종명	제조회사	모델	연식
계					
운반기					
방재기1식					
관리기1식					
기타1식					

☞ 기타(1식) : 농촌생활에 필요한 각종 공구
 - 콤프레서, 타카, 스프레이통, 드릴, 톱, 절단기, 그라인더, 용접기 등

[붙임-2]

세부 사업 추가계획

□ **농지 구입 계획**

　O 구입 대상 :

　O 구입 규모 :

　O 구입 금액 :

　- 계약금 :

　- 중도금 :

　- 잔금 :

※ 상호 신의에 의거 정책자금지원대상자로 선정이 되고 융자금 지원 확정시 지급키로 함.

□ **과원조성비**

단위 : 원

구분	계	2022년도 (1년차)	2023년도 (2년차)	2024년도 (3년차)	2025년도 (4년차)	2026년도 (5년차)
계						
토목(물빠짐), 복토						
묘목식재						
중간재비						

☞ 2020년도는 토지개량 및 묘목식재로 중간재비는 적용중간재비의 50%로 계상함.

□ **주택 신축(구입)**

  ○ 신축(구입)대상 :

  ○ 신축(구입)규모 :

  ○ 신축(구입)금액 :

   - 계약금 :

   - 중도금 :

   - 잔 금 :

※ 융자금(천원)은 정책자금 중 "주택구입자금" 으로 충당하고자 함.

세부귀농사업계획서

(2022년도)

행복농장

(대표 ○ ○ ○)

목   차

Ⅰ. 사업계획 개요

1. 귀농 배경

  o 자연과 더불어 살면서, "풍요로운 정서적 환경" 확보.

  o 친환경 먹거리 제공을 통한, "가족의 건강" 증진.

  o 농업을 통한 "일거리(직업) 창출"로 안정적 생활 유지.

    ⇨ 삶의 질 향상을 위한 기반 환경 구축

2. 귀농지

  o 선정 기준

  - 가족(자녀)과 친지들이 많이 모여 있는 집성촌 지역임

    ⇨ 전주시에서 "자동차 거리 1시간 이내" 지역

  - 귀농시 "재배작목"과 "지자체별 유망품종" 고려

    ⇨ 재배작목 : 주작목 (사과)

  o 귀농지 :

3. 작목선정

  o 지자체 유망품종을 선정하, 재배함으로써, "안정된 귀농"과 "안전한 농촌 연착륙"을 도모.

구분	품목	비고
주작목	사과	o 지자체 유망품종. o 안전한 귀농 연착륙을 위해 "중ㆍ장기 수익 작물"로 선택

4. 귀 농 목 표

안전한 "귀농 연착륙"을 위하여

o "귀촌"을 통한 "귀농"으로 접근 · 시도하여

o 일반 농부가 아닌 역전의 부자 농부로 정착함.

구분	품목	비고
귀농 1년차	적응기간	농지조성 및 작목재배 준비, 지역주민과의 교류
귀농 2년차		주작목인 사과 묘목 재배 및 관리
귀농 3년차	정착기간	주작목인 사과 묘목 재배 및 관리
귀농 4년차		주작목인 사과 재배 소득 창출
귀농 5년차	안정기간	재배면적 확대, 다양한 소득원 접근 방안 검토

5. 수정 · 보완

o 사회환경과 농정시책의 변화에 부응하고

o 시행착오를 최소화하기 위해

- 제반 농업정보 획득과 교육에 적극 참여하며

- 변화의 추이에 맞추어 계획을 수정 · 보완함으로써

  ⇨ 보다 유연하고 탄력적인 계획 실천 추진.

II. 농업 · 농촌 환경

1. 농업현황 및 전망

현황	1. 농업생산액은 2000년 이후 성장 정체 추세
	2. 농업경영비는 2003년 시점으로 농업소득과 비중 반전
	3. 농가소득은 1990년대 중반 이후로 감소 추세
	4. 농가부채는 2004년 이후 증가속도 둔화되고 안정세
전망	1. 쌀 생산은 감소, 채소류와 과실류는 보통, 육류는 증가 추세
	2. 농가수와 농가인구의 지속적인 감소, 노년인구 비율의 증가
	3. 농외소득을 중심으로 농가소득은 다소 증가, 농가수 감소와 영농규모 확대로 호당 소득은 평균 2% 정도 증가 예상
	4. 농가수 및 경지면적과 재배면적은 감소하나, 답리작 및 사료재배 증가로 호당 경지면적과 경지 이용률은 증가

2. 지역현황 및 전망　☞ 귀농 예정지역 :

현황	1. 접근성
	2. 세대수 :　　　　　　　인구수 :
	3. 총면적 :　　　　　　　경지면적 :
	4. 수도작 및 답리작 위주로 구성되어 있음.
전망	1. 농가호수의 감소세는 해가 갈수록 가속될 것으로 전망됨.
	2. 농가인구의 감소가 특히 현저할 것으로 전망됨.
	3. 수도작 및 답리작에서 과수 및 고소득 밭작물로 전환 증가될 것으로 판단됨.
	4. 친환경농업의 확대 예상됨.

III. 농장 경영 원칙

1. "행복농장" 구성원 및 현황

가족구성원		
농장현황	주택	
	과수(사과)	
	계	

2. "행복농장" 경영 원칙

구분	경영원칙	비고
의사결정		
자재구입		
자금관리		
생산관리		
판매관리		
고객관리		

3. "행복농장" 강점 및 약점

강점 :	약점 :
위협 :	기회 :

Ⅳ. 경영 목표

1. 농업소득(부록 "농업소득 분석표" 참조)

기 준 : 2021. 12. 31   단 위 : 원

구분	계	사과
조수입 (A)		
경영비 (B)		
C (A-B)		

☞ 2020년도는 토지개량 및 묘목식재로 경영비는 적용경영비의 10%로 계상함.

2. 농업 외 소득 기준 :

기 준 : 2021. 12. 31   단 위 : 원

구분	계	연금
농업 외 수입 (D)		
농업 외 지출 (E)		
F (D-E)		

3. 소득 합계 (C+F) :

  ㅇ 2022년도는 귀농을 하여 농지 확보 및 사과묘목 식재로 투자비 증가

  ㅇ 안정적인 정착을 위해 처음부터 철저히 준비 및 투자

  ㅇ 2025년도 이후부터 정산적인 수입 창출. * 부록 "농업소득 분석표" 참조

4. 가계비 기준 :

기 준 : 2021. 12. 31   단 위 : 원

구분	계	교육비	생활비	의료비
금액				

Ⅴ. 자금 투자 및 조달 계획(2022년도)

1. 사업 자금

o 시설 자금
단위 : 원

구분	규모	금액	자기부담		정부(지방)지원	
			출자금	차입금	대출	보조금
농지구입						
농기계구입						
기타						
계						

o 영농 자금(과원 조성비)
단위 : 원

구분	규모	금액	자기부담		정부(지방)지원	
			출자금	차입금	대출	보조금
묘목						
토지개량/설비						
비료 및 기타						
계						

2. 가계 자금
단위 : 원

구분	규모	금액	자기부담		정부(지방)지원	
			출자금	차입금	대출	보조금
주택구입						
생활비 등						
기타(교육비)						
계						

3. 자금 조달 계획(총괄)

단위 : 원

구분	사업자금	기계자금	계
출자금			
차입금			
기타(보조금)			
계			

VI. 영농 기반

1. 농지

구분	계	과수원	비고(농지 중 일부 농가주택 신축)
소유			
임차			
계			

2. 시설(동)

구분	창고	컨테이너(저온)	비고
소유/임차			
계			

3. 농기자재

구분	트럭(1톤)	방제기	관리기		기타
소유/임차					
계					

4. 농작물 재배 현황

구분	계	사과	비고(면적 중 일부 농가주택 건축)
면적			

5. 주택

구분	대지	건물	비고
면적			

VII. 생산 계획

단위 : ㎡ , kg

구분		2022년	2023년	2024년	2025년	20265년
면적	사과					
생산량(10a당)	사과					
총 생산량						
비고(상품화율 적용 기준)						

산출 근거(적용 기준) :

VIII. 판매 계획

단위 : ㎡ , kg

구분		2022년	2023년	2024년	2025년	20265년
사과	수량					
	단가					
	금액					
계(원)						
비고(상품화율 적용기준)		o 판매수량 : 생산 계획 "상품화율 적용 기준" 적용 o 판매단가 : 전국 평균 단가(매출가격)의 90% 적용				

산출 근거(적용 기준) :

IX. 가공 · 유통 계획

1. 가공 계획

o 안정된 귀농 정착을 위해 생산을 위주로 하며
o 가공 계획은 정착 안정기 이후 추후 판단.

2. 유통 계획

o 일반 판매(공판장 및 가락시장 등)를 우선하여 유통 함. ＊생산에 주력.
o 인터넷 판매(직거래)를 위해 블로그 및 카페를 통하여 농지 구입에서부터 귀농 정착 과정과 농지 조성 과정을 단계별로 인터넷에 올려 신뢰 구축.

Ⅹ. 교육 연수 계획

1. 지식정보력 증진

　o 매년 사이버 교육 및 참여식 교육을 1회 이상 참석

　o 전문기관 및 농업기술센터 등 유관기관과의 교류 활성화

2. 교육 연수 활동

구분	2022년도	2023년도	2024년도	2025년도	2026년도
농업기술교육					
농업경영교육					

Ⅺ. 재무제표

1. 대차대조표

기준 : 2021. 12. 31　　　　　　　　　　　　　　　　　　　　　　　단 위 : 원

자산	금액	부채 · 자본	금액
농　지 농가주택 토지개량/설비자산 농기자재비 예금(기타)		차입금 자본금	
합계		합계	

2. 손익계산서

기 준 : 2016. 12. 31 단 위 : 원

비용	금액	수입	금액
사과묘목비(2년산) 유/무기질비료비 농기자재 간접경비 대농구상각비 영농시설상각비 기타		사과매출액 기타소득 당기 순손실	
합계		합계	

3. 현금흐름표

단 위 : 원

구분		2022년도	2023년도	2024년도	2025년도	2026년도
조달 (수입)	조수입					
	군인연금					
	차입금					
	자본금					
	계(A)					
운용 (지출)	경영비					
	예금					
	농지					
	농가주택					
	설비자산					
	농기계					
	농기자재					
	계B)					

수지 균형	당년도(C) (A - B)					
	누적 (D) (전년도D+C)					
가계비(E)						
종합 수지	당년도 (F)(C- E)					
	누적(G) (전년도G+F)					

XII. 중 · 장기 발전 계획

단 위 : 원

구분		2022년도	2023년도	2024년도	2025년도	2026년도
농업소득	사과 조수입					
	경영비					
	농업소득 총계(A)					
농업외소득	수입 (군인연금)					
	지출					
	차액(B)					
합계 (C=농가소득)						
가계비(D)						
저축(C-D)						

XⅢ. **부록**

1. 농업소득 분석표(행복농장)

단위 : 원

구분			2022년도	2023년도	2024년도	2025년도	2026년도
조수입	사과	주산물					
		주산물					
	계(A)						
생산비	경영비	중간재비	무기질 비료				
			유기질 비료				
			농약비				
			광열 · 동력비				
			수리(水利)비				
			제재료비				
			소농구비				
			대농구상각비				
			영농시설상각비				
			영농시설상각비				
			수선비				
			조성비				
			기타요금				
			계(B)				
		임차료(농기계, 시설)					
		임차료(토지)					
		위탁영농비					
		고용노력비					
		계(C)					
	자가 노력비						
	계(D)						
농업순수익(E = A-D)							
농업소득 (F=A-C)							
부가가치 (G=A-B)							
순수익률 (H=E/A)							
소득률 (I=F/A)							

2. 사과농업 소득분석표(   )년도 농업진흥청 자료)

구분			수량(kg)	단가(원))	금액(원)	비고
조수입	주산물 가액					상품화율
	부산물 가액					
	계 (A)					
생산비	경영비	무기질 비료				
		유기질 비료				
		광열 · 동력비				
		수리(水利)비				
	중간재비	제재료비				
		소농구비				
		대농구 상각비				
		영농시설상각비				
		수선비				
		조성비				
		기타 요금				
		계 (B)				
	임차료	(농기계, 시설)				
		토지				
	위탁영농비					
	고용노력비	남				남 시간
		여				여 시간
	계 (C)					
	자가노력비	남				남 시간
		여				여 시간
	계 (D)					
농업순수익(E = A-D)						
농업소득 (F=A-C)						
부가가치 (G=A-B)						
순수익률 (H=E/A)						
소득률 (I=F/A)						

참고문헌

김영민, 2001, 퍼머컬쳐 원리를 적용한 농촌마을의 환경계획, 서울대학교 환경대학원

귀어귀촌종합센터, 2021, 귀어귀촌종합가이드북(귀어의 정석)

농림수산식품부, 2012, 현장활동가 양성 과정 표준교재(초급)

농림수산식품부, 2013, 색깔있는 마을만들기 농어촌 현장포럼 핸드북

농산어촌어메니티연구회, 2007, 농촌어메니티 개발에 관한 연구(유형별 모형 및 사례 중심)

농협은행 농식품금융부, 2015, 귀농컨설팅 매뉴얼. p11-50

노정기, 2020, 농업법인의 설립과 성공적인 운영 방법 교안

박재길, 2002, "새국토법과 농촌지역 토지이용체계 방향", 한국농업정책학회, 2002 하계 심포지엄
    [신농지정책과 농촌지역 활성화 방안] 자료집

송미령, 2002, "국토계획체계의 개편과 농촌계획의 과제", 농촌경제 제25권 제1호

오인경 · 최정임, 2008, 교육 프로그램 개발 방법론, 학지사

유상오, 2005, 신그린어메니티, 경향신문

유상오 외 공저, 2003, 그린투어리즘의 이론과 실제, 백산출판사

윤원근, 2003, 농촌의 계획적 개발 및 활력증진을 위한 제도 모색, 한국농촌경제연구원

연암대학교(www.yonam.ac.kr) "4차 산업혁명시대 우리 농업이 가야 할 길 「농업, 스마트를 품다」

조민호 · 설증웅, 2006, 컨설팅입문, 새로운제안

전성군, 2006, 국정브리핑, 알러뷰 농촌

전성군, 2004, "경기북부지역 농업클러스터 형성전략", 농협대학 · 경기도포럼

정재창외 공저, 1998, "핵심역량모델의 개발과 활용", PSI컨설팅

채홍미 · 주현희, 2012, 소통을 디자인하는 리더 퍼실리테이터, 아이앤유

최죠셉, 2013, 봉화군 꾸러미사업 실무사업계획서 강의교재

최막중, 2000, "국토이용 계획체제의 문제점과 발전방향", 국토연구원 · 대한국토도시계획학회,
    국토이용계획체계 개선에 관한 정책토론회] 자료집

최상철, 2002, "국토의계획및이용에관한법률 제정의 의의와 과제", 도시정보 통권 241호

최혁재, 2002, "용도지역 · 지구제의 개편 및 관리방안", [국토] 통권 245호

하헌경, 2005, "농촌지역의 활성화를 위한 농촌관광자원 개발에 관한 연구", 농협중앙교육원

한국농어촌공사, 2013, 농어촌체험마을 등 공동사업운영모델 개발. p227-243

한국농어촌공사, 2018, 농어촌개발컨설턴트 교육교재. p337-371

사이토 요시노리, 2003, 맥킨지식 사고와 기술, 거름

테루야 하나코 외 공저, 2001, 로지컬 씽킹, 일빛

OECD, 1999, Cultivating Rural Amenities: A Economic Development Perspective

• 저자소개

전성군 전북대학교 대학원(경제학박사)과 캐나다 빅토리아대학 및 미국 샌디에이고 ASTD를 연수했다. 건국대 및 전북대 겸임교수, 배재대 및 전북과학대 겸임교수, 농진청 녹색기술자문단 자문위원, 농민신문사 객원논설위원, 한국농산어촌어메니티회 운영위원, 한국귀농귀촌진흥원 이사를 역임하였고, 현재는 농협대 및 전북대에서 학생들을 가르치고 있으면서, 지역아카데미 및 다기능농업연구소 전문위원 등으로 활동 중이다.
주요저서로 〈초원의 유혹〉, 〈초록마을사람들〉, 〈힐링경제학〉, 〈그린세담〉, 〈생명자원경제론〉, 〈협동조합교육론〉, 〈협동조합지역경제론〉, 〈세계 대표 기업들이 협동조합이라고?〉 등 20권의 저서가 있다.

박상식 서울대학교 대학원(농학 석사) 졸업 후 지역아카데미에서 15년간 농촌융복합, 치유농업, 농촌관광, 강소농 등 다양한 업무를 수행하였다. 현재는 다기능농업연구소 대표를 맡고 있으며 다수의 치유농업 관련 컨설팅을 진행하였다. 또한 농협대학교 치유농업사 2급과정 강사로 참여하고 있다.특히 치유농업 및 복지농업 관련 주제로 유럽과 일본지역에 많은 횟수의 연수 경험이 있다. 저서로는 《치유농업사 300》이 있다.

심국보 원광대학교 대학원(경영학 박사) 졸업 후 한남대학교 및 순천대학교에서 강의를 하였다. 한국경영교육학회 이사, 국제E-비즈니스학회 이사, 한국유통학회 이사, 경상북도 농업기술원 출강교수, 경기도 및 제주특별자치도 등 다수의 농촌융복합산업지원센터 현장코칭 전문위원을 역임하였다. 현재는 원광대학교에서 23년동안 학생들을 가르치고 있으며, 지역아카데미 전문위원으로 치유농업, 농업마케팅 강의와 컨설팅을 진행하고 있다. 저서로는 《치유농업사 300》이 있다.

남동규 성균관대학교에서 교육학 전공 후 교육대학교 문화콘텐츠 박사과정을 수료하였다. 농업농촌이 보유한 다양한 콘텐츠를 발굴하여 역사, 문화 등 인문학과 결합한 새로운 시도를 하고 있다. 2007년부터 농촌관광대학 운영과 농촌교육농장 컨설팅을 수행하며 현재는 치유농업 분야를 중심으로 농촌의 다원적인 가치를 확대하는데 힘쓰고 있으며 현재는 다기능농업연구소 공동대표와 한국지역생태관광협동조합 이사로 활동하고 있다.

농촌 컨설팅 지도

초판 1쇄 인쇄	2022년 04월 08일
1쇄 발행	2022년 04월 19일

지은이	전성군 · 박상식 · 심국보 · 남동규
발행인	이용길
발행처	모아북수 MOABOOKS

관리	양성인
디자인	이룸

출판등록번호	제 10-1857호
등록일자	1999. 11. 15
등록된 곳	경기도 고양시 일산동구 호수로(백석동) 358-25 동문타워 2차 519호
대표 전화	0505-627-9784
팩스	031-902-5236
홈페이지	www.moabooks.com
이메일	moabooks@hanmail.net
ISBN	979-11-5849-172-7 13520